"十二五"普通高等教育本科国家级规划教材

"十二五"江苏省高等学校重点教材(编号:2014-1-058)

江苏高校品牌专业建设工程资助项目（PPZY2015C222)

# 大气污染控制工程实验

## 第二版

陆建刚　主　编

陈敏东　张　慧　副主编

U0387388

化学工业出版社

·北京·

本书是作者在多年教学和科研经验的基础上编写而成的实验教材。书中介绍了现代新型仪器、装置和测量方法等，内容包括基本知识、基本操作、基本技术、性能测试实验、大气固态污染物实验、大气气态污染物实验等，共 56 个实验项目。在新技术开发、探索性研究型实验上具有一定的新颖性。此外，考虑到各个院校在安排教学实验时的差异性，实验设立了可根据自身条件、选择性开设的实验项目。

　　本书可作为高等院校环境工程及其相关专业的实验用书，也可供从事环境科学研究及管理的人员参考。

**图书在版编目（CIP）数据**

大气污染控制工程实验/陆建刚主编. —2 版. —北京：化学工业出版社，2016.8（2018.3 重印）

"十二五"普通高等教育本科国家级规划教材　"十二五"江苏省高等学校重点教材

ISBN 978-7-122-25880-9

Ⅰ. 大…　Ⅱ. ①陆…　Ⅲ. ①空气污染控制-实验-高等学校-教材　Ⅳ. ①X510.6-33

中国版本图书馆 CIP 数据核字（2015）第 299177 号

---

责任编辑：满悦芝　　　　　　　　　　　　文字编辑：荣世芳
责任校对：王素芹　　　　　　　　　　　　装帧设计：刘亚婷

---

出版发行：化学工业出版社（北京市东城区青年湖南街 13 号　邮政编码 100011）
印　　刷：三河市航远印刷有限公司
装　　订：三河市瞰发装订厂
787mm×1092mm　1/16　印张 14¾　字数 392 千字　2018 年 3 月北京第 2 版第 2 次印刷

---

购书咨询：010-64518888（传真：010-64519686）　售后服务：010-64518899
网　　址：http://www.cip.com.cn
凡购买本书，如有缺损质量问题，本社销售中心负责调换。

---

定　　价：39.00 元　　　　　　　　　　　　　　　　版权所有　违者必究

# 前　言

　　"大气污染控制工程实验"课程作为环境科学与工程学科的一门重要的专业基础课，一直受到广泛的关注。课程涉及大气污染控制的基本理论、各种控制过程的基本原理、典型控制设备的基本构造等，培养学生分析和解决大气污染控制问题的能力，为学生进行大气污染控制工程的设计、科研及技术管理打下必要的基础。课程的主要目的是通过实验手段培养学生对大气污染控制过程的理解和分析能力，配合理论课程掌握当代大气污染控制技术领域的基本概念和基本原理，学习与大气污染控制工程相关的常用技术、方法、仪器和设备，学习如何用实验方法判断物质的性能和规律，引导学生了解实验手段在大气污染控制工艺与设备研究、开发过程中所起的作用，使学生获得采用实验技术和方法来研究大气污染控制新工艺、新技术和新设备的独立工作能力，进一步培养学生正确和良好的实验习惯和严谨的工作作风。

　　随着课程教学改革的不断深入，《大气污染控制工程实验》教材的建设、合理选择与使用显得尤为重要。近年来，由于出版和信息产业的国际化，许多国外关于大气污染控制工程领域的著名教材也被引进和吸纳到国内的课程教学中来，这对国内此领域的教学改革和人才培养起到了积极的促进作用。习惯上，"大气污染控制工程实验"课程与"大气污染控制工程"课程相配套，而"大气污染控制工程"课程是环境工程专业的核心课程。近几年来，随着环境科学与工程学科教学与研究学术梯队的形成和不断发展，取得不少教学和研究成果。为了进一步丰富该课程的教学内容，促进教学质量的提高，以配套和完善"大气污染控制工程"课程的建设和发展，我们编写了《大气污染控制工程实验》教材。教材构建专业基础实验-综合实验-研究型实验的系统化实验教学平台，满足学生进行自主实验设计、发挥其研究潜力和创新能力的要求。

　　笔者以"市场导向、学科前沿"的观点和"大气-气象"专业特色的原则，确定《大气污染控制工程实验》教材的内容；借鉴国内外著名大学相关课程和教材的经验，形成知识体系完善、内容前沿新颖、手段多样现代、方法开放创新、与"大气污染控制工程"课程相配套的工科教材。本教材坚持研究与开放式内容相结合的方式，鼓励学生参与科研，提高学生的动手能力，培养创新意识。本教材还设置了启发式和开放式课堂实验、研究式专题实验，以学生自由结合的形式，设置实验内容，增强教材的新颖性。

　　本教材第二版在第一版的基础上，引进 Flash 教程和虚拟仿真实验教程，在第二章"性能测试实验"部分，增加了虚拟仿真实验。在第三章"固态污染物控制实验"部分，增加了 $PM_{10}$ 和 $PM_{2.5}$ 检测实验。在第四章"气态污染物控制实验"部分，针对室内空气污染，增加了 VOCs 快速测定和等离子体法净化实验；在新型膜分离技术应用方面，增加了低浓度VOCs捕集、恶臭气体净化、烟气中 $NO_2$ 的膜吸收和 $SO_2$ 离子液体捕集实验。另外，在综合性实验方面，增加了硫氮氧化物协同净化实验和吸收与吸附联合法净化实验。教材的第二版，在内容上更加丰富，在实验手段上更加多样，在技术应用上涉及的面更广。因此，本教材能够扩展学生的知识面，提供更贴近实际的实验和实践技能。

　　本教材所提供的实验方法和流程，也可供科研人员和工程设计人员参考。

　　由于笔者水平有限，缺点与错误在所难免，敬请读者提出批评和建议，以便加以修正，使教材的内容得到进一步提高和完善。

编　者

2016 年 8 月 8 日

# 第一版前言

"大气污染控制工程实验"课程作为环境科学与工程学科的一门重要的专业基础课，一直受到广泛的关注。课程涉及大气污染控制的基本理论、各种控制过程的基本原理、典型控制设备的基本构造等，培养学生分析和解决大气污染控制问题的能力，为学生进行大气污染控制工程的设计、科研及技术管理打下必要的基础。课程的主要目的是通过实验手段培养学生对大气污染控制过程的理解和分析能力，配合理论课程掌握当代大气污染控制技术领域的基本概念和基本原理，学习与大气污染控制工程相关的常用技术、方法、仪器和设备，学习如何用实验方法判断过程的性能和规律，引导学生了解实验手段在大气污染控制工艺与设备研究、开发过程中所起的作用，使学生获得采用实验技术和方法来研究大气污染控制新工艺、新技术和新设备的独立工作能力，进一步培养学生正确和良好的实验习惯和严谨的科学作风。

随着课程教学改革的不断深入，《大气污染控制工程实验》教材的建设、合理选择与使用显得尤为重要。近年来，由于出版和信息产业的国际化，许多国外关于大气污染控制工程领域的著名教材也被引进和吸纳到国内的课程教学中来，这对国内此领域的教学改革和人才培养起到了积极的促进作用。习惯上，"大气污染控制工程实验"课程与理论课"大气污染控制工程"课程相配套。"大气污染控制工程"课程是环境工程专业的核心课程，近几年来，随着环境科学与工程学科教学与研究学术梯队的形成和不断发展，取得了不少教学和研究成果。为了进一步丰富该课程的教学内容，促进教学质量的提高，以配套和完善"大气污染控制工程"课程的建设和发展，我们编著了《大气污染控制工程实验》教材。教材呈现专业基础实验-综合实验-研究型实验的系统化实验教学平台，满足学生进行自主实验设计、发挥其研究潜力和创新能力的要求。

教材以"市场导向、学科前沿"的观点和"大气-气象"专业特色的原则，确定《大气污染控制工程实验》教材的内容；借鉴国内外著名大学相关课程和教材的经验，形成知识体系完善、内容前沿新颖、手段多样先进、方法开放创新、与"大气污染控制工程"课程相配套的工科教材。教材坚持研究与开放式内容相结合的方式，体现和鼓励学生参与科研，提高学生动手能力，培养创新意识。采用启发式和开放式课堂实验，研究式专题实验，以学生自由结合的形式，设置实验内容，增强教材的新颖性。

本教材的绪论、第一章和第四章以及附录由陆建刚编著，第二章和第三章由张慧编著，樊璠、花爱春和嵇艳参加了部分章节的编写工作，陈敏东和许正文进行统稿和审稿工作。

由于编者水平有限，缺点与疏漏在所难免，敬请读者提出批评和建议，以便加以修正，使教材的内容得到进一步提高和完善。

编　者

2012 年 1 月

# 目　录

# 绪　　论

**一、大气污染控制工程实验的目的和要求**

大气污染控制工程实验课是环境工程专业的一门实践性必修课，是大气污染控制工程的重要组成部分，是环境工程技术人员解决大气污染处理中各种问题的一个重要手段。其基本任务是：通过实验使学生掌握大气污染控制工程的基本实验方法、手段及操作技能，学会正确使用各种测试仪器和实验设备，正确掌握数据处理和曲线绘制等科学方法。培养学生运用所学理论知识进行科学研究、分析问题和解决问题的能力，通过理论与实践的结合，巩固和加深对所学基本原理的理解，并在某些方面得到充实和提高。同时，树立实事求是的科学态度和严谨的工作作风。

1. 大气污染控制工程实验课程的基本要求

① 掌握实验所用仪器设备的结构、流程和工作原理以及实验的操作方法，加深对基本概念的理解，巩固新的知识。

② 独立进行实验的全过程，包括装配和调节实验装置，观察实验现象，记录和处理实验数据，综合分析实验结果，做出正确的实验报告，从而正确分析和归纳实验数据、运用实验成果验证已有的概念和理论等。进而了解如何进行实验方案的设计，并初步掌握大气污染控制实验的研究方法和基本测试技术。

③ 学生在实验过程中必须坚持实事求是的科学态度，忠于所观察到的实验现象，并养成严肃、认真、细致、整洁的良好实验习惯。

2. 学生通过实验教学达到的目的和要求

① 通过实验教学进一步掌握、巩固和加深环境工程原理的理论知识，得到将理论应用于实践的训练。

② 根据已经掌握的知识，能够提出验证结论的方法、方案或提出探索研究的问题。

③ 熟悉典型的大气污染物净化与处理过程和处理装置及设备结构的特点。

④ 掌握大气污染控制工程实验的实际操作和基本技能。

⑤ 能够确定实验目标，综合人力、设备、药品和技术能力等方面的具体情况进行实验方案的设计，包括实验目的、装置、步骤、计划、测试项目和测试方法等内容。

⑥ 能够分析实验工作的重要环节，分析实验数据，鉴别和核实实验数据的可靠性。培养观察实验现象、测定实验参数、分析和整理实验数据以及编写工程实验报告的能力，从而提高解决大气污染控制过程中的实际问题的能力。

为了达到上述目的，要求参加实验的学生必须严肃认真地对待实验教学中的每一个环节，并按照实验教学的目的和内容，主动、积极、认真地进行实验操作，完成实验项目。

**二、大气污染控制工程实验学习方法**

学习本课程、参加大气污染控制工程实验的学生必须按照相应的实验教学程序进行实验。

1. 实验预习

为完成每个实验，学生必须在课前认真阅读实验教材，清楚地了解实验项目的目的和要求、实验原理和实验内容，写出简明的预习提纲。预习能够帮助学生理解实验原理，了解实验内容，熟悉操作步骤，有利于完成实验和达到较好的实验效果。预习实验的具体要求是：

① 了解实验目的、要求以及实验原理；

② 了解实验设备流程、实验操作步骤及有关注意事项；

③ 按照实验指导书要求，掌握测取实验数据的方法；

④ 拟出原始实验数据记录表格，练习有关操作；

⑤ 和配合的同学进行讨论，商讨实验过程中的关键步骤和相互配合等问题。

⑥ 实验小组进行适当的分工，明确实验任务。

2. 实验操作

正确地进行实验操作，是实验成功的关键。学生必须认真按照实验程序，按部就班地进行实验操作。具体要求如下所述。

① 实验进行之前，应该检查所需设备、仪器是否齐全和完好，包括固定安装设备和设施、临时安装设备、移动设备等。对于动力设备（如离心泵、压缩机等）进行安全检查，以保证正常运转及人身安全，确保实验的圆满完成。

② 实验操作过程中必须严格遵照操作规程、实验步骤及操作注意事项。若在操作过程中发生故障时，应及时向指导老师及实验室工作人员报告，以便及时进行处理。

③ 在实验操作中，需要分步、分工地测取数据时，每项的实际操作，应当使参与实验的学生在实验小组内进行适当的交换操作，使每位学生均能得到全面的实验操作训练，有利于学生对整个实验过程的全面参与和全面了解。

④ 为了测取正确的实验数据，需要注意数据的准确性和重现性。只有当数据测取准确后，方能改变操作条件，进行另一组数据的测取。

⑤ 实验数据全部测取完，经指导老师检查通过后，方可结束实验，归还所借仪器仪表等，恢复设备原始状态。

3. 实验数据的读取

正确读取实验数据是实验操作的重要步骤，其关系到实验结果正确性。规范地记录实验数据是防止实验数据产生误差的有效方法之一，其步骤及要求如下所述。

① 实验操作开始之前应拟好实验数据记录表格（在预习时已准备），表格中应标明各项物理量的名称、符号及单位。实验记录要求完整、准确、条理清楚。

② 实验数据一定要在实验系统稳定后才可读取记录，条件改变后，应在新的条件稳定后才能读取记录数据。由于测试仪表的滞后现象的缘故，条件改变后往往需要一段时间的稳定过程，不能一改变条件就读取数据，这样会降低所测得的数据的可靠性。

③ 同一条件下至少要读取两次数据，且只有当两次读数相近时，才能改变操作条件继续进行实验。实验测取的数据，应及时进行复核，以免发生读数或记录数据的错误。如读数和记录是两人分头进行的，则记录数据的同时还需往复读数。

④ 数据记录必须真实地反映仪表的精度。一般记录至仪表上最小分度下一位数。根据仪器的精确度，通常记录数据中的末位数是估计数字，例如温度计读数刚好为 10℃ 时，则数据应记为 10.0℃，而不是记为 10℃。

⑤ 记录数据要以当时的实际读数为准，如规定的水温为 30.0℃，读数时实际水温为 30.5℃，就应该读记 30.5℃。如果数据仍稳定不变时，该数据每次都应记录，不留空格，如果漏记了数据，应该留出相应的空格。

⑥ 实验过程中，如果出现不正常情况以及数据有明显误差时，应在备注栏中加以说明。

⑦ 读取数据后，应该分析其是否合理，如果发现不合理情况时，应立即分析原因，以便及时发现问题并加以处理。

⑧ 不得擅自更改实验测试的原始数据。

4. 实验数据的处理

通过实验取得大量数据以后，必须对数据作科学的整理分析，去粗取精、去伪存真，以得到正确可靠的结论。同时，为求得各物理量间的变化关系，往往需要记录许多组数据，有时为获得一个准确数据，还得进行多次测量。这样，会给整理数据增加较大的工作量。为此，可采取将每一参数相同条件测定的多次结果求取其平均值。在整理实验数据中，应注意有效数字及误差理论的运用，有效数字要求取到测试仪表最小分度后一位即可。

在实验中，对各种参数进行测量时，无论使用的仪器多么精密、测验方法何等完善、实验者如何认真细心，所测得的数据都不可避免地存在一定的偏差或误差。这些误差通常为：系统误差、偶然误差和过失误差。

5. 实验报告的编写

将实验结果整理编写成一份实验报告，是实验教学必不可少的组成部分。这一环节的训练极为重要，是今后写好科学论文或科研报告的基础。实验报告是一次实验的总结，它能直接反映同学们对实验原理、实验操作技能等方面知识的掌握。通过编写实验报告，可提高分析问题和解决问题的能力。编写实验报告应坚持以科学的态度及实事求是的精神进行编写，编写的实验报告必须依据所有实验数据以及观察到的现象，不能凭臆想推测加以修改。

实验报告一律使用学校规定的报告纸书，编写实验报告的具体要求如下：

① 实验题目；

② 报告及同组人姓名；

③ 实验日期；

④ 实验目的；

⑤ 实验原理；

⑥ 实验装置流程图及设备规格、型号说明；

⑦ 实验数据原始记录表（注意表格格式）；

⑧ 典型计算、公式、图；

⑨ 实验数据的整理，包括计算数据及结果；

⑩ 实验结果（可用图示法、列表法及经验式表示）；

⑪ 结论与思考题、问题分析。

实验报告要求参加实验的同学独立完成，每人一份，并以此作为实验考核的主要依据。

### 三、大气污染控制工程实验成绩的评定

大气污染控制工程实验课程成绩包括：课堂实验过程与操作＋实验报告＋期末考试。

1. 实验课程总评成绩构成

① 实验过程与操作：30％。

② 实验报告：20％。

③ 期末考试：50％。

2. 实验过程与操作评分内容

① 预习准备充分，实验材料齐全，提交预习报告；设计性实验方案基本正确，实验任务明确（10％）。

② 实验认真守纪，积极主动，准时进入实验室（10％）。

③ 掌握实验原理，操作认真、规范，动作有条不紊；实验过程独立完成，仪器操作娴熟（20％）。

④ 自行发现并排除一般性的实验故障，数据记录正确规范（20％）。

⑤ 具有较强的协作精神和实事求是的工作作风；与他人协作默契，配合得当（20％）。

⑥ 讨论深入细致，见解新颖（20％）。

3. 实验报告

实验报告成绩按四方面内容，给予 5 个档次成绩。

报告考核内容：

① 实验报告一周内递交（10%）；

② 实验数据正确完整，结果分析深入细致（30%）；

③ 公式、图表、曲线完整无误（30%）；

④ 遵守实验操作规程，无违章现象发生；问题回答正确，思路清晰，观点有见解（30%）。

成绩档次：

① 优秀（90～100分）　实验报告内容完整、叙述严谨、版面布局合理整洁、原始数据完备、数据处理过程完整正确、实验结论正确；基本正确回答实验思考题，实验讨论有一定的见解。

完全符合四方面考核内容。

② 良好（80～89分）　实验报告内容完整、条理清晰、版面整洁、原始数据完备、数据处理过程完整、结果基本正确、实验结论明确；报告有实验讨论的内容。

基本符合四方面考核内容。

③ 中等（70～79分）　实验报告内容基本完整、版面整洁、原始数据基本完整、有数据处理过程、实验结论明确。

符合四方面考核内容3项。

④ 及格（60～69分）　实验报告内容基本完整、原始数据基本完整、有数据处理过程和实验结论。

符合四方面考核内容2项。

⑤ 不及格（＜60分）

有下列情况之一者，实验项目成绩评为不及格：

• 不能完成最基本的实验操作；
• 实验报告马虎、内容不全、无数据处理过程或数据处理过程不完整、实验无结论等；
• 实验报告有抄袭现象；
• 严重违反实验规章制度并造成不良后果；
• 未做实验，但模仿指导教师笔迹签字伪造原始数据的；
• 无故缺席或者迟到30分钟以上者，不能补做的；

不符合四方面考核内容。

4. 期末考试（笔试）内容

① 基本原理和概念；

② 实验方法；

③ 实验现象分析；

④ 实验结果分析；

⑤ 本课程总结、体会及建议（附加分20%）。

期末考试（实验考试）评分办法根据卷面题给定。

### 四、大气污染控制工程实验规则

实验室是进行科学研究的场所，大气污染控制工程实验有易燃、易爆、有腐蚀性或有毒的试剂和药品，在实验前应充分了解实验室规则，实验时在思想上要十分重视安全问题，集中注意力，遵守操作规程，避免事故的发生。

（1）进入实验室应保持整洁和安静；禁止在实验室内大声喧哗、追逐嬉玩和随地吐痰；禁止赤足、穿拖鞋进入实验室，实验室内严禁吸烟、吃食品，遵守实验室的各项规章制度。

（2）进入实验室首先熟悉水龙头、电闸的位置和操作方法，以及灭火栓的使用方法。注意节约水、电、气、油以及化学药品等。爱护仪器、实验设备及实验室其他设施。

（3）启用加热设备时，要注意被加热物（如液体等）是否溅出，以免受到伤害。嗅闻气体时，应用手向自己方向轻拂气体。使用电器设备时，不要用湿手接触电插销，以防触电。

（4）浓酸、浓碱具有强腐蚀性，切勿溅在衣服、皮肤上，尤其勿溅到眼睛上。稀释浓硫酸时，应将浓硫酸慢慢倒入水中，而不能将水向浓硫酸中倒，以免迸溅。

（5）实验室常用的溶剂乙醚、乙醇、丙酮、苯等有机易燃物质，在安放和使用时，必须远离明火，取用完毕后应立即盖紧瓶塞或瓶盖。

（6）能产生有刺激性或有毒气体的实验，应在通风橱内（或通风处）进行。

（7）有毒药品（如重铬酸钾、钡盐、铅盐、砷化合物、汞化合物、氰化物等）不得进入口内或接触伤口，不能将有毒药品随便倒入下水管道。

（8）实验完毕，应洗净双手后，才可离开实验室。

（9）实验室的仪器和药品未经教师准许，不能带出实验室。因操作不慎等原因，损坏仪器、设备，应上报登记。因违规操作，造成仪器、设备损坏，根据情节的轻重和态度由指导老师会同实验室负责人，按仪器、设备价值的酌情折价赔偿，情节严重、损失较大者，上报学校进行处理。

（10）有关剧毒药品的领取、使用和保管，按照相关药品管理规定执行。

**五、学生实验守则**

（1）实验前应认真做好预习，明确实验目的，了解实验内容及注意事项，写出预习报告。

（2）做好实验前的准备工作，清点仪器，如发现缺损，应报告指导教师，按规定向实验员从准备室补领。未经指导教师和实验员教师同意，不得随意移动或拿走仪器设备。

（3）实验时保持肃静，思想集中，认真操作，仔细观察现象，积极思考问题，做好记录。

（4）保持实验室和台面清洁、整齐，废纸屑、废液、废金属屑等废物应存放于指定的地方，不能随手乱扔，更不能倒在水槽中，以免水槽或下水道堵塞、腐蚀或发生意外。

（5）爱护国家财物，小心正确地使用仪器和设备，注意安全，节约水、电和药品。使用精密仪器时，必须严格按照操作规程进行，如发现故障，应立即停止使用，并及时报告指导老师。实验药品应按规定取用，取用药品后，应立即盖上瓶塞，以免弄错，沾污药品。放在指定地方的药品不得擅自拿走，自瓶中取出的药品不能再倒回原瓶中。

（6）实验完毕后将玻璃仪器清洗干净并放回原处，整理好桌面，经指导教师批准后方可离开。

（7）每次实验后由学生轮流值日，负责整理公用药品、仪器，打扫实验室卫生，清理实验后废物；检查水、电、煤气开关是否已关闭，关好门窗。

（8）实验室内的一切物品（包括仪器、药品、产物等）不得带离实验室。

**六、实验室意外事故的处理**

（1）灭火　若因酒精、苯或乙醚等引起着火，应立即用湿布或沙土等扑灭。若遇电气设备着火，必须先切断电源，再用泡沫式灭火器或四氯化碳灭火器灭火。实验人员衣服着火时，不可慌张跑动，否则会加强气流流动，使燃烧加剧，而应尽快脱下衣服，或在地面上打滚或跳入水池。火被扑灭后，让病人躺下，保暖，并送医院做进一步治疗。

（2）烫伤　可用高锰酸钾溶液或苦味酸溶液揩洗灼伤处，再搽上烫伤油膏。

（3）酸伤　若强酸溅到眼睛或皮肤上，应立即用大量水冲洗，然后用饱和碳酸氢钠溶液或者稀氨水冲洗，再用水冲洗。最后涂上医用凡士林，并送医院做进一步治疗。

（4）碱伤　立即用大量水冲洗，然后用硼酸或醋酸溶液（20g/L）冲洗、水冲洗，最后涂上医用凡士林。

（5）割伤　伤口不能用水洗，应立即用药棉擦净伤口，伤口内若有玻璃碎片，需先挑出，再涂上紫药水，或红药水、碘酒，但红药水和碘酒不能同时使用，再用止血贴或纱布包扎。

（6）触电　首先应切断电源，然后在必要时，进行人工呼吸。

（7）毒气　若吸入溴蒸气、氯化氢、氯等气体，可立即吸入少量酒精蒸气以解毒；若吸入硫化氢气体，会感到不适或头晕，应立即到室外呼吸新鲜空气。

（8）对伤势较重者，应立即送医院医治，任何延误都可能使治疗变得更加复杂和困难。

# 第一章 基本知识、基本操作、基本技术

## 一、实验室常用仪器
### 1. 实验室常用玻璃仪器

| 仪器名称 | 种类和规格 | 用 途 | 备 注 |
|---|---|---|---|
| 试管 | (1)硬质和软质；<br>(2)普通试管和离心试管；<br>(3)普通试管有翻口、平口；<br>(4)有刻度、无刻度；<br>(5)具塞、无塞；<br>(6)有刻度的试管和离心试管的规格以容量表示；<br>(7)无刻度试管的规格以管口外径（mm）×管长（mm）表示 | (1)盛取液体或固体试剂；<br>(2)加热少量固体或液体；<br>(3)制取少量气体反应器；<br>(4)收集少量气体用；<br>(5)溶解少量气体、液体或固体的溶质 | (1)普通试管可直接用火加热，硬质试管可加热至高温；<br>(2)加热时应使用试管夹，注意扩大受热面积，防止暴沸或受热不均，使试管破裂，加热后不能骤冷；<br>(3)离心试管只能在水浴中加热；<br>(4)装溶液时不超过试管容量的1/2，加热时不超过试管的1/3 |
| 烧杯 | (1)有刻度和无刻度；<br>(2)以容积大小表示 | (1)用作反应容器，反应物易混合；<br>(2)配制溶液；<br>(3)溶解、结晶、蒸发浓缩或加热溶液；<br>(4)盛取溶液和药剂的容器 | (1)注入的液体不超过其容积的2/3；<br>(2)加热时使用石棉网；<br>(3)烧杯外部要擦干后再加热 |
| 量筒<br>量杯 | 规格以刻度所标识的最大容积(mL)表示 | 用于量取一定体积量的液体 | (1)量取少量的液体时首选量杯，量取大体积的液体时则要选用量筒；<br>(2)不能加热，不能量取热的液体；<br>(3)不能用作反应容器，不能在其中配制溶液；<br>(4)操作时应沿内壁加入或倒出液体 |
| 容量瓶 | (1)无色和棕色；<br>(2)规格以刻度所标的容积标度表示 | 用于配制一定体积准确浓度的标准溶液和准确浓度的溶液 | (1)容量瓶不能做加热溶液的操作；<br>(2)容量瓶不得放在烘箱中烘烤；<br>(3)热溶液应冷至室温后再移入容量瓶稀释至标线；<br>(4)稀释过程中放热的溶液应在稀释至容量总体积的3/4时摇匀，并待冷至室温后，再继续稀释至刻度；<br>(5)容量瓶不能长久储存溶液作试剂瓶用；<br>(6)使用后的容量瓶应立即冲洗干净。闲置不用时，可在瓶口处垫一小纸条以防黏结 |
| 锥形瓶 | (1)无塞和具塞；<br>(2)规格以容积表示 | (1)滴定分析中作为滴定容器；<br>(2)加热反应容器 | (1)不能在瓶内配制溶液；<br>(2)磨口塞要保持原配；<br>(3)取用溶液前要摇匀，手心对准标签 |

| 仪器名称 | 种类和规格 | 用　途 | 备　注 |
|---|---|---|---|
| 碘量瓶 | 规格以容积表示 | (1)碘量瓶作为碘量法的专用滴定容器;<br>(2)在其他挥发性物质的滴定分析中作滴定容器;<br>(3)用于需严防液体挥发和固体升华的反应容器 | (1)瓶和塞要保持原配,不能混用;<br>(2)不能高温加热,在较低温度加热时,要将瓶塞打开,防止瓶塞冲出或瓶子破碎 |
| 称量瓶 | (1)高型和矮型;<br>(2)规格以外径(mm)×瓶高(mm)表示 | 盛放需准确称量或少量需干燥后准确称量的固体物质 | (1)洗净烘干或已盛有试样的称量瓶除放在干燥器、秤盘上外不得放在其他地方,以免沾污;<br>(2)粘在瓶口上的试样应敲回瓶中 |
| 移液管<br>吸量管 | (1)移液管为单刻度,吸量管有分刻度;<br>(2)规格以刻度的最大标度表示 | 准确移取或量取一定体积的液体 | (1)不应在烘箱中烘干;<br>(2)不能移取太热或太冷的溶液;<br>(3)同一实验中应尽可能使用同一支移液管;<br>(4)在使用完毕后,应立即用自来水及蒸馏水冲洗干净,置于移液管架上;<br>(5)移液管和容量瓶常配合使用,因此在使用前常作两者的相对体积校准;<br>(6)在使用吸量管时,为了减少测量误差,每次都应从最上面刻度(0刻度)处为起始点,往下放出所需体积的溶液,而不是需要多少体积就吸取多少体积 |
| 滴定管 | (1)碱式和酸式;<br>(2)无色和棕色;<br>(3)规格以刻度的最大标度表示 | (1)滴定分析;<br>(2)量取一定体积的液体 | (1)滴定管下端不能有气泡,快速放液,可赶走酸式滴定管中的气泡;轻轻抬起尖嘴玻璃管,并用手指挤压玻璃球,可赶走碱式滴定管中气泡。<br>(2)酸式滴定管不得用于装碱性溶液;碱式滴定管不宜装对橡皮管有腐蚀性的溶液,如碘、高锰酸钾和硝酸银等。<br>(3)滴定管不同于量筒,其读数自上而下由小变大 |
| 表面皿 | 规格以口径(mm)表示 | 盖在烧杯上,防止液体进溅或其他用途 | 不能直接用火加热 |
| 漏斗 | (1)长颈漏斗、短颈漏斗和波纹漏斗;<br>(2)普通漏斗、热水漏斗、高压漏斗、分液漏斗和安全漏斗;<br>(3)规格以漏斗口径(mm)表示 | 用于过滤操作,对沉淀进行分离 | 不能直接用火加热 |
| 单口烧瓶 | (1)圆底、平底和磨口;<br>(2)规格以容量表示。圆底烧瓶有普通型和标准磨口型。磨口圆底烧瓶还以磨口标号表示其口径的大小 | (1)液体和固体或液体间的反应器;<br>(2)装配气体反应发生器(常温、加热);<br>(3)蒸馏或分馏液体(用带支管烧瓶又称蒸馏烧瓶) | (1)注入的液体不超过其容积的2/3;<br>(2)加热时使用石棉网,使均匀受热;<br>(3)蒸馏或分馏要与胶塞、导管、冷凝器等配套使用 |
| 多口烧瓶 | (1)普通型和标准磨口型;<br>(2)规格以容量表示,标准磨口型以磨口标号表示其口径的大小 | 同单口烧瓶 | 同单口烧瓶 |
| 比色管 | (1)带刻度和无刻度;<br>(2)具塞和不具塞;<br>(3)规格以容量表示 | 用于比色分析 | (1)不能加热,轻拿轻放;<br>(2)同一比色实验中使用同样规格的比色管;<br>(3)清洗时不能用硬毛刷刷洗,以免磨伤管壁影响透光度;<br>(4)比色时一次只拿两支比色管进行比较且光照条件要相同 |

| 仪器名称 | 种类和规格 | 用　途 | 备　注 |
|---|---|---|---|
| 干燥器 | (1)普通干燥器和真空干燥器；<br>(2)规格以直径大小表示 | 内放干燥剂,用于样品的干燥和保存 | (1)磨口处涂凡士林；<br>(2)灼烧过的样品应稍冷却后放入干燥器,并在冷却的过程中每隔一定时间打开一下盖子,以调节干燥器内的压力 |
| 集气瓶 | (1)无塞,瓶口面磨砂,并配有毛玻璃盖片；<br>(2)规格以容量表示 | 用于气体的收集,或气体燃烧实验 | 进行固-气燃烧实验时,瓶底应放少量的砂子或水 |
| 洗气瓶 | 规格以容量表示 | 用于去除杂质气体 | (1)安装时应使进气管通入洗涤液中；<br>(2)内装洗涤管的量不能超过洗气瓶高度的1/2,以防洗涤液被气体冲出 |
| 干燥管 | 规格以大小表示 | 用于气体的干燥 | (1)所填装的干燥剂应不与气体反应；<br>(2)颗粒要大小适中,填充时也要松紧适中；<br>(3)填装的干燥剂两端用棉花团填塞,避免气流将干燥粉末带出 |

## 2. 实验室常用仪器设备

| 仪器名称 | 种类和规格 | 用　途 | 备　注 |
|---|---|---|---|
| pH 计 | (1)笔式(迷你型)、便携式和台式；<br>(2)0.2 级、0.1 级、0.01 级 | (1)精密测量液体介质的酸碱度值；<br>(2)配上相应的离子选择电极测量离子电极电位 | (1)玻璃电极插座应保持干燥、清洁,严禁接触酸雾、盐雾等有害气体,严禁沾上水溶液,保证仪器的高输入阻抗。<br>(2)新电极或久置不用的电极在使用前,必须在蒸馏水中浸泡数小时,使电极不对称电位降低达到稳定,降低电极内阻。<br>(3)测量时,电极球泡应全部浸入被测溶液中。<br>(4)使用时,应使内参比电极浸在内参比溶液中,不要让内参比溶液倒向电极帽一端,使内参比悬空。<br>(5)使用时,应拔去参比电极电解液加液口的橡皮塞,以使参比电解液(盐桥)借重力作用维持一定流速渗透并与被测溶液相通。否则,会造成读数漂移。<br>(6)氯化钾溶液中应该没有气泡,以免使测量回路断开。<br>(7)应该经常添加氯化钾盐桥溶液,保持液面高于银/氯化银丝 |
| 分光光度计 | (1)手动、半自动、自动；<br>(2)带扫描、不带扫描；<br>(3)可见光、紫外光、红外光、荧光、原子吸收 | 对物质进行定性和定量分析 | (1)仪器初次使用需检查波长准确度,以确保检测结果的可靠性。<br>(2)由于光源位置偏移,导致工作电流漂移增大,此时对光源位置进行调整。<br>(3)每次检测结束后应检查比色池内有否溶液溢出,若有溢出应随时用滤纸吸干,以免引起测量误差或影响仪器使用寿命。<br>(4)仪器每次使用完毕,应于灯室内放置数袋硅胶(或其他干燥剂),以免反射镜受潮霉变或沾污,影响仪器使用,同时盖好防尘罩。<br>(5)仪器室应通常保持洁净干燥,室温以 5～35℃为宜,相对湿度不得超过 85%。有条件者应于室内配备空调机及除湿机,以确保仪器性能稳定。<br>(6)仪器室不得存放酸、碱、挥发性或腐蚀性等物质,以免损坏仪器。<br>(7)仪器长时间不用时,应定时通电预热,每周1 次,每次 30min,以保证仪器处于良好使用状态 |

续表

| 仪器名称 | 种类和规格 | 用　途 | 备　注 |
|---|---|---|---|
| 显微镜 | (1)光学显微镜和电子显微镜；<br>(2)工业显微镜、医疗显微镜、高倍显微镜 | 提取和分析物质表面微细结构信息 | (1)微调是显微镜机械装置中较精细而又容易损坏的元件，拧到限位后，决不能强拧。<br>(2)调焦时，应将微调退回 3～5 圈，重用粗调调焦，待初见物像后，再改用微调。<br>(3)使用高倍镜观察液体标本时，一定要加盖玻片。<br>(4)100×油镜使用后，一定要擦拭干净 |
| 烘箱 | (1)高温烘箱、超高温烘箱、低温烘箱、常温烘箱、真空烘箱、微波烘箱；<br>(2)可编程烘烤箱、精密烘箱充氮烘箱、真空烘箱、防爆烘箱、电热鼓风干燥箱、热风循环烘箱 | 用作烘干、干燥、保温、固化、烘焙等 | (1)放入试品时应注意排列不能太密。<br>(2)散热板上不应放试品，以免影响热气流向上流动。<br>(3)禁止烘焙易燃、易爆、易挥发及有腐蚀性的物品。<br>(4)当需要观察工作室内样品情况时，可开启外道箱门，透过玻璃门观察。但箱门以尽量少开为好，以免影响恒温。特别是当工作在200℃以上时，开启箱门有可能使玻璃门骤冷而破裂。<br>(5)有鼓风的烘箱，在加热和恒温的过程中必须将鼓风机开启，否则影响工作室温度的均匀性和损坏加热元件。<br>(6)工作完毕后应及时切断电源，确保安全。<br>(7)温度不要超过烘箱的最高使用温度。<br>(8)为防止烫伤，取放试品时要用专门工具 |
| 台秤 | 托盘天平、单盘机械秤 | 常用称重衡器，精确度不高，一般为 0.1g 或 0.2g，最大荷载一般为 200g | (1)不能称量热物品，所称质量不能超过台秤的最大载荷。<br>(2)称量物不能直接放在秤盘上，应放在已称量的洁净的表面皿、烧杯或光洁的称量纸上。吸湿或有腐蚀性的药品必须放在玻璃容器内。<br>(3)砝码不能用手拿，要用镊子夹取。<br>(4)台秤保持清洁，如果不小心把药品撒在秤盘上，必须立即清除。<br>(5)称量完毕，应将砝码放回砝码盒中，将游码拨到"0"刻度处，并将托盘放在一侧，或用橡皮圈架起，以免台秤摆动。不用时应加塑料罩以防尘土，保持整洁 |
| 分析天平 | 机械分析天平、电子分析天平 | 精确定量称重衡器，精确度高，一般为 1mg | (1)接通电源，预热 60min 后放开启显示器。<br>(2)所称物先放上称量纸，待显示数字稳定下来并出现质量单位后，可读数，并记录读数数据。<br>(3)对于电子分析天平，若需清零、去皮重，则需按一下"TAR"键，随即出现全零状态；称量完毕，取下被称物，按一下"OFF"键，再称量时按一下"ON"键就可以继续使用。<br>(4)使用完毕，应拔下电源，盖上防尘罩 |
| 水浴锅 | 简易水浴锅、高级水浴恒温器 | 用于间接恒温加热 | 加热时防止锅内水烧干，损坏锅体，用后应将水倒出 |

| 仪器名称 | 种类和规格 | 用途 | 备注 |
|---|---|---|---|
| 离心机 | (1)低速离心机、高速离心机、超速离心机；<br>(2)制备型离心机和制备分析离心机；<br>(3)台式离心机、多管微量离心机、细胞涂片离心机、血液洗涤离心机、冷冻离心机、自动平衡离心机 | 用于液体与固体颗粒分离或液体与液体的混合物中各组分分离 | (1)必须放置在坚固的水平实验台上且稳固，转轴上的支架要牢固，转轴润滑良好，吊篮应活动自如，保证离心机的正常运转。<br>(2)仪器必须有良好的接地。<br>(3)必须平衡样品，对称放入离心机内。离心管盛液不宜过满，避免腐蚀性液体溅出腐蚀离心机，同时造成离心不平衡。<br>(4)开始前应检查转头是否拧紧。放入离心套筒后应紧盖、锁牢，防止意外事故的发生。<br>(5)离心完毕应关电门，拔掉电源插头任机自停，在离心机未停稳时，严禁打开离心机盖用手助停，以免伤身损机，使沉淀泛起。样品取出时应缓慢不要摇晃。<br>(6)离心机使用完毕，要及时清除离心机内水滴、污物及碎玻璃碴，擦净离心腔、转轴、吊环、套筒及机座。经常做好离心机的防潮、防过冷、防过热、防腐蚀药品污染，延长使用寿命。<br>(7)离心过程若发现异常情况应立即拔下电源插头，然后再进行检查 |
| 恒温培养箱 | 电热式培养箱、隔水式培养箱、特种培养箱 | 用于培养菌类生成和维持物质的稳定 | (1)应由专人负责管理，操作盘上的任何开关和调节旋钮一旦固定后，不要随意扭动，以免影响箱内温度、$CO_2$、湿度的波动，同时降低机器的灵敏度。<br>(2)所加入的水必须是蒸馏水或无离子水，防止矿物质储积在水箱内产生腐蚀作用。每年必须换一次水。经常检查箱内水是否够。<br>(3)箱内应定期用消毒液擦洗消毒，搁板可取出清洗消毒，防止其他微生物污染，导致实验失败。<br>(4)定期检查超温安全装置，以防超温。方法为按进监测报警按钮，转动固定螺丝，直到超温报警装置响，然后关闭超温安全灯。<br>(5)在无湿度控制的培养箱内，为保持箱内气氛组成的稳定，要在箱内底层放入一个盛水的容器 |
| 超声波清洗器 | (1)单槽式超声波清洗器、多槽式超声波清洗器；<br>(2)小型超声波清洗器、大型超声波清洗器、微型超声波清洗器 | 物件污染物清除、细小孔洞疏通 | (1)超声波振子受潮，可以用兆欧表检查与换能器相连接的插头。<br>(2)换能器振子打火，陶瓷材料碎裂，可以用肉眼和兆欧表结合检查 |
| 电加热器 | 电炉、电加热套、管式炉、马弗炉 | 用于物质的加热、高温焙烧 | (1)按照要求正确选择加热器。<br>(2)高温加热注意安全，进取样品要带防护套 |

## 二、实验基本操作及其过程

### 1. 玻璃器皿的洗涤

大气污染控制工程实验中，采样、预处理、检测、分析等过程需要使用符合要求的玻璃器皿，这些玻璃器皿需要洗净、干燥。玻璃器皿的洗净应按照规定和要求进行清洗，下面介绍实验室常用的清洗方法。

(1)去污粉、洗涤剂清洗　实验室中常用的烧杯、锥形瓶、量筒等一般的玻璃器皿，可浸着在去污粉或合成洗涤剂的溶液中，然后用毛刷刷洗。去污粉的组分是碳酸钠、白土、细沙等混合而成的。利用碳酸钠的碱性去除油污，细沙的摩擦作用和白土的吸附作用增强了对玻璃仪器的清洗效果。洗涤剂一般是由表面活性剂、洗涤助剂和添加剂组成，表面活性剂具有良好的去污能力，同时具有柔软、杀菌、抗静电优良性能，洗涤助剂使表面活性剂去污能力得到提高，添加剂与污垢结合力强，能把污垢包围并分散在水中，防止污垢与纤维接触而造成再污染。玻璃仪器经擦洗后，用自来水冲掉去污粉颗粒，然后用去离子水冲洗，去掉自来水中的钙、镁、铁、氯等离子。洗涤时应遵循"少量多次"的原则，一般以 3 次为宜。

将清洗干净的仪器倒置，仪器中存留的水可以完全流尽，而仪器不留水珠和油花。出现水珠或油花的仪器应当重新洗涤。洗净的仪器不能用纸或抹布擦干，以免将脏物或纤维留在器壁上面沾污了仪器。

（2）铬酸洗液清洗　　测定管、移液管、容量瓶等具有精确刻度的仪器，常用铬酸洗液浸泡 15min 左右，再用自来水冲净残留在器皿上的洗液，然后用去离子水润洗 2～3 次。

铬酸洗液的配制：在台秤上称取 5g 工业纯 $K_2Cr_2O_7$（或 $Na_2Cr_2O_7$）置于 500mL 烧杯中，先用少许去离子水溶解，在不断搅动下，慢慢注入 100mL 浓硫酸（工业纯），待 $K_2Cr_2O_7$ 全部溶解并冷却后，将其保存于带磨口的试剂瓶中。所配的铬酸洗液为暗红色液体，因浓硫酸易吸水，用后应将磨口玻璃塞子塞好。铬酸洗液有毒，易造成环境污染，所以一般能够用其他洗涤方法洗涤干净的仪器，尽量不用铬酸洗液。使用铬酸洗液应按以下顺序操作：

① 用铬酸洗液洗涤前，一般先将仪器用自来水和毛刷洗刷，倾尽水，以免将洗液稀释而降低洗涤效果。如无还原性物质存在，则可直接用铬酸洗液清洗。

② 铬酸洗液可以反复使用，当洗液变为绿色而失效时，可倒入废液桶中，绝不能倒入下水道，以免腐蚀金属管道并造成环境污染。

③ 用铬酸洗液洗涤过的仪器，应先用自来水冲净，再用去离子水润洗内壁。

铬酸洗液为强氧化剂，腐蚀性强，使用时特别注意不要溅到皮肤和衣物上。被 $MnO_2$ 沾污的器皿，用铬酸洗液是无效的，此时可用草酸等还原剂洗去污垢。

光度法中所用的比色皿，是由光学玻璃制成的，不能用毛刷刷洗。通常视沾污情况，选用铬酸洗液、HCl-乙醇、合成洗涤剂等洗涤，用自来水冲洗净，再用去离子水润洗 2～3 次。

（3）其他溶剂清洗

① NaOH-$KMnO_4$ 水溶液　　称取 10g $KMnO_4$ 放入 250mL 烧杯中，加入少量水使之溶解，再慢慢加入 100mL 10％ NaOH 溶液，混匀即可使用。该混合液适用于洗涤油污及有机物，洗涤后在器皿中留下的 $MnO_2 \cdot nH_2O$ 沉淀物可用 HCl＋$NaNO_2$ 混合液或热草酸溶液等洗去。

② KOH-乙醇溶液（1∶1）　　适合于洗涤被油脂或某些有机物沾污的器皿。

③ $HNO_3$-乙醇溶液（1∶1）　　适合于洗涤被油脂或有机物沾污的酸式滴定管，盖住滴定管管口，利用反应所产后的氧化氮洗涤滴定管。

2. 化学试剂的规格和取用

大气污染控制工程实验中，需要使用各种化学试剂来检测和分析各类污染物。化学试剂按其纯度分为若干等级（见表 1-1）。所谓的"高纯"试剂是用于特殊分析用途的，例如"光谱纯"试剂，它是以光谱分析时出现的干扰谱线强度大小来衡量的；"色谱纯"试剂，是在最高灵敏度下以 $10^{-10}$g 下无杂质峰来表示的；"放射化学纯"试剂，是以放射性测定时出现干扰的核辐射强度来衡量的；"MOS"试剂，是"金属-氧化物-硅"或"金属-氧化物-半导体"试剂的简称，是电子工业专用的化学试剂等。

**表 1-1　试剂的规格和适用范围**

| 等级 | 名称 | 英文名称 | 符号 | 适用范围 | 标签标志 |
|---|---|---|---|---|---|
| 一级品 | 优级纯 | Guarantee Reagent | GR | 纯度很高,适用于精密分析工作 | 绿色 |
| 二级品 | 分析纯 | Analytical Reagent | AR | 纯度仅次于一级品,适用于多数分析工作 | 红色 |
| 三级品 | 化学纯 | Chemically Pure | CP | 纯度次于二级品,适用于一般化学实验 | 蓝色 |
| 四级品 | 实验试剂 | Laboratorial Reagent | LR | 纯度较低,适合作为实验辅助试剂 | 棕色 |
| 五级品 | 生物试剂 | Biological Reagent | BR | | 咖啡色或黄色 |

试剂取用原则：保证质量准确；保证试剂的纯度；取用过程不受污染。

(1) 固体试剂的取用　固体试剂一般装在广口瓶内，$AgNO_3$、$KMnO_4$ 等见光易分解的试剂装在棕色广口瓶中。使用洁净的药品匙取固体试剂，药品匙不能混用。实验后洗净、晾干，下次再用，避免沾污药品。要严格按量取用药品，多取试剂不仅浪费，往往还影响实验效果。如果多取，可放在指定容器内或给他人使用，不许倒回原试剂瓶中。需要称量的固体试剂，可放在称量纸上称量。对于具有腐蚀性、强氧化性、易潮解的固体试剂要用小烧杯、称量瓶、表面皿等装载后进行称量。根据称量精度的要求，可分别选择台秤和天平称量固体试剂。用称量瓶称量时，可用减量法操作。

(2) 液体试剂的取用　液体试剂装在细口瓶或滴瓶内，试剂瓶上有明确的名称、浓度标签。

从滴瓶中取试剂时，应先提起滴管离开液面，捏瘪胶帽后赶出空气，再插入溶液中吸取试剂，不要在插入溶液中捏胶帽赶空气，使空气在溶液中冒泡；滴加溶液时滴管要垂直，这样滴入液滴的体积才能准确；滴管口应距接收容器口（如试管口）半厘米左右，以免与器壁接触沾染其他试剂，使滴瓶内试剂受到污染。如要从滴瓶取出较多溶液时，可直接倾倒。先排除滴管内的液体，然后把滴管夹在食指和中指间倒出所需量的试剂。滴管不能倒持，以防试剂腐蚀胶帽使试剂变质。不能用自己的滴管取公用试剂，如试剂瓶不带滴管又需取少量试剂，则可把试剂按需要量倒入小试管中，再用自己的滴管取用。

从细口瓶中取用试剂时，要用倾注法取用。先将瓶塞反放在桌面上，倾倒时瓶上的标签要朝向手心，以免瓶口残留的少量液体顺瓶壁流下而腐蚀标签。瓶口靠紧容器，使倒出的试剂沿玻璃棒或器壁流下。倒出需要量后，慢慢竖起试剂瓶，使流出的试剂都流入容器中，一旦有试剂流到瓶外，要立即擦净。切记不允许试剂沾染标签。

要准确量取溶液，可根据准确度和量的要求，选用量筒、移液管或滴定管等来量取。

3. 纯水的制备

在大气污染控制工程实验中，根据任务及要求的不同，对水的纯度要求也不同。对于一般的实验和分析工作，采用去离子水和蒸馏水即可。对于超纯物质分析，要求纯度较高的"高纯水"。由于空气中的 $CO_2$ 可溶于水，故纯水的 pH 常小于 7.0，一般为 6~7。制备纯水的方法不同，杂质含量情况也不同。

(1) 蒸馏水　将自来水在蒸馏装置中加热气化成蒸气，蒸气经冷却得到蒸馏水。目前使用的蒸馏器的材质有玻璃、石英和不锈钢等，蒸馏法只能除去水中非挥发性的杂质，比较纯净，而溶解在水中的气体等杂质并不能除去，可能会带入金属离子。

(2) 去离子水　用离子交换法制取的纯水称为去离子水，目前多采用阴、阳离子交换树脂的混合交换柱装置来制备。此法的优点是制备的水量大，成本低，除去离子的能力强。缺点是设备及操作比较复杂，不能除去非离子型杂质，常含有微量的有机物。

4.气体样本的采集与保存

在大气污染控制工程实验中，气体样本的采集与保存尤为重要，采样方法不正确或不规范，即使操作者再细心、实验室分析再精确、实验室的质量保证和质量控制再严格，也不会得出准确的测定结果。采样的原则：样品必须均匀，有代表性；必须保持样品原有的稳定性。

根据气体样本中所测污染物的不同性质，污染物分为气态、气溶胶态和混合态，样品的采集与保存有所不同。下面介绍呈气态、气溶胶态和混合态的气体样本常用采样方法。

（1）气态污染物采样方法

① 直接采样法　此法适用于大气中被测组分浓度高或者所用的分析方法灵敏度较高的情况，直接采取少量样本就可以满足分析需要。

a.注射器采样：在现场直接用100mL注射器连接一个三通活塞抽取空气样本，密封进样口，带回实验室分析。采样时，先用现场空气抽洗3～5次，然后抽样，将注射器进气口朝下，垂直放置，使注射器内压力略大于大气压。

b.塑料袋采样：用一种与所采集的污染物既不起化学反应，也不吸附、不渗漏的塑料袋。使用前进行气密性检查，充足气后，密封进气口，将其置于水中，不冒气泡即为达到气密性要求。使用时用现场空气冲洗3～5次后，再充进现场空气，夹封装口，带回实验室分析。此法具有经济和轻便的特点，使用前事先对塑料袋进行样本稳定性实验。

c.固定容器法：此法适用于采集少量空气样本。具体方法有两种：一种是将真空采气瓶抽真空至133Pa左右，如瓶中事先装好吸收液，可抽至溶液冒泡为止，将真空采气瓶携带至现场，打开瓶塞，被测空气即充进瓶中。关闭瓶塞，带回实验室分析，采气体积即为真空采气瓶的体积。也可以将真空采气瓶抽真空后拉封，到现场后从断痕处折断，空气即充进瓶内，完成后盖上橡皮帽，带回实验室分析。另一种方法是使用采气管，通过置换法采集被测空气。在现场用二联球打气，使通过采气管的空气量至少为管体积的6～10倍，完全置换采气管中原有的空气，然后封闭两端管口，带回实验室分析，采样体积即为采气管容积。

② 动力式采样法　大气中污染物含量往往很低，需要采用一定的方法将大量空气样本进行浓缩，使之满足分析方法灵敏度的要求，动力式采样法适应这种需求。此方法具体操作如下：采用抽气泵抽取空气，将空气样本通过收集器中的吸收介质，使气体污染物浓缩在吸收介质中，从而达到浓缩采样的目的。根据吸收介质的不同，可以分为溶液吸收法、填充柱采样法、低温冷凝浓缩法等。动力式采样法采样时间一般比较长，测得结果代表采样时段的平均浓度，更能反映大气污染的真实情况。

a.溶液吸收法：此方法采用一个气体吸收管，内装吸收液，后接抽气装置，以一定的气体流量，通过吸收管抽入空气样本，当空气通过吸收液时，被测组分被吸收在溶液中。取样后采集吸收液，分析其中被测物的含量，根据测得结果及采样体积计算大气中污染物的真实浓度。吸收液的选择按照一定的原则进行筛选，关键点是对被采集的物质溶解度大、化学反应速率快、污染物在其中有足够的稳定时间。

吸收液的选择原则是：

- 与被采集的物质发生化学反应快或对其溶解度大；
- 污染物质被吸收液吸收后，要有足够的稳定时间，以满足分析测定所需时间的要求；
- 污染物质被吸收后，应有利于下一步分析测定，最好能直接用于测定；
- 吸收液毒性小、价格低、易于购买，且尽可能回收利用。

气体吸收管的类型有多种形式，如下所述。

- 气泡吸收管。气泡吸收管可装5～10mL吸收液，采样流量为0.5～2.0L/min，适用于采集气态和蒸气态物质。

• 冲击式吸收管。冲击式吸收管有装 5～10mL 吸收液，采样流量为 3.0L/min（小型）和有装 50～100mL 吸收液，采样流量为 30L/min（大型）两种规格。

• 多孔筛板吸收管（瓶）。多孔筛板吸收管可装 5～10mL 吸收液，采样流量为 0.1～1.0L/min。吸收瓶有装 10～30mL 吸收液，采样流量为 0.5～2.0L/min（小型）和装 50～100mL 吸收液，采样流量 30L/min（大型）两种。气样通过吸收管（瓶）的筛板后，被分散成很小的气泡，且阻留时间长，大大增加了气液接触面积，从而提高了吸收效果。

在使用溶液吸收法时，应注意以下几个问题。

ⅰ. 当采气流量一定时，为使气液接触面积增大，提高吸收效率，应尽可能使气泡直径变小，液体高度加大，尖嘴部的气泡速度减慢。但不宜过度，否则管路内压增加，无法采样。建议通过试验测定实际吸收效率来进行选择。

ⅱ. 由于加工工艺等问题，应对吸收管的吸收效率进行检查，选择吸收效率为 90% 以上的吸收管，尤其是使用气泡吸收管和冲击式吸收管时更要注意。

ⅲ. 新购置的吸收管要进行气密性检查，其方法为：将吸收管内装适量的水，接至抽气瓶上，两个水瓶的水面差为 1m，密封进气口，抽气至吸收管内无气泡出现，待抽气瓶水面稳定后，静置 10min，抽气瓶水面应无明显降低。

ⅳ. 部分方法的吸收液或吸收待测污染物后的溶液稳定性较差，易受空气氧化、日光照射而分解或随现场温度的变化而分解。应严格按照操作规程采取密封、避光或恒温采样等措施，并尽快分析。

ⅴ. 吸收管路的内压不宜过大或过小，可能的话要进行阻力测试。采样时，吸收管要垂直放置。

ⅵ. 现场采样时，要注意观察不能有泡沫抽出。采样后，用样品溶液洗涤进气口内壁三次，再倒出分析。

b. 填充柱采样法：此方法采用一个内径为 3～5cm、长 5～10cm 的玻璃管，内装颗粒物或纤维状固体填充剂。空气样本被抽过填充柱时，空气中被测组分因吸附、溶解或化学反应作用被阻留在填充剂上。采样后，通过解吸或溶剂洗脱，使被测组分从填充剂上释放出来进行测定。根据填充剂阻留作用的原理，可分为吸附型、分配型和反应型三种类型。

• 吸附型填充柱。吸附型填充柱的填充剂是颗粒状固体吸附剂，如活性炭、硅胶、分子筛、高分子多孔微球等。

• 分配型填充柱。分配型填充柱的填充剂是表面涂高沸点有机溶剂（如异十三烷）的惰性多孔颗粒物（如硅藻土），类似于气液色谱柱中的固定相，只是有机溶剂的用量比色谱固定相大。

• 反应型填充柱。反应型填充剂由惰性多孔颗粒物（如石英砂、玻璃微球等）或纤维状物（如滤纸、玻璃棉等）表面涂渍能与被测组分发生化学反应的试剂制成。

在使用填充柱时，应注意以下几个问题：

ⅰ. 可以长时间采样，可用于空气中污染物日平均浓度的测定。而溶液吸收法因吸收液在采气过程中有液体蒸发损失，一般情况下，不宜进行长时间的采样。

ⅱ. 选择合适的固体填充剂对蒸气和气溶胶都有较好的采样效率。而溶液吸收法对气溶胶往往采样效率不高。

ⅲ. 污染物浓缩在填充剂上的稳定时间一般都比吸收在溶液中要长得多，有时可放几天，甚至几周。

ⅳ. 在现场填充柱采样法比溶液吸收法方便得多，样品发生再污染、洒漏的机会要少得多。

ⅴ. 填充柱的吸附效率受温度等因素的影响较大，一般而言，温度升高，最大采样体积将会减少。水分和二氧化碳的浓度较待测组分大得多，用填充柱采样时对它们的影响要特别留意，尤其是湿度的影响，必要时，可在采样管前接一个干燥管。

ⅵ. 实际上，为了检查填充柱采样管的采样效率，可在一根管内分前、后段填装滤料，如前段填装 100mg，后段填装 50mg，中间用玻璃棉相隔。但前段采样管的采样效率应在90％以上。

c. 低温冷凝浓缩法：基于大气中某些沸点比较低的气态物质在常温下用固体吸附剂很难完全被阻留的特点，应用制冷剂使其冷凝下来，浓缩效果较好。低温冷凝采样法是将 U 形或蛇形采样管插入冷阱中，当大气流经采样管时，被测组分因冷凝而凝结在采样管底部。常用的冷凝剂有冰-盐水（－10℃）、干冰-乙醇（－72℃）、液氧（－183℃）、液氮（－196℃）以及半导体制冷器等。在应用低温冷凝法浓缩空气样品时，在进样口需接某种干燥管（如内填过氯酸镁、烧碱石棉、氢氧化钾或氯化钙等的干燥管），以去除空气中的水分和二氧化碳，避免在管路中同时冷凝，解析时与污染物同时气化，增大气化体积，降低浓缩效果。如用气相色谱法测定，可将采样管与仪器进气口连接，移去冷阱，在常温或加热情况下气化，进入仪器测定。

③ 被动式采样法　被动式气体采样器是基于气体分子扩散或渗透原理采集空气中气态或蒸气态污染物的一种采样方法。由于它不用任何电源和抽气动力，又称无泵采样器。这种采样器体积小，非常轻便，可制成一支钢笔或一枚徽章大小，用作个体接触剂量评价的监测，也可放在待测场所，连续采样，间接用作环境空气质量评价的监测。目前，常用于室内空气污染和个体接触剂量的评价监测。

（2）气溶胶（烟雾）采样方法　气溶胶采样方法主要有沉降法和滤料法。

① 沉降法　主要有自然沉降法和静电沉降法。

a. 自然沉降法。自然沉降法是利用颗粒物受重力场作用，沉降在一个敞开的容器中，此法适用于较大粒径（＞30μm）的颗粒物的测定。例如，测定大气中降尘则是利用此种方法。测定时将容器置于采样点，采集空气中的降尘，采样后用重量法测定降尘量，并用化学分析法测定降尘中的组分含量。结果用单位面积、单位时间从大气中的自然沉降的颗粒物质量表示。此方法较为简便，但受环境气象条件影响，误差较大。

b. 静电沉降法。静电沉降法主要利用电晕放电产生离子附着在颗粒物上，在电场作用下使带电颗粒物沉降在极性相反的收集极上。此法收集效率高，无阻力。采样后取下收集极表面沉降物质，供分析用。不宜用于易爆的场合，以免发生危险。

② 滤料法　滤料法是通过抽气泵抽入空气，空气中的悬浮颗粒物被阻留在滤料上，滤料采集空气中的气溶胶颗粒物是基于直接阻截、惯性碰撞、扩散沉降、静电引力和重力沉降等作用。分析滤料上被浓缩的污染物的含量，再除以采样体积，即可计算出空气中的污染物浓度。滤料法根据料子切割器和采样流速等不同，分别用于采集空气中不同粒径的颗粒物。空气中同时并存大小不等的颗粒物，当采样速度一定时，就可能使一部分粒径小的颗粒物采集效率偏低。此外，在采样过程中，还可能发生颗粒物从滤料上弹回吹走的现象。常用滤料的适用情况和优缺点如表 1-2。

（3）混合污染物样本采样方法　大气污染控制工程实验所需要的气体样本往往不是单一的形态存在，经常会出现气态和气溶胶共存的状况，综合采样法是针对混合污染物样本这样的情况设计的。其基本原理是使颗粒物通过滤料截留，在滤料后安置吸收装置吸收通过的气体。由于采样流量受到后续气体吸收的制约，故在具体操作中针对不同的采样要求进行一定的改变。具体方法有以下几种。

表 1-2　滤料法和滤料一览表

| 滤料 | 优点 | 缺点 | 适用对象 |
|---|---|---|---|
| 定量滤纸 | 价格便宜,灰分少,纯度高,机械强度大,不易破裂 | 抽气阻力大,孔隙有时不均匀 | 适用于金属尘粒采样,由于吸水性较大,不宜用重量法测定悬浮颗粒 |
| 玻璃纤维滤纸 | 吸水性小,耐高温,阻力小 | 价格昂贵,机械强度差 | 适用于采集大气中悬浮颗粒物,但由于有些玻璃纤维滤纸的某些元素本底含量高,使其用作某些元素分析时受到限制 |
| 合成纤维滤料 | 对气流阻力和吸水性能小,采样效率高,可以用乙酸丁酯等有机溶剂溶解 | 机械强度差,需要用采样夹固定 | 广泛用于悬浮颗粒物采样,测定多环芳烃化合物时,不宜选用有机滤料 |
| 微孔滤膜和直孔滤膜 | 质量轻,含杂质量少,可溶于多种有机溶剂,颗粒绝大部分收集在表层,不需要转移步骤即可分析 | 尘粒沉积在表面后,阻力迅速增加,收集物易脱落 | 悬浮颗粒物采样 |
| 银膜 | 孔径一致,结构牢固,可耐化学腐蚀 | 价格昂贵 | 特殊情况时用银膜采集空气样本 |

①　浸渍试剂滤料法　此方法将某种化学试剂浸渍在滤纸或滤膜上,作为采样滤料,在采样中,空气中污染物与滤料上的试剂迅速起化学反应,从而将以气态或蒸气态存在的被测物有效地收集下来。用这种方法可在一定程度上避免滤料用于采集颗粒物时气态物质逃逸的情况,并能同时将气态和颗粒物质一并采集,效率较高。

②　泡沫塑料采样法　聚氨基甲酸酯泡沫塑料比表面积大,通气阻力小,适用于较大流量采样,常用于采集半挥发性的污染物,如杀虫剂和农药。采集过程中,可吸入颗粒物采集在玻璃纤维纸上,蒸气态污染物采集在泡沫塑料上。泡沫塑料在使用前根据需要进行处理,一般方法为先用 NaOH 溶液煮沸 10min,再用蒸馏水洗至中性,在空气中干燥。如采样后需要用有机溶剂提取被测物,应将塑料泡沫放在索氏提取器中,用正己烷等有机溶剂提取 4～8h,挤尽溶剂后在空气中挥发残留溶剂,必要时在 60℃ 的干燥箱内干燥。处理好后需在密闭的瓶中保存,使用后洗净可以重复使用。

③　多层滤料法　此法用两层或三层滤料串联组成一个滤料组合体。第一层用玻璃纤维滤纸或其他有机合成纤维滤料,采集颗粒物;第二层或第三层可用浸渍试剂滤纸,采集通过第一层的气体污染物成分。

④　环形扩散管和滤料组合采样法　针对多层滤料法中气体通过第一层滤料时的气体吸附或反应所造成的损失问题,提出了环形扩散管和滤料组合采样法。该法气体通过扩散管时,由于扩散系数增大,很快扩散到管壁上,被管壁上的吸收液吸收。颗粒物由于扩散系数较小,受惯性作用随气流穿过扩散管并采集到后面的滤料上。此法克服了气体污染物被颗粒物吸附或与之反应造成的损失,但是环形扩散管的设计和加工以及内壁涂层要求很高。

（4）现场采样质量保证

①　采样管的制备、吸附剂的活化和空白检验规范有效。

②　确定安全采样体积和采样效率。实际采样体积不能超过阻留最弱的化合物安全采样体积。采样效率要求达到 90% 以上。

③　现场采样的代表性,包括选点的要求以及采样时间和频率等。

④　采样器气密性检查和流量校正。采样前应对采样系统进行检查,不得漏气。用皂沫流量计校正采样前和采样后的流量相对误差小于 5%。

⑤　平行采样。两个平行样品测定值之差与平均值比较的相对偏差不超过 20%。

⑥ 空白管检验。在一批现场采样中，应有两个采样管不采样，按其他采样管一样对待，作为采样过程中空白检验。若空白管检验超过控制范围，则这批样品作废。

⑦ 样品运输和保存。采样后，封闭采样管的两端，装入可密封的金属或玻璃管中保存。

⑧ 将采样体积换算成标准状况下的采样体积。

（5）气体样本的保存

一般来说，气体样本采集后应尽快送至实验室分析，以保证样本的代表性。在运送过程中，应保证气体样本的密封，防止不必要的干扰。由于样本采集后往往要放置一段时间才能分析，所以对采样器有稳定性方面的有一定的要求。要求在放置过程中样本能够保持稳定性，尤其是对于那些活泼性较大的污染物以及那些吸收剂不稳定的采样器。

测定采样器的稳定性实验如下：将 3 组采样器按每组 10 个暴露在被测物浓度为 1S 或 5S（S 为被测物卫生标准容许浓度值）、相对湿度为 80％的环境中，暴露时间为推荐最大采样时间的一半。第一组在暴露后当天分析；第二组放在冰箱中（5℃）至少 2 周后分析；第三组放在室温（25℃）1 周或 2 周后分析。如果第二组或第三组与当天分析组（第一组）的平均测定值之差在 95％概率的置信度小于 10％，则认为样本在所放置的时间内是稳定的。若观察样本在暴露过程中的稳定性，则可以将标准样本加到吸收层上，在清洁空气中晾干后分成两组，第一组立即分析，另一组在室温下放置至少为推荐的最大采样时间或更长时间（如 1 周）后再分析，将其结果与第一组结果相比较，以评价采样器在室温下暴露过程中和放置期间的稳定性。要求采样器所采用的样本在暴露过程中是稳定的，并有足够的放置稳定时间。

5. 样品的解吸

（1）溶剂解吸 采集在吸附剂上的样品可用溶剂解吸，通常溶剂需要事先提纯，消除杂峰，选择的溶剂应不易挥发，无或低毒性，对环境和健康影响小。

（2）热解吸 气相色谱有填充柱和毛细管柱之分，与之配合使用的热解吸也有两种工作方式：一次热解吸和二次热解吸。

① 一次热解吸。一次热解吸是将采有样品的吸附管迅速加热，通入载气将被测物吹进色谱柱。这种方式即使升温速率很快，由于吸附剂量在 0.2～0.5g，挥发性被测物由载气吹出所占的空间也有几毫升，能与填充柱进样体积相匹配。

我国生产的一次热解吸进样器有两种。一种是封闭加热解吸，然后切换载气，吹进气相色谱仪分析；另一种在热解吸过程中，用 100mL 注射器收集热解吸气样，然后取 1～5mL 热解吸气样，进气相色谱仪分析。

② 二次热解吸。二次热解吸是连接毛细管柱使用的。毛细管柱能承受的气体进样体积小于 0.5mL，只有将一次热解吸气样在低温下吸附在体积更小、用量更少、吸附能力更弱的二次浓缩管上，然后再将二次浓缩管急速加热，使被测物由载气吹出所占的空间大大缩减，才可以与毛细管柱进样体积相匹配。这种经过两次解吸过程称为二次热解吸。

二次热解吸进样器国外进口价格昂贵，国内正在研发。也有采用一次热解吸方式，在进样口加大分流来匹配毛细管柱，或者取 0.5～1.0mL 一次热解吸气样直接注入进样口。这样可以省去第二次热解吸装置。但是由于分流作用，所取的样品量太少，可能达不到预定的浓缩采样效果。

6. 样品预处理

大气样品种类繁多，其组成、浓度、物理形态等均是影响分析测定的因素。样品预处理是提高分析测定效率、改善和优化分析方法的重要环节；通常样品预处理所用时间远大于分析测定的时间，占分析的消耗总成本最大，是影响实验结果好坏的最重要因素。

（1）样品预处理的目的

- 除去微粒；
- 减少干扰杂质；
- 浓缩微量的组分；
- 提高检测的灵敏度及选择性；
- 改善分离的效果；
- 有利于色谱柱及仪器的保护。

（2）样品预处理的原则（需要考虑的问题）

① 样品中可能存在的物质组成和浓度水平；

② 样品中的主要组分；

③ 采样方法是非破坏性的还是破坏性的；

④ 收集的样品必须有代表性；

⑤ 采用方法必须和分析目的保持一致；

⑥ 样品制备过程中尽可能防止和避免待测定组分发生化学变化或丢失；

⑦ 样品处理中，若进行待测定组分的化学反应，则反应应该是已知的和定量完成的；

⑧ 样品制备过程中，要防止和避免待测定组分受到污染，减少无关化合物引入制备过程；

⑨ 处理过程应简单易行，所用样品处理装置的尺寸应与处理样品的量相适应；

⑩ 采用后应尽可能快地进行分析样品的制备和分析，或使用适当的方法消除可能产生的干扰，做好样品的保存。

（3）样品预处理常用的方法

- 高速离心；
- 过滤、超滤；
- 选择性沉淀；
- 萃取，液-固萃取/液-液萃取；
- 索氏抽提；
- 衍生反应；
- 加速溶剂萃取；
- 浓缩样品。

样品预处理新技术有以下几种：

- 固相萃取（SPE）；
- 固相微萃取（SPME）；
- 超临界流体萃取（SFE）；
- 微波辅助萃取（MAE）；
- 加压液体萃取（PLE）；
- 亚临界水萃取（SWE）；
- 液相微萃取（LPME）；
- 浊点萃取（CPE）。

预处理新技术有如下特点。

固相萃取（SPE）：所需样本量少，避免了乳化现象，回收率高，重现性好，而且便于自动化操作，采用商品化小柱，价格昂贵。

超临界流体萃取（SEF）：耗时短，选择性好，易于与多种分析仪器连用实现自动化分析。

微波辅助萃取（MAE）：萃取时间短，溶剂用量少，可根据吸收微波的能力选择不同的萃取溶剂，实现多个样品的同时萃取，以及动态 MAE 装置易于自动化。

加压液体萃取（PLE）：溶剂用量少，萃取时间短，回收率、精度与索氏提取相当。

亚临界水萃取（SWE）：对中等极性和非极性化合物溶解度高，快速，有效。

浊点萃取（CPE）：操作步骤简单，无须专门仪器，应用广，效率高，不使用有机溶剂等。

**7. 实验室分析质量控制**

（1）实验确定样品解吸和仪器分析的最佳条件。

（2）标准样品和仪器校正。

① 标准样品：有液体标样和气体标样。气体标样有高压钢瓶气和扩散管两种方式，前者气体浓度较高，应用时需要定量稀释；后者是动态配气，需要动态配气装置。

② 仪器校正：用配制的标准溶液或标准气体制作测定范围内的标准曲线，一般做 6 个浓度点（包括零浓度点）。零浓度点的空白值和标准曲线的斜率需要经常检验，达到实验室分析质量控制的要求。

（3）解吸效率和加标回收率　做高、中、低三个浓度点的实验，加标回收率要求达到 90% 以上。

（4）实验室质量控制图的应用　做空白管和标样管的质控图，保证常规样品测定结果控制在容许范围之内。

**8. 气体钢瓶的使用**

（1）气体钢瓶的标识　实验室常用的气体由气体钢瓶提供，钢瓶中的气体一般由气体厂生产，经高压压缩后储存在气体钢瓶中。根据储存气体的性质，钢瓶内装气体可分为压缩气体、液化气体和溶解气体三类。压缩气体是指临界温度 < -10℃，经高压压缩后，仍处于气态的气体，如 $O_2$、$H_2$、$N_2$、空气等。液化气体是指临界温度 ≥ 10℃，经高压压缩，转为液态与气态处于平衡状态的气体，如 $CO_2$、$NH_3$、$Cl_2$、$H_2S$ 等。溶解气体是指单纯加高压压缩可能产生分解、爆炸等危险的气体，这类气体必须在加高压的同时，将其溶解在适当的溶剂中并由多孔性固体填充物吸收。如乙炔钢瓶是将颗粒活性炭、木炭、石棉或硅藻等多孔性物质填充在钢瓶内，再掺入丙酮，通入乙炔气使之溶解在丙酮中。

气体钢瓶标识有：钢瓶名称、瓶色、字样、字色。气体钢瓶按国家标准规定喷涂成不同颜色以示区别，如表 1-3 所示。

**表 1-3　不同气体钢瓶颜色**

| 钢瓶内所装气体 | 钢瓶颜色 | 字体颜色 | 钢瓶内所装气体 | 钢瓶颜色 | 字体颜色 |
| --- | --- | --- | --- | --- | --- |
| 氧气 | 天蓝色 | 黑字 | 氢气 | 深绿色 | 红字 |
| 氮气 | 黑色 | 黄字 | 氨气 | 黄色 | 黑字 |
| 压缩空气 | 黑色 | 白字 | 石油液化气 | 灰色 | 红字 |
| 氯气 | 草绿色 | 白字 | 乙炔 | 白色 | 红字 |

（2）气体钢瓶的使用　气体钢瓶是用无缝合金或锰钢钢管制成的圆柱形的高压容器，其底部呈半球形，为便于竖放通常还配有钢制底座。气瓶的顶部有开关阀（总压阀），其侧面接头（支管）有与减压器相连的连接螺纹。为避免把可燃气体压缩到空气或氧气钢瓶中的可能性，以及防止偶然把可燃气体连接到有爆炸危险的装置上去的可能性，用于可燃气体的为左旋螺纹，非可燃气体的为右旋螺纹。使用钢瓶中气体时，还应安装配套的减压器，以使瓶内的高压气体的压力降到实验所需的压力。不同的气体有不同的减压器。不同减压器的外表涂以不同的颜色加以标识，且要与各种气体的气瓶颜色标识一致。但应注意的是：用于氧气瓶的减压器可用于装氮气或空气的钢瓶上，而用于氮气瓶的减压器只有在充分清除了油脂

后，才可用于氧气瓶上。

安装减压器时应先将钢瓶侧面支管的灰尘、脏物等清理干净，并检查支管接头上的丝扣不应有滑牙，然后将减压器与钢瓶侧面的支管连接，拧紧，在确保安装牢固后，才能打开钢瓶的开关阀。安装好减压器后先开钢瓶开关阀，并注意高压压力计的指示压力。然后慢慢旋紧减压器的调压螺杆，此时减压阀开启，气体由此经过低压室通向出口，从低压压力计上可读取出口气体的压力，转动调压螺杆至所需的压力为止。当气体流入低压室时要注意有无漏气现象。实验完毕，应先关钢瓶的总压阀，放尽减压器内的气体，然后旋松调压螺杆。

（3）气体钢瓶安全使用注意事项

① 钢瓶应安置在阴凉、通风、远离热源及避免强烈振动和暴晒的地方，并将之直立固定放置。

② 室内存放的钢瓶不得多于两瓶。氧气瓶不可与易燃性气体钢瓶同放一室，也严禁与油类接触，操作人员不能穿戴沾有油污的衣物和手套，以免引起燃烧。氢气钢瓶应存放在远离烟火的地方，且要经常检查是否漏气（用肥皂水检查法），避免氢气与其他气体混合发生爆炸。乙炔瓶应放在通风、温度低于 35℃ 的地方，充灌后的乙炔钢瓶需静置 24h 后才能使用。使用时气速不可太快，以防带出丙酮。如发现瓶身发热，应立即停止使用，并用水冷却。

③ 开启钢瓶时，人应站在出气口的侧面，动作要慢，避免被气流射伤。

④ 钢瓶内的气体不可完全用尽，其余压一般不低于 $9.8 \times 10^5 Pa$，以防空气倒灌，再次充气时发生危险。

⑤ 搬运钢瓶要用专用气瓶车，轻拿轻放，防止剧烈振动、撞击。乙炔钢瓶严禁横卧滚动。

⑥ 钢瓶应定期进行安全检查，如耐压试验、气密性检查和壁厚测定等。

9. 实验室常识

（1）挪动干净玻璃仪器时，勿使手指接触仪器内部。

（2）量瓶是量器，不要用量瓶作盛器。带有磨口玻璃塞的量瓶等仪器的塞子，不要盖错。带玻璃塞的仪器和玻璃瓶等，如果暂时不使用，要用纸条把瓶塞和瓶口隔开。

（3）洗净的仪器要放在架上或干净纱布上晾干，不能用抹布擦拭；更不能用抹布擦拭仪器内壁。

（4）除微生物实验操作要求外，不要用棉花代替橡皮塞或木塞堵瓶口或试管口。

（5）不要用纸片覆盖烧杯和锥形瓶等。

（6）不要用滤纸称量药品，更不能用滤纸作记录。

（7）不要用石蜡封闭精细药品的瓶口，以免掺混。

（8）标签纸的大小应与容器相称，或用大小相当的白纸，绝对不能用滤纸。标签上要写明物质的名称、规格和浓度、配制的日期及配制人。标签应贴在试剂瓶或烧杯的 2/3 处，试管等细长形容器则贴在上部。

（9）使用铅笔写标记时，要在玻璃仪器的磨砂玻璃处。如用玻璃蜡笔或水不溶性油漆笔，则写在玻璃容器的光滑面上。

（10）取用试剂和标准溶液后，需立即将瓶塞严，放回原处。取出的试剂和标准溶液，如未用尽，切勿倒回瓶内，以免带入杂质。

（11）凡是发生烟雾、有毒气体和有臭味气体的实验，均应在通风橱内进行。橱门应紧闭，非必要时不能打开。

（12）使用贵重仪器如分析天平、比色计、分光光度计、酸度计、冰冻离心机、层析设备等，应十分重视，加倍爱护。使用前，应熟知使用方法。若有问题，随时请指导实验的教师解答。使用时，要严格遵守操作规程。发生故障时，应立即关闭仪器，请告知管理人员，不得擅自拆修。

（13）一般容量仪器的容积都是在 20℃ 下校准的。使用时如温度差异在 5℃ 以内，容积改变不大，可以忽略不计。

**三、实验结果的处理和表达**

在实验过程中记录的数据是直接读取的原始数据，根据实验原理，这些数据需要通过转换、计算和整理，取得实验工作所需的数据（参数），然后按照一定的规律表达出来，从而据此说明问题，分析问题，最后得出结论。

实验数据的表达主要有列表法、作图法和数学方程式法。

**1. 列表法**

将实验数据的进行整理、归纳，按照一定的规律和形式一一对应列成表格。列表时应注意如下事项：

① 列出表格的序号、名称、实验条件、数据来源。若有进一步说明可以附注的形式列于表的下方。

② 表中的第一行（表格顶端横排）或第一列（最左边纵排）都应标明变量的名称和单位，并尽可能用符号简单明了地表示出来。如 $c(NaOH)/(mol/L)$、$t/℃$ 等。

③ 在表中列出与变量一一对应的数据，通常为纯数，并注意有效数字。为表示数据的变化规律，数据的排列应以递增或递减的方式列出。每一行中的数字应整齐排列，位数和小数点要对齐。

④ 处理后的数据可与原始数据列于同一表格中，必要时将数据处理方法或处理用的计算公式列在表的下方。

⑤ 若需要作特别说明时，可采用表注或备注。

列表法简单明了，数据一目了然，便于数据的检查、处理和比较。

**2. 作图法**

利用图形表达实验结果，可以简洁、直观地表示出实验数据的特点、连续变化的规律性，如极大值、极小值、转折点、周期性等，还可以利用图形求得内插值、外推值、直线的斜率和截距等。另外，由于作图法是由多个数据作出的图形，具有"平均"的意义，因而可以发现或消除一些偶然误差。

作图法的应用非常广泛，为了能正确地通过作图表示实验的结果，在作图时应注意如下事项：

① 作图纸的选择。最常用的是直角坐标纸，有时根据需要也有选择半对数坐标纸和对数坐标纸。作图纸的选择和坐标的分度以尽可能不改变实验数据的精度为宜。使用时应根据量值变化的数量级和测量的精度，按需要进行选择。坐标的分度，原则上应不改变测量的精度，即实验数据的准确数字在图纸上仍为准确的，估计值在图纸上仍为估计值。

② 坐标轴的确定。习惯上以自变量作横坐标，以变量作纵坐标。坐标轴的旁边应注明变量的名称和单位。坐标轴的起点不一定从"0"开始，可视具体情况而定，以使所得曲线能在坐标纸中部或占满整个坐标纸为宜，坐标轴比例尺的选择要恰当，应能表示出全部的有效数字，使从作图法求出的物理量的精确度与测量的精确度相适应。每小格所对应的数值应易于读出，如 1、2、4、5、10 等，而不宜用 3、7、9 或小数。若所作图形为直线或近乎直线，应使图形尽可能位于两坐标轴的对角线附近。

③ 代表点的标绘。将数据以点的形式标绘在坐标纸上，可用 ○、×、□、△ 等符号表示，实验不宜用圆点"•"来标示，以免曲线通过时将其掩盖。在同一张坐标纸上如有几组不同的测量值时，各组数据的代表点应用不同的符号表示，并在图上加以注明。

④ 线的绘制。依据数据点的分布趋势，用直尺或曲线板描绘直线或曲线。曲线应满足：用实验数据作出的图线应是光滑匀整的曲线；曲线经过的地方，应尽量与所有数据点相接近；曲线不必强行通过图上各点及两端的任一点，其中包括原点。一般来说，两端点由于仪器的精度较差，作图时应占较小的比重；曲线一般不应含有含混不清的不连续点或其他奇异点；若将各点分为适当大小的几组，则各组内位于曲线两边的点数应接近相等，即曲线应反映测量的平均效果。

⑤ 标注图名和条件。给绘制好的图标注名称，并标明主要的测量条件和实验日期。

⑥ 直线为曲线中最易作的图线，使用时也最方便，所以在处理数据，根据变数间关系作图时，最好能用变数代换使所得图形为直线。

⑦ 应用计算机软件绘图。目前，计算机应用的普及，计算机软件在数据处理和作图时可以迅速、准确地确定数据点，利用精确的计算方法处理数据，避免了手工绘图的随意性，提高了数据处理的准确性和精确性，在大气污染控制工程实验数据的处理上也同样得到了广泛的使用。常用的计算机作图软件有 Microsoft Excel 和 Origin 等。

3. 数学方程式法

实验数据用列表或图形表示后，使用时虽然较直观简便，但不便于理论分析研究，故常需要用数学表达式来反映自变量与因变量的关系。数学表达式法，也称公式法。公式法中自变量和因变量间的函数关系常需进一步用经验公式将它们表示出来。经验公式不仅形式紧凑，而且在微分、积分或内插、外推上均很方便。

方程表示法通常包括下面两个步骤。

(1) 选择经验公式　表示一组实验数据的经验公式应该形式简单紧凑，式中系数不宜太多。一般没有一个简单方法可以直接获得一个较理想的经验公式，通常是先将实验数据在直角坐标纸上描点，再根据经验和解析几何知识推测经验公式的形式，若经验表明此形式不够理想，则应另立新式，再进行实验，直至得到满意的结果为止。表达式中容易直接用于实验验证的是直线方程，因此，应尽量使所得函数的图形呈直线式。若得到的函数的图形不是直线式，可以通过变量变换，使所得图形变为直线。

(2) 确定经验公式的系数　确定经验公式中系数的方法有多种，但作为实验课程中的实验数据处理，在一般情况下，经验公式的形式是已知的，需要解决的问题是确定公式中的待定系数。直线图解法和一元线性回归是常用的方法。

① 直线图解法　凡实验数据可直接绘成一条直线或经过变量变换后能变为直线的，都可以用此法。具体方法如下：将自变量与因变量一一对应的点描绘在坐标纸上，作直线，使直线两边的点差不多相等，并使每一点尽量靠近直线。所得直线的斜率就是直线方程 $y=a+bx$ 中的系数 $b$，直线在 $y$ 轴上的截距就是直线方程中的 $a$。直线的斜率可用直角三角形的 $\Delta y/\Delta x$ 的比值求得。直线图解法的优点是简便，但由于各人用直尺凭视觉画出的直线可能不同，因此，精度较差。当问题比较简单或者精度要求低于 $0.2\%\sim0.5\%$ 时可以用此法。但目前可应用计算机软件通过拟合的方法求得，以避免上述缺点。

② 一元线性回归　一元线性回归就是工程上和科研中常常遇到的配直线的问题，即两个变量 $x$ 和 $y$ 存在一定的线性相关关系，通过实验取得数据后，用最小二乘法求出系数 $a$ 和 $b$ 建立回归方程 $y=a+bx$（称为 $y$ 对 $x$ 的回归线）。用最小二乘法求系数时，应满足以下两个假定：一是所有自变量的各个给定值均无误差，因变量的各值可带有测定误差；二是最佳直线应使各实验点与直线的偏差的平方和为最小。

**四、实验误差及其处理**

误差是指测量值与被测量的真实值或测量值与标准值之差。进行科学研究的目的是为了得到某种定性和定量的结果，为此就必须使用一定的测试仪器对未知量进行测量，以得到其准确数值。但实际上，即使采用最可靠的测试方法、最精密的仪器、最精细的操作，所测得的数值也不可能和真实数值完全一致。即使是同一个人，用同一种方法对同一个项目进行数次测定，所得结果也往往并不完全一致。不管主观愿望如何，不论在测量时如何努力，在测试过程中误差总是存在的，这就是误差的必然性原理。但是，如果掌握了产生误差的基本规律，检查产生误差的原因，采取有效措施就可以减小误差，使所测结果尽可能地反映被测量的真实数值，这是研究误差问题的目的所在。

1. 真实值与平均值

实验过程中要做各种测试工作，由于仪器、测试方法、环境、人的观察力、实验方法等都不可能做到完美无缺，因此无法测得真实值。如果对同一考察项目进行无限多次的测试，然后根据误差分布定律中正、负误差出现的概率相等的概念，可以求得各测试值的平均值，在无系统误差的情况下，此值为接近真值的数值。一般来说，测试的次数总是有限的，用有限测试次数求得的平均值，只能是真值的近似值。几种常用的平均值如下。

（1）算术平均值　算术平均值是最常用的一种平均值，当观测值呈正态分布时，算术平均值最接近真值。设 $x_1$，$x_2$，…，$x_n$ 为各次观测值，$n$ 代表观测次数，则算术平均值定义为

$$\bar{x} = \frac{x_1 + x_2 + \cdots + x_n}{n} = \frac{1}{n}\sum_{i=1}^{n}x_i \tag{1-1}$$

（2）均方根平均值　均方根平均值应用较少，其定义为

$$\bar{x} = \sqrt{\frac{x_1^2 + x_2^2 + \cdots + x_n^2}{n}} = \sqrt{\frac{\sum_{i=1}^{n}x_i^2}{n}} \tag{1-2}$$

式中各符号意义同式（1-1）。

（3）加权平均值　若对同一事物用不同方法测定，或者由不同的人测定，计算平均值时，常用加权平均值。计算公式为

$$\bar{x} = \frac{\omega_1 x_1 + \omega_2 x_2 + \cdots + \omega_n x_n}{\omega_1 + \omega_2 + \cdots + \omega_n} = \frac{\sum_{i=1}^{n}\omega_i x_i}{\sum_{i=1}^{n}\omega_i} \tag{1-3}$$

式中，$\omega_i$ 为与各观测值相应的权，其余符号意义同式（1-1）。各观测值的权 $\omega_i$，可以是观测值的重复次数，也可以是观测值在总数中所占的比例，或者可根据经验确定。

（4）中位值　中位值是指一组观测值按大小次序排列的中间值。若观测次数是偶数，则中位值为正中间两个值的平均值。中位值的最大优点是求法简单。只有当观测值的分布呈正态分布时，中位值才能代表一组观测值的中心趋向，近似于真值。

（5）几何平均值　如果一组观测值是非正态分布，对这组数据取对数后，所得图形的分布曲线更对称时，常用几何平均值。几何平均值是一组 $n$ 个观测值连乘并开 $n$ 次方求得的值，计算公式如下：

$$\bar{x} = \sqrt[n]{x_1 x_2 \cdots x_n} \tag{1-4}$$

也可用对数表示：

$$\lg\bar{x} = \frac{1}{n}\sum_{i=1}^{n}\lg x_i \tag{1-5}$$

2. 误差的相关概念

（1）准确度与误差　准确度是指测定值与真实值之间相差的程度，即测定结果与真实数

值的符合程度，通常用误差的大小来表示。误差越小，表示测量值与真实值越接近，测量结果的准确度越高。反之，准确度就越低。

误差分为绝对误差和相对误差，其表示方法如下：

$$绝对误差＝测量值－真实值 \tag{1-6}$$

$$相对误差＝\frac{测量值－真实值}{真实值}×100\% \tag{1-7}$$

误差有正值和负值之分。正值表示测量结果偏高，负值表示测量结果偏低。绝对误差只显示出误差绝对值的大小，而不能清楚地反映出误差在测定结果中所占比例，所以一般不用绝对误差而用相对误差表示测定结果的准确度。绝对误差与被测量值的大小无关，而相对误差由于表示误差在测量结果中所占的百分率，则与被测量值的大小有关，被测量值越大，相对误差越小。因此，相对误差更具有实际意义，测定结果的准确度常用相对误差来表示。在测定的精度一定的条件下，被测定对象的有关数值越大，则相对误差越小，测定的准确度就越高。应当注意，任何测试方法都是由几个环节组成的，在测试过程中每一环节的准确度都必须符合该测试方法所要求的准确度。

（2）精密度与偏差　精密度是指在相同条件下多次测定的结果互相吻合的程度，表现了测定结果的再现性。在实际工作中，未知量的真实数值是不知道的，测定时总是在相同的条件下用同一方法对未知量进行平行的数次测定，求出它们的算术平均值，而把该平均值当做最合理的数值。各次测得的数值与其算术平均值之间相符合的程度就是测定的精密度，通常用偏差表示。偏差越小说明测定结果的精密度越高。偏差也有正负，同样分绝对偏差与相对偏差，而用相对偏差的数值表示精密度的高低。

$$绝对偏差＝测得数值－算术平均值 \tag{1-8}$$

$$相对偏差＝\frac{绝对偏差}{算术平均值}×100\% \tag{1-9}$$

绝对偏差是单次测定值与平均值的差值。相对偏差是绝对偏差在平均值中所占的百分率。绝对偏差和相对偏差都只是为了表示单次测量结果对平均值的偏离程度。为了更好地说明精密度，在实验工作中常用平均偏差和相对平均偏差来衡量总测量结果的精密度。

$$平均偏差(\overline{d})＝\frac{|d_1|+|d_2|+|d_3|+\cdots+|d_n|}{n} \tag{1-10}$$

$$相对平均偏差(\overline{d}\%)＝\frac{\overline{d}}{x}×100\% \tag{1-11}$$

式中，$n$ 为测定次数；$|d_n|$ 表示第 $n$ 次测定结果的绝对偏差的绝对值。平均偏差和相对平均偏差不计正负。

除此之外，因为单个误差可大可小，可正可负，无法表示该条件下的测定精密度，因此常采用极差、算术平均误差、标准误差等表示精密度的高低。

（1）极差　极差也称为范围误差，是指一组观测值中的最大值与最小值之差，是用来描述实验数据分散程度的一种特征参数。计算公式为

$$R＝x_{\max}－x_{\min} \tag{1-12}$$

极差的缺点是只与两极值有关，而与观测次数无关。用极差反应精密度的高低比较粗糙，但计算方便。在快速检验中可以度量数据波动的大小。

（2）算术平均误差　算术平均误差是观测值与平均值之差的绝对值的算术平均值。其表达式为

$$\delta＝\frac{\sum\limits_{i=1}^{n}|x_i-\overline{x}|}{n}＝\frac{\sum\limits_{i=1}^{n}|d_i|}{n} \tag{1-13}$$

（3）标准误差　标准误差也称为均方根误差或均方误差，是指各观测值与平均值之差的平方和的算术平均值的平方根。其计算式为

$$\sigma = \sqrt{\frac{1}{n}\sum_{i=1}^{n}(x_i - \overline{x})^2} = \sqrt{\frac{\sum_{i=1}^{n}d_i^2}{n}} \tag{1-14}$$

在有限的观测次数中，标准误差常表示为

$$\sigma_{n-1} = \sqrt{\frac{1}{n-1}\sum_{i=1}^{n}(x_i - \overline{x})^2} \tag{1-15}$$

可以看到，当观测值越接近于平均值时，标准误差越小；当观测值与平均值偏差越大时，标准误差也越大。即标准误差对测试中的较大误差或较小误差比较灵敏，所以它是表示精密度的较好方法，是表明实验数据分散程度的一个特征参数。

3. 误差的种类、产生的原因及其消除方法

误差根据其性质可分为系统误差和偶然误差两类。

（1）系统误差　又称可测误差，它是由于某种固定的原因造成的，例如由测定方法本身引起的、仪器本身不够精密、试剂不够纯等。这些情况产生的误差，在同一条件下重复测定时会重复出现。它对测试结果的影响比较固定，在各次测试中误差的正负号相同，数值接近。造成的原因主要有：

① 方法误差　由于测试方法本身不够完善而带来的误差。如测试烟气含尘浓度时，因采样嘴口径不合适造成的误差。

② 仪器误差　由于仪器不够准确造成的误差。如天平砝码未经校正引起的称量误差。

③ 试样误差　如测定粉尘分散度时，由于粉尘试样代表性不好而造成的误差。

④ 环境误差　如测定时的实际温度对标准温度有偏差、测定过程中温度、湿度、气压等按一定规律变化。

⑤ 主观误差　由于操作不正确引起的误差。如实验者的某些固有习惯导致的在读数时产生具有某一固定倾向的误差。

系统误差可通过采用标准方法或标准样品进行对照实验、空白实验、校正仪器等方法进行修正。例如对方法误差，可选用公认的标准方法与某方法进行比较，找出校正系数，然后将某方法测得的结果乘上校正系数，使误差消除。对仪器误差，可事先将仪器进行较正，测定时用较正值进行计算。试样代表性不好时，可以严格按标准的取样方法进行取样。对环境误差，可设法调节实验的环境条件，使之符合标准条件。建立统一的操作规程，严格的操作技术，可消除主观误差。增加平行测定的次数，采取数理统计的方法不能消除系统误差。

（2）偶然误差　偶然误差又称随机误差，它是由于一些难以控制的偶然因素引起的误差，如测定时温度、气压的微小波动，仪器性能的微小变化，操作人员对各份试样处理时的微小差别等。由于引起的原因有偶然性，所以造成的误差是可变的，有时大有时小，有时是正值有时是负值。这类误差难以找出确定的原因，因而常称为不定误差，它不能用实验的方法加以修正，但可以估计出并减小它对测试结果的影响。通过多次平行实验并取结果的平均值，可减少偶然误差。在消除了系统误差的情况下，平行测量的次数越多，测量结果的平均值越接近于真实值。偶然误差貌似没有一定的规律性，但就误差的总体来说，它服从统计规律。当测定次数很多时，可以发现偶然误差的出现表现出严格的规律性：绝对值相等的正误差和负误差出现的机会相等；小误差出现的次数多，而大误差出现的次数很少。因此，测定次数越多，则测定结果的算术平均值的偶然误差也就越小。可以采用对同一未知量进行多次重复测定，取平均值的方法来减小偶然误差。

除上述两类误差外，还有因工作疏忽、操作失误而引起的过失误差，如试剂用错、刻度读错、砝码认错，或计算错误等，应尽力避免这些所引起的误差。

4. 准确度与精密度的关系

系统误差是测量中误差的主要来源，它影响测定结果的准确度。偶然误差影响结果的精密度。测定结果准确度高，一定要精密度也好，才能够表明每次结果的再现性好。若精密度很差，则说明测定结果不可靠，已失去衡量准确度的前提。偶然误差小，则几次测定的结果都很接近，也就是精密度高。系统误差小，测得值就接近于真实值，也就是准确度高。因此，精密度高，准确度不一定高；要求准确度高，则精密度首先要高。如果测定结果很分散，则可靠性就要降低，也就难以保证其准确性。实验中往往只满足于实验数据的重现性，而忽略精密的测试结果是否准确。只有在消除了系统误差之后，才能做到精密度好，准确度又高。因此，在评价测量结果的时候，必须将系统误差和偶然误差的影响结合起来考虑，以提高测定结果的准确性。

为了提高实验方法的准确度和精密度，必须减少和消除系统误差和随机误差。提高准确度和精密度的方法：减少系统误差；增加测定的次数；选择合适的实验方法。

5. 有效数字及其运算规则

实验结果不仅要准确，还必须正确地记录数据和计算结果，需要正确处理测量值和计算值的有效数字。

(1) 有效数字　有效数字是指数据中所有的准确数字和第一位可疑数字，它们都是直接由实验中测量到的，可直接读出。实验数据的有效数字位数取决于测量仪器的精密程度。例如，托盘天平可称量至 0.1g，物体在托盘天平上称得质量为 1.8g，该数据中的数字"8"是估读出来的，该物体的实际质量为 (1.8±0.1)g，它的有效数字是 2 位。又如电光分析天平可称量至 0.0001g，若该物体在电光分析天平上称得质量为 1.8566g，该数据中的最后一位"6"是估读出来的，那么该物体的实际质量为 (1.8566±0.0001)g，它的有效数字是 5 位。由此可见，有效数字中的最后一位数字是不准确的，是可疑数字。因此，任何超过或低于测试仪器精密程度的有效数字位数都是不恰当的。

有效数字的位数不仅表示测量数值的大小，还表示测量的准确程度。例如用分析天平称得某试样的质量为 0.5180g，这是四位有效数字，它不仅说明了试样的质量，同时也表明了最后一位数字"0"是可疑的，有 ±1 的误差。也就是说，该试样的实际质量是在 (0.5180±0.0001)g 范围内的某一数值。这个称量的绝对误差是 ±0.0001g，相对误差为：

$$\frac{\pm 0.0001}{0.5180} \times 100\% = \pm 0.02\%$$

假如将上述称量结果写成 0.518g，最后一位"0"没有写上，这就变成三位有效数字了，它表示最后一位"8"是可疑数字，该试样的实际质量就变成是在 (0.518±0.001)g 范围内的某一数值。这时的绝对误差为 ±0.001g，相对误差为：

$$\frac{\pm 0.001}{0.518} \times 100\% = \pm 0.2\%$$

由此可见，有效数字多写一位或少写一位就导致其准确度相差 10 倍。下面举例说明有效数字的位数。

| 数值： | 68.00 | 68.0 | 68 | 0.6080 | 0.0608 | 0.0068 |
|---|---|---|---|---|---|---|
| 有效数字位数： | 4 位 | 3 位 | 2 位 | 4 位 | 3 位 | 2 位 |

可以看出，数字"0"起的作用是不同的，它除用来作有效数字外，也用来定位。"0"如在数字前面，则只起定位作用，表示小数点位置，不是有效数字；"0"如果在数字的中间或末端，则表示一定的数值，是有效数字，不能随意取消。对于很小的数值和很大的数值，

为了清楚地表示出它的测量精度与准确度，可将有效数字写出，并在第一位有效数字后面加上小数点，该数值的数量级用 10 的整数幂来确定，这种数据的记法称为科学记数法。例如，0.000016 可记为 $1.6 \times 10^{-5}$，而 16000 可记为 $1.6 \times 10^4$。科学记数法的好处是不仅易于辨认一个数值的准确度，而且便于运算。

（2）有效数字的舍入规则　在有效数字的运算中，经常遇到取舍问题，有效数字取舍应遵守舍入规则。

若确定要保留有效数字的位数为 $n$，则 $n$ 位以后的数字的舍入规则如下。

① 若 $n$ 位以后的数小于第 $n$ 位的一个单位的一半，则舍去。如：8.1249，要求保留三位有效数字，应为 8.12。

② 若 $n$ 位以后的数大于第 $n$ 位的一个单位的一半，则第 $n$ 位增加一个单位。如 4.86 与 4.8705，均要求保留两位有效数字，则均为 4.9。

③ 如 $n$ 位以后的数恰好是第 $n$ 位的一个单位的一半，则舍入规则如下：

a. 如第 $n$ 位为偶数，则 $n$ 位以后的数舍去。例如 22.605，保留四位有效数字，应为 22.60；43.450，保留三位有效数字，应为 43.4；

b. 若第 $n$ 位为奇数，则增加一个单位。例如 21.550，保留三位有效数字，应为 21.6；8.55，保留两位有效数字，应为 8.6；3.095，保留小数点后两位数字，应为 3.10。

（3）有效数字的运算规则　在计算过程中，有效数字的适当保留很重要，计算时运用没有意义的数字，导致计算结果不准确。

① 加减运算　几个数据相加减时，其和或差值的有效数字的位数应依小数点后位数最少的数据为根据。舍去多余位数的数字要遵守前述舍入规则。

例如：0.0121＋0.225＋25.64＋1.04782＝？

由有效数字含义知，四个数中最末一位都是可疑的，其中 25.64，小数点后第二位已不准确了，即从小数点后第二位开始即使与准确的有效数字相加，得出的数字也不会准确。因此，此例中加法运算各数值的有效位应以 25.64 为根据，舍去的数字是小数点后第三位后的数字，相加结果为：

$$0.01＋0.22＋25.64＋1.05＝26.92$$

例如：13.6－2.25＝？

由 13.6 有效数字位数为 3 位，最后一位数 6 即为可疑数，其与 2.25 中第三位有效数字 5 相加已无准确意义。而应根据前述舍入规则，13.6 与舍去小数点后第二位数字 5 的 2.2 相减才为合理。

$$13.6－2.2＝11.4$$

② 乘除运算　乘除运算的舍入规则与加减运算不同，参与加减运算的数值，有效位数取决于绝对误差最大的那个数值。参与乘法运算的数值，有效位数取决于相对误差最大的那个数。

例如：

$$\frac{0.0324 \times 5.103 \times 60.06}{139.8} = 0.0713$$

各数的相对误差分别为：

$$\frac{\pm 0.0001}{0.0325} \times 100\% = \pm 0.3\%$$

$$\frac{\pm 0.001}{5.103} \times 100\% = \pm 0.02\%$$

$$\frac{\pm 0.01}{60.06} \times 100\% = \pm 0.02\%$$

在四个数中，相对误差最大即准确度最差的是 0.0325，是三位有效数字，因此计算结果也应取三位有效数字 0.0713。此外，乘方相当于乘法，开方是乘方的逆运算，故可按乘除法处理。对有效数字作对数或三角函数运算时，应选用比有效数字多一位的函数表读数，最后结果按舍入规则弃去多余的一位。

### 五、实验室安全知识

"安全第一、预防为主"是我国安全生产的方针，保证有一个安全、整洁的实验环境，保护学生和实验室人员的安全和健康，正常有序地开展实验和科研工作，学生必须不断提高安全意识，掌握丰富的安全知识，严格遵守操作规程和规章制度，时刻保持高度的警惕性，避免事故的发生。

学生进入大气污染控制工程实验室，首先阅读挂在墙壁上的"实验室安全守则和规章制度"和"实验室操作规程"。学生必须熟悉实验室安全知识，牢记实验室操作规范与守则，确保安全第一。

1. 组织管理

（1）实验室有指定的安全责任人，负责检查、督促学生的安全操作和实验室清洁卫生工作，保证实验室地面、试剂架、橱、实验操作台、书桌的干净整洁。

（2）学生进入实验室前必须接受安全教育，经安全知识教育考核合格后允许进入实验室进行实验工作。

（3）进入实验室的人员需要填写实验室日常交接记录，经实验室管理人员验查获准后方可进入和离开实验室。

（4）若发生事故，必须提交事故报告，对重大事故，要按照"四不放过（事故原因不清不放过、事故责任者没有受到处罚不放过、事故责任者和群众没有受到教育不放过、没有防范措施不放过）"的原则进行处理。

2. 实验室守则和规章制度

（1）熟悉实验室使用的化学物质的特性和潜在危害。

（2）了解实验装置和设备的性能和操作规程。

（3）实验中碰到疑问，及时请教老师或实验室管理人员，不得盲目操作。

（4）不得在实验室储藏食品、吃食品、抽烟、使用化妆品等。

（5）穿实验服，若有规定需戴防护镜，换穿鞋子。

（6）熟悉在紧急情况下的逃离路线和紧急疏散方法；清楚灭火器材、安全淋浴间、眼睛冲洗器的位置以及急救电话。

（7）保持实验室门和走道畅通，最小化存放实验室的试剂数量，未经允许严禁储存剧毒药品。

（8）需密闭和有压力的实验必须在特种实验装置上进行。

（9）离开实验室前须洗手，不可穿着实验室服装和戴手套进入清洁场所，如餐厅和休息室等。

（10）遇到试剂溢出，应当立即清除。如溢出物有剧毒气体挥发，当事人无法处理，必须及时疏散人员并封闭现场，立即报告实验室管理人员和安全部门。

（11）保持实验室干净整洁，无堆积，有指定清洁人员每天至少清理一次实验室。

（12）做实验期间严禁脱岗，随意离开实验室，过夜的实验按照"过夜实验管理办法"执行。

（13）及时按规定处理废弃化学品，包括化学废弃物、过期化合物、生物废弃物。每周在指定时间送往指定地点。

（14）实验室禁止吸烟，严禁违章使用明火。

（15）学生不允许在实验室单独操作大型仪器和危险化学品，或单独处于具潜在危险的场所。

3. 实验室危险性类型

（1）火灾爆炸危险性　实验室中经常使用易燃易炸物品、高压气体钢瓶，低温液化气体，减压系统（真空干燥、蒸馏等），如果处理不当，操作失灵，再遇上高温、明火、撞击、容器破裂或没有遵守安全防护要求，往往酿成火灾爆炸事故，轻则造成人身伤害、仪器设备破损，重则造成多人伤亡、房屋破坏。

实验室常见易燃易爆物质如下所述：

① 易燃易爆液体，如苯、甲苯、乙醇、石油醚、丙酮等；

② 易燃易爆固体，如钾、钠等轻金属；

③ 强氧化剂，如硝酸铵、硝酸钾、高氯酸、过氧化钠、过氧化物等；

④ 压缩及液化气体，如 $H_2$、$C_2H_2$、液化石油气等。

（2）有毒物质的危险性　实验室经常使用各种有机溶剂，不仅易燃易爆而且有毒。在有些实验中由于化学反应也产生有毒气体，如不注意都有引起中毒的可能性。有毒物质参与或有有毒物质产生的实验必须在通风橱里进行操作。

实验室常见有毒物质，如苯、溴、硫酸二甲酯、氯仿、己烷、碘甲烷、汞盐、甲醇、硝基苯、苯酚、氰化钾、氯化钠等。

（3）触电危险性　实验室离不开电气设备，学生应懂得如何防止触电事故或由于使用非防爆电器产生电火花引起的爆炸事故。

（4）机械伤害危险性　实验经常用到玻璃器皿，还要割断玻璃管胶塞打孔，用玻璃管连接胶管等操作。操作者疏忽大意或思想不集中造成皮肤与手指创伤、割伤也常有发生。

（5）放射性危险性　从事放射性物质分析及 X 射线衍射分析的人员很可能受到放射性物质及 X 射线的伤害，必须认真防护，避免放射性物质侵入和污染人体。

4. 化学药品的储藏与保管

（1）所有化学药品的容器都应贴上清晰的永久标签，以标明内容物及其潜在危险。

（2）所有化学药品都应具备物品安全数据清单（MSDS）。

（3）对于在储藏过程中不稳定或形成过氧化物的化学药品加注特别标记。

（4）化学药品储藏的高度应合适，通风橱内不得储存化学药品。

（5）装有腐蚀性液体的容器的储藏位置应当尽可能低，并加垫收集盘。

（6）将腐蚀性化学品、毒性化学品、有机过氧化物、易自燃和放射性物质分开储藏，标签上标明购买日期，不得储存大量易燃溶剂，用多少领用多少，以防这些化学品相互作用，产生有毒烟雾，发生火灾甚至爆炸。这类药品包括漂白剂、硝酸、高氯酸和过氧化氢等。

（7）挥发性和毒性物品需要特殊储藏，密闭容器的盖子，未经允许实验室不得储存剧毒药品。

5. 压缩气体和气体钢瓶的使用规定

（1）压缩气体属一级危险品，包括永久气体（第一类）、液化气体（第二类）和溶解气体（第三类）。

（2）必须按照规定限制存放在实验室的钢瓶数量和压缩气体容量，实验室内严禁存放氢气。

（3）压缩气体钢瓶应当直立放置，确保单独靠放实验台或墙壁并用铁索固定以防倾倒；压缩气体钢瓶应当远离热源、腐蚀性材料和潜在的冲击；当气体用完或不再使用时，应将钢瓶立即退还供应商；钢瓶转运应使用钢瓶推车并保持直立，同时关紧阀门并卸掉调节器。

（4）压缩气体钢瓶必须在阀门和调节器完好无损的情况下和通风良好的场所使用；涉及

有毒气体应增加局部通风。

    （5）压力表与减压阀不可沾上油污。

    （6）打开减压阀前应当擦净钢瓶阀门出口的水和尘灰。

    （7）检查减压阀是否有泄漏或损坏，钢瓶内保存适当余气。

    （8）钢瓶表面要有清楚的标签，注明气体名称。

    （9）每次用过气体，将钢瓶主阀关闭并释放减压阀内过剩的压力。

    6. 废弃物的回收与处理

    （1）固体废物　除非固体是有毒性的或极易回收的，一般均放入指定的盛放没有危险性的废弃物的容器里。毒性废弃物应与放入有特别标志的容器里，一些特殊的有毒化学试剂在丢弃前应当经过适当处理以减小其毒性。

    （2）水溶性废弃物　无毒的、中性的、无味道的水溶性物质可以直接倒入水槽流入下水道。强酸性或强碱性物质在丢弃之前应被中和，并且用大量水冲洗干净。任何能够与稀酸或稀碱反应的物质，都不能随便倒入下水道。

    （3）有机溶剂　废弃的有机溶剂不应倒入下水道，应倒入贴有标签的专门容器内，统一回收，集中处理，储存容器容量不得超过 10L，须放置在实验室内固定位置。

    7. 安全用电知识

    实验室常用的标准插座为 50Hz 220V 的交流电。用电线须按照国际标准的电线套色（见表 1-4），配备电器与插座之间的导线务必遵守此标准。

表 1-4　国际标准的电线套色

| 导线类型 | 国际标准 | 原先标准 |
| --- | --- | --- |
| 相线 | 棕色 | 红色 |
| 零线 | 蓝色 | 黑色 |
| 地线 | 绿色/黄色 | 绿色 |

实验室用电须注意：

    ① 实验室内严禁私拉私接电线；

    ② 不得超负荷使用电插座；

    ③ 不得在同一个电插座上连接多个应接插座并同时使用多种电器；

    ④ 确保所有的电线设备足以提供所需的电流；

    ⑤ 不要长期使用接线板。

    8. 实验室灭火知识

    （1）实验室灭火措施

    ① 首先切断电源、熄灭所有加热设备，快速移去附近的可燃物，关闭通风装置、减少空气流通，防止火势蔓延。

    ② 立即扑灭火焰、设法隔断空气，使温度下降到可燃物的着火点以下。

    ③ 火势较大时，可用灭火器灭火。常用的灭火器有以下四种：二氧化碳灭火器，用以扑救电器、油类和酸类火灾，不能扑救钾、钠、镁、铝等物质；泡沫灭火器，适用于有机溶剂、油类着火，但不宜扑救电器火灾；干粉灭火器，适用于扑灭油类、有机物、遇水燃烧物质的火灾；1211 灭火器，适用于扑灭油类、有机溶剂、精密仪器、文物档案等火灾。

    （2）实验室灭火注意事项

    ① 用水灭火时注意：能与水发生猛烈作用的物质失火时，不能用水灭火。如金属钠、电石、浓硫酸、五氧化二磷、过氧化物等；密度比水小、不溶于水的易燃与可燃液体，如石

油烃类化合物和苯类等芳香族化合物失火燃烧时，禁止用水扑灭；溶于水或稍溶于水的易燃物与可燃液体，如醇类、醚类、酯类、酮类等失火时，可用雾状水、化学泡沫、皂化泡沫等；不溶于水、密度大于水的易燃与可燃液体，如二硫化碳等引起的火燃，可用水扑灭，因为水能浮在液面上将空气隔绝，禁止使用四氯化碳灭火器；对于小面积范围的过火燃烧，可用防火砂覆盖。

② 电气设备及电线着火时，首先用四氯化碳灭火剂灭火，电源切断后才能用水扑救。严禁在未切断电源前用水或泡沫灭火剂扑救。

③ 回流加热时，如因冷凝效果不好，易燃蒸气在冷凝器顶端着火，应先切断加热源，再行扑救。绝对不可用塞子或其他物品堵住冷凝管口。

④ 若敞口的器皿中发生燃烧，应尽快先切断加热源，设法盖住器皿口、隔绝空气，使火熄灭。

⑤ 扑灭产生有毒蒸气的火情时，要特别注意防毒。

（3）灭火器的维护

① 灭火器要定期检查，并按规定更换药液。使用后应彻底清洗，并更换损坏的零件。

② 使用前须检查喷嘴是否畅通，如有阻塞，应用铁丝疏通后再使用，以免造成爆炸。

③ 灭火器一定要固定放在明显的地方，不得任意移动。

**六、Flash 实验教程的概念、功能、使用和意义等基础介绍**

1. Flash 概念

Flash 是美国 Macromedia 公司创建的一种二维矢量动画设计软件（Macromedia Flash，简称为 Flash，后被 Adobe 公司合并，称为 Adobe Flash），是一款集动画创作与应用程序开发于一身的创作软件，该软件以流式控制技术和矢量技术为核心，用于网页动画的交互性设计，可以包含丰富的视频、声音、图形和动画。通常包括 Macromedia Flash，用于设计和编辑 Flash 文档，以及 Adobe Flash Player，用于播放 Flash 文档。

Flash 软件基本特征如下。

① 互联网网页的矢量动画设计和流式播放，具有存储空间小、下载迅速、边播放边下载等特点。

②"富因特网应用"（RIA）概念的实现平台之一。

③ 独特的影片档案格式（SWF）。

④ 音乐、动画、声效，交互方式融合在一起。

通常应用 Flash 创作内容时，需要在 Flash 文档文件中工作。Flash 文档有以下四个组成部分。

① 舞台。舞台是显示图形、视频、按钮等内容的位置区域。

② 时间轴。时间轴用于组织和控制文档内容在一定时间内播放的图层数和帧数，即用来通知 Flash 显示图形和其他项目元素的时间，或者指定舞台上各图形的分层顺序。

③ 库面板。库面板是 Flash 显示 Flash 文档中的媒体元素列表的位置。

④ Action scipt。Action scipt 代码用于向文档中的媒体元素添加交互式内容。

Flash 已经逐渐成为网页动画的标准和一种新兴的技术发展方向。

2. Flash 基本功能

Flash 有三大基本功能，是 Flash 动画设计体系中最重要、最基础、紧密相连的逻辑功能，包括：绘图、编辑图形和补间动画和遮罩。Flash 拥有多种绘图工具，可以在不同的绘制模式下工作。Flash 提供了 3 种绘制模式，基本绘制模式用于创建矩形和椭圆简单形状，在默认情况下，Flash 使用合并绘制模式，也可以启用对象绘制模式。编辑图形是使用元件来组织图形元素，这也是 Flash 动画的一大特点。Flash 中的每幅图形都开始于一种形状，形状由两个部分组成，填充（fill）和笔触（stroke），前者是形状里面的部分，后者是形状的轮廓线。补间动画是整个 Flash 动画设计的核心，也是 Flash 动画的最大优点，包括动画补间和形状补间两种形式。使用 Macromedia Flash 中的诸多功能，可以创建多种类型的应用程序。

3. Flash 在实验中应用

Flash 可以化静为动、化虚为实、化抽象为直观，能够拓展实验的时空界限，形象地展示实验过程和装置运行的细节，提高学生对实验的兴趣、效率和主动性。避免了时间、空间、课堂教学条件的限制，学生可以不去实验室实地观察，只要在电教多媒体系统上即可将书本知识化静为动、化虚为实、化抽象为直观，并具有信息量大、传递方便、现象鲜明、直观、简洁明了等特点，Flash 在虚拟仿真实验提供支撑，在理工科类实验中得到了广泛应用。

**七、虚拟仿真实验课程教程**

随着虚拟实验技术日益成熟，虚拟仿真实验室在教育领域的应用价值开始被人们认识和广泛接受，该技术可以辅助高校科研工作，同时在实验教学方面也获得了快速发展，其具有利用率高、易维护等诸多优点，近年来，国内高校都根据自身科研和教学的需求建立了虚拟仿真实验室，目前已有 100 个国家级虚拟仿真实验教学中心。

1. 虚拟仿真实验基本特征

虚拟仿真（Virtual，Reality，Simulation）技术，是用一个系统模仿另一个真实系统的技术。虚拟仿真本质上是一种可创建和体验虚拟世界（Virtual World）的计算机系统，此种虚拟世界由计算机生成，可以是现实世界的再现，亦可以是构想中的世界，实验者可借助视觉、听觉及触觉等多种传感通道与虚拟世界进行自然的交互。

虚拟实验是指借助于多媒体、仿真和虚拟现实（又称 VR）等技术在计算机上营造可辅助、部分替代甚至全部替代传统实验各操作环节的相关软硬件操作环境，实验者可以像在真实的环境中一样，完成各种实验项目，获得的实验效果等价于甚至优于真实实验的效果。虚拟实验建立在一个虚拟的实验环境（平台仿真）之上，注重的是实验操作的交互性和实验结果的仿真性。虚拟实验是一种动态体验，其能够完成现实实验现象的效果。虚拟实验能够有效提高经费、场地、器材等方面的利用效率，虚拟实验教学能够突破传统实验对"时、空"的限制，实验者可以随时随地通过网络进入虚拟实验室，操作仪器，进行各种实验，有助于提高实验教学质量。

虚拟仿真实验在虚拟仿真实验室完成，虚拟仿真实验的开发与应用将会对实验教学改革产生变革性的影响。

2. 虚拟仿真实验室平台、设备和要求

虚拟仿真实验室由虚拟实验台、虚拟器材库和开放式实验室管理系统组成，具体包括五部分：①虚拟现实应用开发平台，包括软件平台和硬件平台；②高性能图像生成及处理系统；③立体式沉浸性的虚拟三维显示系统；④虚拟现实交互系统；⑤集成应用控制系统。

虚拟仿真实验在虚拟仿真实验室平台（计算机操作系统）上进行，针对具体的实验项目，在对实验原理理解透彻的前提下，熟悉实验室平台操作过程，实验项目主要包含两部分内容：实验过程的真实模拟重现和实验操作步骤过程正确性检验。

# 第二章　性能测试实验

## 实验一　系统的压力和真空度的测定

**一、实验目的与要求**

1. 掌握压力和真空度的概念；
2. 熟悉压力计的种类、结构和原理；
3. 掌握压力计使用方法；
4. 了解真空系统和真空泵；
5. 掌握测定真空系统真空度的方法。

**二、实验原理**

压力和真空度是大气科学领域中的一个基本物理参数，压力和真空度的测量与操作是大气污染控制工程中的一项基本操作。压力是指垂直作用于物体表面的力，其大小用压强（单位面积上的力）来表示，单位为帕斯卡，简称帕（Pa）。真空是指压力比大气压力低的空间状态，即在给定的空间内（如密闭容器），低于大气压力的气体状态。在真空空间中还包含有气态分子，只是比大气压下的气态分子数要少。真空只是相对于大气压而存在的，"绝对真空"是不可能存在的。真空度是指给定空间所具有的气体压力与当时大气压力的差值，表示真空状态下气体的稀薄程度，通常用压力值来表示。密闭空间的真空可由"真空设备"获得，真空设备统称为真空泵，其类型有水流泵、旋片泵、滑阀泵、罗茨泵、油增压泵、扩散泵、分子泵、离子吸气泵、升华泵、低温泵等。

1. 压力的测定

一个系统的压力可由压力计测定，压力计是基于压力概念而产生的一种压力计量标准装置。对于高精度压力量值系统，压力计从结构形式上可分为活塞式和浮球式，此类压力计属于压力测量标准器。通常的一个系统压力可以通过 U 形压力计和压力表获得，此类压力计有 U 形水银液柱压力计、气压计和各种压力表等。按工作原理还可分为液柱式（如 U 形管压力计、斜管压力计等）、弹性式（如包登管压力计）和传感器式。U 形水银液柱压力计结构简单、灵敏度和精确度高；缺点是体积大、反应慢、量程受液柱高度的限制、难以自动测量。在实验室常用 U 形水银压力计（简称 U 形压力计）测定系统的压力，U 形压力计同样可以测定系统的真空度。图 2-1-1 是 U 形压力计结构图，U 形压力计的 U 形管一端与待测压力系统（$p$）相连，另一端连接已知压力的基准系统（通常为大气压力 $p_0$），U 形管内装水银，在 U 形管的后面紧靠着带刻度的标尺。所测得的两水银柱高度差（$\Delta h$）就是待测压力系统与基准系统间的压差，由此计算待测系统的压力，其计算式为：

$$p = p_0 + \Delta h \rho g \qquad (2\text{-}1\text{-}1)$$

式中，$\rho$ 为水银密度，$kg/m^3$；$g$ 为重力加速度，$m/s^2$。

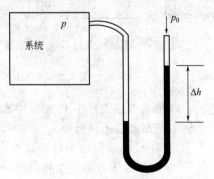

图 2-1-1　U 形水银压力计

2. 真空度的测定

真空度通常有两种表示方法：一种是绝对压力，它以绝对真空为零位，直接作用于物体表面的压力称为"绝对压力"。绝对压力值标出的数值都是正值，绝对压力值越小表示越接近绝对真空，也就是真空度越高。另一种是相对压力即以大气压作为零位参考值，低于大气压的用负值表示，称之为"负压"。压力仪表显示的压力是相对压力，故相对压力又称为表压力，是指设备内部某处的真实压力与大气压之间的差值。相对压力（负值）的绝对值越大，则真空度越高。从理论上讲，绝对压力是表示真空度最科学的词，但实际应用中，相对压力应用较为广泛。

真空度的表示方法如下所示。

① 绝对压力，即绝对真空度。

在实际情况中，真空的绝对压力值介于 0～101.325kPa 之间。绝对压力值需要用绝对压力仪表测量，在 20℃、海拔高度为 0 的地方，用于测量真空度的仪表（绝对真空表）的初始值为 101.325kPa（即一个标准大气压）。

② 相对压力，即相对真空度。

相对真空度是指被测系统的压力与测量地点大气压的差值，用普通真空表测量。在没有真空的状态下（即常压时），真空表的初始值为 0。当测量真空时，它的值介于 0～ −101.325kPa（一般用负数表示）之间。理论上绝对压力和相对压力换算方法如下：

$$相对真空度（相对压力）=绝对真空度（绝对压力）-测量地点的气压 \qquad (2-1-2)$$

### 三、仪器和实验装置

1. 仪器与设备

U 形水银压力计，1 支；空压机，1 台；真空泵，1 台；压力罐，1 个。

2. 实验装置

实验装置见图 2-1-2，装置为压力测定和真空度测定的综合系统，系统中封闭容器为一压力罐，通过压力阀的控制，分别由空压机产生压力和由真空泵产生真空，压力和真空度由 U 形水银压力计分别测定。

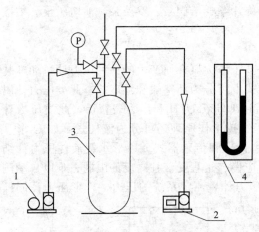

图 2-1-2　系统压力和真空度测定装置
1—空压机；2—真空泵；
3—压力罐；4—U 形水银压力计

### 四、实验方法与步骤

检查系统的连接，压力罐上所有阀处于关闭状态；检查 U 形水银压力计开口处的状态，一端与压力罐连接，另一端与大气相通。

1. 系统压力测定

① 启动空压机，打开压力罐压力表阀。

② 渐渐开启压力罐进气阀，使压力罐逐渐增压，达到某一压力值时停止（该压力值不得超过 0.1MPa，从压力罐上压力表读取压力罐内压力），关闭压力罐进气阀。此时封闭容器系统-压力罐承载一定的压力。

③ 渐渐开启压力罐与 U 形水银压力计联通阀，U 形水银压力计中 U 形管中水银逐渐移动，与空气联通的一段水银逐渐升高，水银升高到一定高度后不再升高，稳定在一个值（水银液面稳定）。

④ 读取 U 形水银压力计升高水银段的高度（$\Delta h$），并记录。

⑤ 渐渐开启压力罐放空阀，使压力罐卸压，此时压力罐上压力表读数为 0，U 形水银压力计中 U 形管中水银液面高差为 0。

⑥ 重复步骤①～⑤操作，另测定两个压力值。

2. 系统真空度测定

① 检查连接空压机的压力罐进气阀是否关闭，关闭压力罐压力表阀和放空阀，启动真空泵。

② 渐渐开启压力罐出气阀，使压力罐逐渐减压，减压一段时间后停止，关闭压力罐出气阀。此时封闭容器系统——压力罐承载一定的负压。

③ 渐渐开启压力罐与 U 形水银压力计联通阀，U 形水银压力计中 U 形管中水银逐渐移动，与空气联通的一段水银逐渐降低，水银降低到一定高度后不再降低，稳定在一个值（水银液面稳定）。

④ 读取 U 形水银压力计降低水银段的高度（$\Delta h$），并记录。

⑤ 渐渐开启压力罐放空阀，使压力罐恢复至大气压，此时 U 形水银压力计 U 形管中水银液面高差为 0。

⑥ 重复步骤①～⑤操作，另测定两个压力值。

3. 实验注意事项

① 用泵之前应检查发动机的额定电压和接线方法，运转方向和泵油量是否适量。

② 开泵或停泵前，应使泵先与大气相通，以避免带负载启动或泵油冲入真空系统（即倒吸）。

③ 运转过程中应注意有无异常声。正常情况下，只有轻微阀门片启闭声。

**五、实验数据记录与处理**

1. 系统压力计算

利用式(2-1-1) 计算系统压力。

2. 系统真空度计算

利用式(2-1-2) 计算系统相对真空度。

3. 实验记录

将实验记录值和计算值填写在表 2-1-1 和表 2-1-2 中。

**表 2-1-1　系统压力测定数据表**

大气压＿＿＿＿MPa　室温＿＿＿＿＿＿℃

| 序　号 | 1 | 2 | 3 |
|---|---|---|---|
| 水银高度差 $\Delta h$/mm | | | |
| 系统压力 $p$/kPa | | | |

**表 2-1-2　系统真空度测定数据表**

大气压＿＿＿＿MPa　室温＿＿＿＿＿＿℃

| 序　号 | 1 | 2 | 3 |
|---|---|---|---|
| 水银高度差 $\Delta h$/mm | | | |
| 系统绝对真空度/kPa | | | |
| 系统相对真空度/kPa | | | |

**六、思考题**

1. U 形压力计中充液的密度小，液面高度差大，可否认为其灵敏度高？

2. U 形管两边内径不同，液面高度的差值可否用一边的变化值乘以 2 代替？

3. U 形管的内径要求大于等于 10mm，最小刻度为 1mm，是为了防止毛细现象的影响吗？

4. 实验用真空泵能直接用于抽出挥发性气体如乙醚或腐蚀性气体如氯化氢等吗？为什么？如需要抽出前述气体应如何操作？

# 实验二　烟气参数（温度、压力、含湿量、密度、流速及流量）的测定

## 一、实验目的与要求

1. 了解烟气状态参数概念和测定意义；
2. 熟悉烟气温度、压力、含湿量等参数的测量原理；
3. 掌握烟气状态参数测量仪器及其使用方法；
4. 掌握各种烟气参数的计算方法。

## 二、实验原理

大气污染物主要来源于工业污染源排出的废气，其中烟气是典型的工业污染源，是大气污染治理重点对象之一。烟气状态参数的测定是大气污染源监测的主要内容之一，烟气的温度、压力、含湿量是烟气的基本状态常数，是计算烟气流速、流量等烟气参数的主要参数，在大气环境评价及检验污染物的排放标准，验证空气净化设备的功效等方面起到重要作用。其中，烟气体积由采样流量和采样时间的乘积求得，而采样流量由采样点烟道断面积乘以烟气流速得到，流速又由烟气压力和温度计算得到。

### 1. 烟气温度的测定

烟气的温度可通过多种方式（仪器）获得，通常测量的仪器采用玻璃水银温度计或热电温度计。采用热电偶（便携式）和测温毫伏计联用的方法来测定烟气温度，具有测量准确、精度高、稳定性好，可长时间连续工作等特点。热电偶是用两根不同金属导线连成一个闭路，当两结点处于不同温度时，便产生热电势，温差越大，热电势越大。根据需测温度的高低，选用不同材料的热电偶。测量 800℃ 以下的烟气用镍铬-康铜热电偶；测量 1300℃ 以下烟气用镍铬-镍铝热电偶；测量 1600℃ 以下的烟气用铂-铂铑热电偶。若将结点温度保持恒定的一端称为自由端，则热电偶产生的热电势大小完全取决于另一个接点的温度（称为工作端）。毫伏计指针的偏转程度随与之相连的热电偶的冷、热端温差而变化，从而用毫伏计测出热电偶的热电势，就可以得到工作端所处的环境温度。

### 2. 烟气压力的测定

烟气的压力分静压（$p_s$）、动压（$p_v$）和全压（$p_t$）。静压是单位体积气体所具有的势能；动压是单位体积气体具有的动能；全压是气体在管道中流动具有的总能量，即静压和动压之和。

测定烟气压力通常使用根据液体静力学原理而制成的液体压力计，这种压力计的构造和使用都比较简单，且一般能达到测定所需要的精确度。常用的液体压力计有 U 形压力计和倾斜式微压计两种。U 形压力计用一根弯成 U 形的玻璃管制成，管内注入一半高度的液体，液体通常采用水、酒精或水银，根据被测定的烟气压力的大小而定，当压力较小时，一般采用水或酒精；当压力较大时，一般采用水银。测量时，保持 U 形管的垂直状态。将 U 形管的一端接入测定的烟气系统内，U 形压力计两液面就出现一定高度差，根据这一高度差就可计算出烟气的压力（静压）。测量烟气静、动和全压时，测量装置包括皮托管和倾斜式压力计。倾斜式微压计，又称斜管压力计，其精度较高。它是由一个截面积较大的容器和一根截面积小得多的斜玻璃管相连接而组成的，测压液体一般采用酒精。常用皮托管分标准皮托管和 S 形皮托管两种。标准皮托管是一根弯成 90° 的双层金属同心圆管，其开口端与内管相

通，用来测量全压。外管的管口封闭，外管的测压小孔开在外管壁面四周的靠近管头处，用来测量静压。标准皮托管具有较高的精度，不需校正。但标准皮托管的测孔很小，如果烟气中烟尘浓度大，易被堵塞，因此只适用于在较清洁的烟道内使用，或用来校准其他类型的皮托管和流量测量装置。S形皮托管是由两根不锈钢管组成，测端做成方向相反的两个相互平行的开口。测量时，用橡皮管将皮托管与倾斜压力计连接，一个开口面向气流方向测得全压，一个背向气流方向测得静压，两者之差便是动压。由于气体绕流的影响，测得的静压比气流实际静压值小，因此，在使用前需要标准皮托管进行校正。校正方法是与标准风速管在气流速度为 2～60m/s 的气流中进行比较，S形皮托管和标准风速管测得的速度值之比，称为皮托管的校正系数。当流速在 5～30m/s 的范围内，其校正系数值为 0.84。S形皮托管开口较大，减少了被尘粒堵塞的可能性，适用于测烟尘含量较高的烟气。

倾斜压力计测得动压值按下式计算：

$$p_v = 9.81 K \gamma H \tag{2-2-1}$$

式中，$H$ 为斜管压力计读数；$K$ 为斜度修正系数，斜管压力计标出数对应值 0.2，0.3，0.4，0.6，0.8；$\gamma$ 为酒精相对密度，取值为 0.81。

3. 烟气含湿量的测定

烟气中水分含量的测定方法有重量法、冷凝法和干湿球温度计法，烟气含湿量一般以烟气中水蒸气的体积分数表示。

① 重量法　从烟道中抽出一定体积的烟气，使之通过装有吸湿剂的吸湿管，烟气中水蒸气被吸湿剂吸收，测定烟气通过吸收管前后吸收管增加的质量，计算单位体积烟气中水蒸气的含量。常用的吸湿剂有氯化钙、氧化钙、硅胶、氧化铝、五氧化二磷、过氯酸镁等。

② 冷凝法　从烟道采样点取一定体积的烟气，使之通过冷凝器，测定烟气通过冷凝器前后所得到的冷凝水的质量。同时测定通过冷凝器后烟气的温度，查出该温度下气体的饱和蒸气压，计算出从冷凝器出口排出烟气中的含水量。冷凝水质量与冷凝器出口排出烟气中的含水量之和即为烟气中水蒸气的含量。

③ 干湿球温度计法　干湿球湿度计是由两支完全相同的温度计组成，其中一支温度计的球（温包）用一浸入水的棉织物包住，使它经常处于润湿状态，称为湿球温度计；另一支为干球温度计。当烟气以一定的流速通过干湿球湿度计时，由于湿球表面水分的蒸发，使湿球温度计读数下降，产生干湿球温度差。根据干湿球湿度计读数及有关压力计算烟气含湿量。

烟气含湿量（水蒸气体积分数）：

$$x_{sw} = \frac{p_{hr} - C(t_c - t_b)(p_a - p_b)}{p_a + p_s} \tag{2-2-2}$$

式中，$p_{hr}$ 为测定温度时饱和水蒸气压力，Pa；$t_b$ 为湿球温度，℃；$t_c$ 为干球温度，℃；$C$ 为系数，$C = 0.00066$；$p_a$ 为大气压力，Pa；$p_s$ 为烟气静压，Pa；$p_b$ 为通过湿球表面的烟气压力，Pa。

4. 烟气密度的计算

干烟气密度可由下式计算：

$$\rho_g = \frac{p_s}{RT} \tag{2-2-3}$$

式中，$p_s$ 为烟气静压，Pa；$T$ 为烟气温度，K。

5. 烟气流速和流量的计算

根据测出烟气的温度、压力等参数，依据流体力学基本原理，得出各测点的烟气流速计算式：

$$v_s = 2.77 K_p \sqrt{t} \sqrt{p} \tag{2-2-4}$$

式中，$v_s$ 为烟气流速，m/s；$K_p$ 为皮托管的校正系数，取值为 0.84；$t$ 为烟气底部温度，℃；$\sqrt{p}$ 为各动压方根平均值，Pa。

$$\sqrt{p}=\frac{\sqrt{p_1}+\sqrt{p_2}+\cdots+\sqrt{p_n}}{n} \qquad (2\text{-}2\text{-}5)$$

式中，$p_i$ 为任一点的动压值，Pa；$n$ 为动压的测点数。

测量状态下的烟气流量：

$$Q_s=3600v_s S \qquad (2\text{-}2\text{-}6)$$

标准状态下干烟气流量：

$$Q_{Ns}=Q_s(1-x_{sw})\frac{p_a+p_s}{101325}\times\frac{273}{273+t_s} \qquad (2\text{-}2\text{-}7)$$

式中，$Q_s$ 为工况下湿烟气流量，$m^3/h$；$S$ 为测定断面面积，$m^2$；$Q_{Ns}$ 为标准状态下干排气流量，$m^3/h$；$p_a$ 为大气压力，Pa；$p_s$ 为烟气压力，Pa；$t_s$ 为烟气温度，℃；$x_{sw}$ 为烟气中水分体积分数，%。

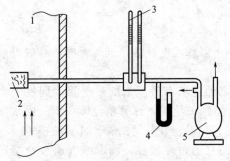

图 2-2-1　干湿球法测定烟气含湿量装置
1—烟道；2—滤棉；3—干湿球温度计；4—压力计；5—抽气泵

### 三、仪器与实验设备

热电偶，1 支；测温毫伏计，1 台；S 形皮托管，1 支；倾斜微压计或倾斜压力计，1 台；U 形压力计，1 个；转子流量计，1 个；抽气泵，1 台；干湿球湿度计，1 个；温度计，1 支。

图 2-2-1 为干湿球法测定烟气含湿量装置。

### 四、实验方法与步骤

1. 烟气温度的测定

① 将测温毫伏计的"＋"、"－"极校正零点。

② 将热电温度计的两个接头分别接到测温毫伏计的"＋"、"－"两个接线柱上，打开短路销。将热电偶头部擦拭干净，并把热电偶的热端（工作端）插到烟道中心部位，此时毫伏计读数开始变化，待读数（或指针）稳定时再读数。

注意：如果使用带有冷端自动补偿的数显温度计，其读数即为实际烟气温度；如没有自动温度补偿装置，测前将毫伏计指针调至零刻度，测得的烟气温度再加上环境温度，才是烟气的实际温度。

2. 烟气压力的测定

① 将皮托管与倾斜压力计用橡皮管连好，把皮托管插入烟道的测定孔中，并对准气流方向。烟道一般打 3 个测孔，每个测孔有 3 个测点，每个断面测 9 个点的动压值。

② 把测压管的测压口放置在烟道内测点上，从斜管微压计上读出斜管液柱长度，按相应公式计算测得压力。

3. 烟气含湿量的测定

本实验采用干湿球法测定烟气含湿量。

按图 2-2-1 连接仪器，启动抽气泵，抽气，烟气将通过玻璃棉过滤器除去尘粒，以大于 2.5m/s 速度流过干湿球温度计，待干湿球温度计液柱稳定时读取读数，并用相应公式计算。

在测定得到上述数据的基础上相应计算烟气的密度、流速和流量值。

### 五、实验数据记录与处理

分别将测定的烟气温度、压力、含湿量数据记录于表 2-2-1～表2-2-4中，并采用相应公式计算烟气密度、流速和流量。

### 表 2-2-1　烟气温度的测定

环境温度：＿＿＿＿℃　　　　　环境大气压力：＿＿＿＿kPa

| 实验次数 | 测孔 1 | | | 测孔 2 | | | 测孔 3 | | |
|---|---|---|---|---|---|---|---|---|---|
| | 测点 1 | 测点 2 | 测点 3 | 测点 4 | 测点 5 | 测点 6 | 测点 7 | 测点 8 | 测点 9 |
| 测量温度/℃ | | | | | | | | | |
| 冷端温度/℃ | | | | | | | | | |
| 真实温度/℃ | | | | | | | | | |

### 表 2-2-2　烟气压力的测定

环境温度：＿＿＿＿℃　　　　　环境大气压力：＿＿＿＿kPa

| 实验次数 | 测孔 1 | | | 测孔 2 | | | 测孔 3 | | |
|---|---|---|---|---|---|---|---|---|---|
| | 测点 1 | 测点 2 | 测点 3 | 测点 4 | 测点 5 | 测点 6 | 测点 7 | 测点 8 | 测点 9 |
| 倾斜压力计读数/mm 酒精 | | | | | | | | | |
| 动压 $p_v$/Pa | | | | | | | | | |
| 静压 $p_s$/Pa | | | | | | | | | |
| 全压 $p_t$/Pa | | | | | | | | | |

### 表 2-2-3　烟气含湿量的测定

环境温度：＿＿＿＿℃　　　　　环境大气压力：＿＿＿＿kPa

| 实验次数 | 测孔 1 | | | 测孔 2 | | | 测孔 3 | | |
|---|---|---|---|---|---|---|---|---|---|
| | 测点 1 | 测点 2 | 测点 3 | 测点 4 | 测点 5 | 测点 6 | 测点 7 | 测点 8 | 测点 9 |
| 湿球温度/℃ | | | | | | | | | |
| 干球温度/℃ | | | | | | | | | |
| 烟道气静压/Pa | | | | | | | | | |
| 通过湿球表面烟气压力/Pa | | | | | | | | | |
| 含湿量/% | | | | | | | | | |

### 表 2-2-4　烟气的进出口流速、流量的计算

环境温度：＿＿＿＿℃　　　　　环境大气压力：＿＿＿＿kPa

| 实验次数 | 测孔 1 | | | 测孔 2 | | | 测孔 3 | | |
|---|---|---|---|---|---|---|---|---|---|
| | 测点 1 | 测点 2 | 测点 3 | 测点 4 | 测点 5 | 测点 6 | 测点 7 | 测点 8 | 测点 9 |
| 倾斜压力计读数/mm 酒精 | | | | | | | | | |
| 动压值/Pa | | | | | | | | | |
| 烟气底部温度/℃ | | | | | | | | | |
| 烟气密度 | | | | | | | | | |
| 烟气流速/(m/s) | | | | | | | | | |
| 烟气流量/(m³/s) | | | | | | | | | |

## 六、思考题

1. 测定烟道气温度、压力、含湿量等烟流参数的目的是什么？

2. 实验前的准备工作有哪些？

3. 烟气含湿量的测定中，为何还要测量温度？

4. 烟气压力测定时，为什么用 S 形皮托管和倾斜压力计，能否用别的仪器代替？

# 实验三　轴流风机性能测试实验

## 一、实验目的与要求

1. 熟悉轴流式风机的结构、基本原理及其应用；

2. 掌握风机主要工作参数和测定方法；

3. 掌握风机的特性曲线绘制和对风机性能的评价。

## 二、实验原理

轴流式风机工作方式是流体从轴向流入叶轮并沿轴向流出。其工作原理基于叶翼型理论，气体由一个攻角进入叶轮时，在翼背上产生一个升力，同时在翼腹上产生一个大小相等方向相反的作用力，该力使气体排出叶轮呈螺旋形沿轴向向前运动。同时，风机进口处由于压差的作用，气体不断地被吸入。轴流式风机的横截面一般为翼剖面。叶片可以固定位置，也可以围绕其纵轴旋转。叶片与气流的角度或者叶片间距可以不可调或可调。改变叶片角度或间距是轴流式风机的主要优势之一。小叶片间距角度产生较低的流量，而增加间距则可产生较高的流量。轴流式风机中的流体不受离心力的作用，升高作用的静压能为零，所产生的能头低于离心式风机。轴流式风机通常用在流量要求较高而压力要求较低的场合。

轴流式风机的构造由主轴、叶轮、集流器、导叶、机壳、动叶调节装置、进气箱和扩压器等部件组成。其具有结构简单、稳固可靠、噪声小、功能选择范围广、不易出现结露、不用单独配备风机、方便灵活等特点。广泛应用于冶金、化工、轻工、食品、医药、环保及民用建筑等场所通风换气或加强散热。轴流式风机的类型按使用要求可分为管道式、壁式、岗位式、固定式、防雨防尘式、电机外置式等。

风机的性能曲线是指在转速和流体的密度、叶片安装角一定时风机的全压、轴功率、效率等随流量变化的一组关系曲线，即压力、效率、功率与流量之间的关系曲线。风机的性能曲线有：①全压与流量的关系曲线，用 $p_c$-$Q_V$ 表示；②轴功率与流量的关系曲线，用 $P$-$Q_V$ 表示；③全压效率与流量的关系曲线，用 $\eta$-$Q_V$ 表示。其形状特点是，曲线在小流量区域内出现马鞍形的形状，在大流量区域内非常陡降，在流量为零时，压力最大。因此，由于流体的物理性质的差异，使得在实际应用中，轴流风机的性能曲线，如轴流风机的静压、静压效率曲线，轴流风机的无量纲性能曲线，在风机应用中有重要的作用。

风机的性能参数主要有流量、压力、功率，效率和转速。流量也称风量，以单位时间内流经风机的气体体积表示；压力也称风压，是指气体在风机内压力升高值，有静压、动压和全压之分；功率是指风机的输入功率，即轴功率；风机有效功率与轴功率之比称为效率。

1. 风量

为了测定风量 $Q$，需将风管断面分成 5 个等面积的圆环，分别测定各圆环的动压值，在横向（或纵向）共测定 10 个点的动压 $p_{di}$：

$$p_{di} = \frac{l_i}{1000} \cdot \sin\alpha \cdot \rho_0 \cdot g \tag{2-3-1}$$

式中，$l_i$ 为倾斜式微压计读数值，mm；$\sin\alpha$ 为倾斜式微压计倾角正弦；$\rho_0$ 为倾斜式微压计内酒精密度，$kg/m^3$，一般可取 $800kg/m^3$；$g$ 为重力加速度，$m/s^2$。

然后将测得的动压按下式求取平均值

$$p_d = \left[ \frac{\sqrt{p_{d_1}} + \sqrt{p_{d_2}} + \cdots + \sqrt{p_{d_{10}}}}{10} \right]^2 \tag{2-3-2}$$

由平均动压 $p_d$ 计算断面平均流速 $v$：

$$v = \sqrt{\frac{2p_d}{\rho}} \tag{2-3-3}$$

式中，$\rho$ 为空气密度，$kg/m^3$，20℃空气，取 $1.205kg/m^3$。

风量 $Q$ 由断面平均风速 $v$ 和风管截面积 $A$ 算出：

$$Q = vA = v\frac{\pi D^2}{4} \tag{2-3-4}$$

式中，$D$ 为圆截面风管直径，m。

2. 全压

由风机进口 U 形测压计测得进口负压，算出风机静压。

$$p_{st} = p'_{st} + \Delta \tag{2-3-5}$$

式中，$p'_{st}$ 为进口负压值，Pa，U 形管内装水，测得的是毫米水柱（$mmH_2O$），须将其换算成 Pa，$1mmH_2O = 9.81Pa$；$\Delta$ 为静压测点至风机入口处的损失值，按标准规定取 $\Delta = 0.15p_d$，Pa。

风机全压 $p$ 为静压与动压之和。

$$p = p_{st} + p_d = p'_{st} + 1.15p_d \tag{2-3-6}$$

3. 风机效率

风机轴功率 $N$ 用平衡电机测定：

$$N = \frac{2\pi n L(G - G_0)}{60 \times 1000} \tag{2-3-7}$$

式中，$N$ 为轴功率，kW；$n$ 为风机转速，$r/min$；$L$ 为平衡电机力臂长度，m；$G$ 为风机运转时的平衡重量，N；$G_0$ 为风机停机时的平衡重量，N。

由测得的轴功率 $N$，风量 $Q$ 和全压 $p$ 计算风机效率 $\eta$：

$$\eta = \frac{pQ}{1000N} \tag{2-3-8}$$

式中，$p$ 为风机全压，Pa；$Q$ 为风机风量，$m^3/s$；$N$ 为轴功率，kW。

### 三、仪器、实验设备

图 2-3-1 是轴流风机性能测试实验装置。通风机空气动力系统，1 套；微压计，1 台；U 形压力计，1 台；皮托管，1 个。

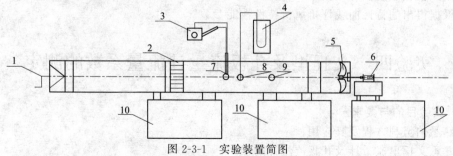

图 2-3-1　实验装置简图

1—风量调节手轮；2—整流栅板；3—微压计；4—U 形压力计；5—轴流式通风机；6—电动机；
7—皮托管及测压孔；8—静压测压孔；9—温度测定点；10—支架

### 四、实验方法与步骤

1. 实验方法与步骤

（1）检查系统连接情况，检查电路情况；

（2）将皮托管和微压计接头安置在测试管内；将 U 形压力计接头安置在测压孔内，将温度计安置在温度测定点内；

（3）启动轴流风机和电动机，观察系统稳定情况；

（4）调节风量调节手轮，空气进入风管；调节整流格栅，使风管中气流稳定；

（5）用皮托管、微压计和 U 形压力计测定管内静压及动压值；

（6）通过实验室大气压计读出大气压力，记录以上所有读数数据；

（7）计算得出断面平均流速 $v$ 和风量 $Q$；

（8）用平衡电机及平衡电机力臂测定轴功率；

（9）计算全压和风机效率。

2. 实验注意事项

轴流风机风量越小，轴功率越大。实验时不要在关闭阀门情况下启动电机，以防电机过载而烧坏。

### 五、实验数据记录与处理

1. 风机性能评价

将实验读数数据记录在表 2-3-1 中，通过计算和数据处理得出风机性能评价参数。

**表 2-3-1　风机性能参数数据记录**

风机类型：＿＿＿＿＿　风管内径：＿＿＿＿＿　电机功率：＿＿＿＿＿

大气压力：＿＿＿＿＿kPa　　大气温度：＿＿＿＿＿℃

| 工况点 | 动压 /Pa | 静压 /Pa | 全压 /Pa | 平均流速 /(m/s) | 风量 /(m³/s) | 气体温度 /℃ | 风机转速 /(r/min) | 轴功率 /kW | 风机功率 /% |
|---|---|---|---|---|---|---|---|---|---|
|  |  |  |  |  |  |  |  |  |  |
|  |  |  |  |  |  |  |  |  |  |
|  |  |  |  |  |  |  |  |  |  |

2. 性能曲线绘制

绘制一定转速下的 $p$-$Q$，$p_{st}$-$Q$，$N$-$Q$，$\eta Q$ 曲线，并讨论风机性能。

### 六、思考题

1. 试根据你做出的实验结果指出该风机的额定工况和风机最佳工作区。

2. 用风机相似率换算该型号 5 号风机，1450r/min 时的特性曲线。

3. 根据得出的特性曲线评价风机特性性能参数。

# 实验四　文丘里及孔板流量计流量系数的测定

### 一、实验目的与要求

1. 熟悉伯努利方程及其应用；

2. 熟悉文丘里流量计及孔板流量计的操作；

3. 掌握文丘里流量计流量系数的测定；

4. 掌握孔板流量计的流量系数的测定。

### 二、实验原理

在生产中需要经常了解温度、压强、流量等操作条件，并加以调节控制。流体的流量是生产操作中必须测量与控制的重要参数之一，流量计就是常用的测量工具。文丘里流量计和孔板流量计都属于节流式流量计，即在管流中接入文丘里管或安装一块孔板，强制地改变局部地方的管流速度和压强，测量其压差就可以计算管道流量。

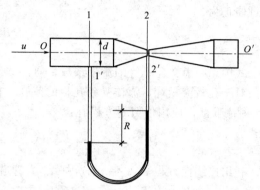

图 2-4-1 文丘里流量计

文丘里流量计由收缩段、喉部、扩散段组成（见图 2-4-1），其收缩角为 $20°\sim25°$，折角处应圆滑，尽量接近流线型，喉部是文丘里流量计的断面最小的部位，此处的流线曲率半径相当大，流动可视为缓变流，扩散角一般为 $5°\sim15°$。文丘里流量计结构简单，阻力损失小，但造价高。孔板流量计是一块外径与管道内径相同的孔板（见图 2-4-2），孔板上开设一个内孔，该内孔迫使过流断面突然变小，流速变大，压强降低。孔板流量计易于制造，适合大流量的测量，但流体流经孔板的能量损失大，孔板的锐边容易腐蚀，易磨损。文丘里管和孔板都是测量流量的仪器，在使用之前，要预先测量它的流量系数，称为流量计的标定。

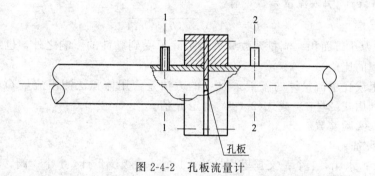

图 2-4-2 孔板流量计

文丘里流量计原理是将测速管径先设计成逐渐缩小而后又逐渐扩大的变径管，以减小流体流过时的机械能损失。为了确定管道的流量，在管道中安装一个文丘里流量计，对于图 2-4-1 中 1、2 所示的断面，应用伯努利方程，则有

$$z_1+\frac{p_1}{\rho g}+\frac{\alpha_1 v_1^2}{2g}=z_2+\frac{p_2}{\rho g}+\frac{\alpha_2 v_2^2}{2g} \tag{2-4-1}$$

式中，$z_1$、$z_2$ 分别为测压管 1、2 的位置水头，m，本实验 $z_1=z_2$；$\dfrac{p_1}{\rho g}$、$\dfrac{p_2}{\rho g}$ 分别为测压管 1、2 的压力水头，其值可用 $h_1$、$h_2$ 的读数表示，m；$\alpha_1$、$\alpha_2$ 分别为动能修正系数，其值约等于 1；$v_1$、$v_2$ 分别为测压管 1、2 断面处液体的速度。

利用连续性方程 $v_1 A_1=v_2 A_2$，上式可转化为

$$v_2=\sqrt{\frac{2(p_1-p_2)/\rho}{1-(d_2/d_1)^4}} \tag{2-4-2}$$

利用测压管直接测量压差，则有 $p_1-p_2=\rho g(h_1-h_2)$，于是

$$v_2=\sqrt{\frac{2g(h_1-h_2)}{1-(d_2/d_1)^4}} \tag{2-4-3}$$

速度与截面积相乘就可以计算流量，上式中，没有考虑黏性的影响。因此，流量的表达

式可修正为

$$Q = \mu A_2 v_2 = \mu \frac{\pi d_2^2}{4} \sqrt{\frac{2g(h_1 - h_2)}{1 - (d_2/d_1)^4}} \tag{2-4-4}$$

式中，$\mu$ 为文丘里管的流量系数，通常文丘里流量计的流量系数 $\mu$ 可达 0.99 以上。

对于孔板流量计，流体受到孔板的节制，在孔板的下游形成一股射流，图中的断面 1—2 是射流喉部，应用伯努利方程有：

$$z_3 + \frac{p_3}{\rho g} + \frac{\alpha_3 v_3^2}{2g} = z_4 + \frac{p_4}{\rho g} + \frac{\alpha_4 v_4^2}{2g} \tag{2-4-5}$$

利用连续性方程 $v_3 A_3 = v_4 A_4$（$A_3$ 为管道面积 $A$），则得到射流喉部的流速：

$$v_4 = \sqrt{\frac{2(p_3 - p_4)/\rho}{1 - (A_4/A_3)^2}} \tag{2-4-6}$$

喉部的压强不能直接测出，一般用管壁上的静压 $p_0$ 代替，有：

$$p_3 - p_4 = \rho g(h_3 - h_4) \tag{2-4-7}$$

射流喉部的速度为：

$$v_4 = \sqrt{\frac{2g(h_3 - h_4)}{1 - (A_4/A_3)^2}} \tag{2-4-8}$$

流量 $Q = A_4 v_4$，引入流量系数，有

$$Q = \mu A_0 \sqrt{2g(h_3 - h_4)} \tag{2-4-9}$$

式中，$A_0$ 为孔口面积。流量系数 $\mu$ 的取值除了受到黏性的影响之外，也还取决于孔口面积与管道面积的比值 $A_0/A$。

标定文丘里或孔板流量计的流量系数 $\mu$ 的方法是：用体积法测出流量 $Q$，读取测压管的液柱高度，利用式(2-4-4) 或式(2-4-9) 确定 $\mu$ 值。

### 三、仪器、实验装置

1. 仪器与设备

水泵，1 台；水箱，1 个；文丘里流量计，1 个；孔板流量计，1 个；阀，4 个。

2. 实验装置

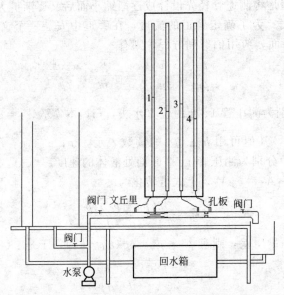

图 2-4-3　文丘里、孔板流量计实验装置原理

图 2-4-3 为文丘里管、孔板流量计实验装置原理图，测压管 1、2 用于测量文丘里流量计的压差，测压管 3、4 用于测量孔板流量计的压差。

**四、实验方法与步骤**

1. 实验方法与步骤

（1）缓慢打开（顺时针方向）流量调节阀、溢流阀、放水阀，再开启水泵，给各水箱上水，使各水箱处于溢流状态，以保证测量水位稳定。

（2）缓慢关闭（逆时针方向）流量调节阀，排出测试管段内空气，直到测压计的所有玻璃管水位高度一致。

（3）缓慢打开流量调节阀到一适当开度（应预先估计，使阀在全关到全开，即量程范围，能调出 6 个不同开度），同时观察测压计，当液柱稳定后关闭放水阀，记录所测管段进出口玻璃管液位及计量水箱接纳一定容积水所用时间。

（4）调节到另一开度，重复上述测量内容，共测量 6 个不同开度，将测试数据记入实验数据表。

2. 实验注意事项

文丘里和孔板流量的流量系数测定可同时进行，实验过程中应严格按仪器的操作规程来进行，不许违规操作。

**五、实验数据记录与处理**

实验数据记录于表 2-4-1 和表 2-4-2 中。

**表 2-4-1　文丘里与孔板压力表测量值及其压差值**

| 序号 | $h_1$/cm | $h_2$/cm | $\Delta h_{12}$/cm | $h_3$/cm | $h_4$/cm | $\Delta h_{34}$/cm |
|---|---|---|---|---|---|---|
| 1 | | | | | | |
| 2 | | | | | | |
| 3 | | | | | | |
| 4 | | | | | | |
| 5 | | | | | | |
| 6 | | | | | | |

**表 2-4-2　文丘里与孔板流量计流量系数**

| 序号 | 计时时间 $t$/s | 实际流量 $Q_1$/(m³/s) | 理论流量 $Q_2$(m³/s) | 文丘里流量计流量系数 $\mu$ | 孔板流量计流量系数 $\mu$ |
|---|---|---|---|---|---|
| 1 | | | | | |
| 2 | | | | | |
| 3 | | | | | |
| 4 | | | | | |
| 5 | | | | | |
| 6 | | | | | |

文丘里管：$d_2=$ _____ mm；$d_1=$ _____ mm。

孔板流量计：$d_2=$ _____ mm；$d_1=$ _____ mm。

流量系数：$\mu=Q_1/Q_2$。

**六、思考题**

1. 文丘里及孔板流量计的作用是什么？

2. 制作孔板流量计的关键是什么？

3. 安装和使用孔板流量计应注意什么？

# 实验五　虚拟仿真实验——填料塔净化二氧化硫性能实验

### 一、实验目的与要求

1. 了解虚拟仿真原理和过程；

2. 通过虚拟仿真了解填料塔结构和吸收净化有害气体的性能，加深理解填料塔内气液接触状况及吸收过程的基本原理；

3. 熟悉虚拟仿真在吸收法净化废气中 $SO_2$ 中应用；

4. 通过虚拟仿真，观察填料塔内气液接触状况和液泛现象，测定填料塔的吸收效率及压降；

5. 通过虚拟仿真，观察气液流速的变化对气液接触状况的影响，测定填料塔化学吸收体系的体积传质系数；

6. 通过实验初步了解用填料塔吸收净化有害气体的性能，加深理解在填料塔内气液接触状况和吸收过程的基本原理。

### 二、实验原理

在填料塔中，两相接触是连续地在填料表面上进行，完成一定吸收任务需要一定的填料高度，填料层高度计算方法有传质系数法、传质单元法以及等板高度法。总体积传质系数 $K_{Ya}$ 是单位填料体积、单位时间吸收的溶质量。它反映填料吸收塔性能的主要参数，是设计填料高度的重要数据。

本实验采用 NaOH 或 $Na_2CO_3$ 溶液吸收空气-二氧化硫混合气体中的 $SO_2$，吸收方式为化学吸收。通过实验，得到以浓度差为推动力的体积吸收系数（$K_{Ya}$）：

$$K_{Ya} = \frac{Q(y_1 - y_2)}{hA\Delta y_m} \tag{2-5-1}$$

式中，$Q$ 为通过填料塔的空气量，kmol/h；$h$ 为填料层高度，m；$A$ 为填料塔的截面积，$m^2$；$y_1$、$y_2$ 为进出填料塔气体中 $SO_2$ 的比摩尔分率；$\Delta y_m$ 为对数平均推动力。

$$y_1 = \frac{P_{A_1}}{P} ; y_2 = \frac{P_{A_2}}{P} \tag{2-5-2}$$

式中，$P_{A_1}$、$P_{A_2}$ 为进出塔气体中 $SO_2$ 的分压力，Pa；$P$ 为吸收塔气体的平均压力，Pa。

由于吸收反应为快速不可逆反应，吸收液面上 $SO_2$ 的平衡浓度可看作为零，则对数平均推动力 $\Delta y_m$ 可表示为：

$$\Delta y_m = \frac{y_1 - y_2}{\ln \dfrac{y_1}{y_2}} \tag{2-5-3}$$

由上面公式可得到以分压差为推动力的体积吸收系数 $K_{Ga}$ 的计算公式为：

$$K_{Ga} = \frac{Q}{PAh} \ln \frac{P_{A_1}}{P_{A_2}} \tag{2-5-4}$$

### 三、仪器与实验设备

实验在虚拟仿真系统中实施，仪器和设备见图 2-5-1 和图 2-5-2。

### 四、实验方法与步骤

1. 登录系统

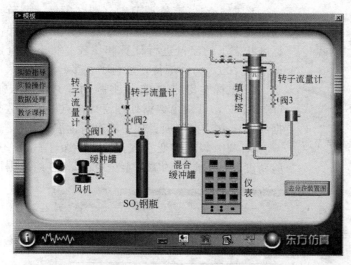

图 2-5-1 虚拟仿真实验流程图

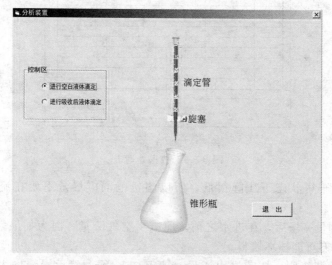

图 2-5-2 虚拟仿真实验滴定

　　进入实验后，会出现"登录"对话框，如图 2-5-3 所示，请认真填写班级、姓名、学号三项内容，这三项内容将被记录到实验报告文件当中。

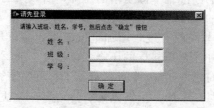

图 2-5-3 虚拟仿真实验登录对话框

　　2. 实验主界面

　　实验主界面如图 2-5-1 所示，实验结果分析装置如图 2-5-2 所示。

　　3. 启动风机，开始送风。点击电源开关的绿色按钮接通电源，就可以启动风机，并开始工作。

图 2-5-4　空气流量调节阀

4. 打开空气流量调节阀（图 2-5-4），调节空气流量。每个气体流量计前都有压差计（测表压）和温度计，将读数转换成标准状态下的流量进行计算和比较。将空气流量调节阀的开度调节到 100，稍许等待，进行下一步。

5. 鼠标左键点击实验主画面左边菜单中的"数据处理"（图 2-5-5），可调出数据处理窗口，点击干塔数据页，按标准数据库操作方法在各项目栏中填入所读取的数据。

6. 调节阀以改变空气流量，重复上述第 2～3 步，为了实验精度和回归曲线的需要至少应测量 10 组数据以上。

### 数据处理

| 流体力学数据 | 吸收数据 | 实验结果 | 数据曲线 | 实验参数 |

姓名 _____　　　学号 _____
班级 _____　　　日期 2003-12-28

干填料数据：

| 编　号 | 空气流量(m³/h) | 空气表压(Pa) | 塔压降(Pa) | 塔顶表压(Pa) |
|---|---|---|---|---|
| 1 | | | | |
| 2 | | | | |
| 3 | | | | |
| 4 | | | | |
| 5 | | | | |
| 6 | | | | |
| 7 | | | | |
| 8 | | | | |
| 9 | | | | |
| 10 | | | | |

干填料数据　　湿填料数据

注：数据请按顺序排列（由小到大或由大到小）

保存　　加载　　报表　　退出

图 2-5-5　数据处理表

注意：因为在干塔状态下压降很低，所以测量范围应尽量不要在流量较低的范围内进行。

7. 干塔压降测量完毕后，在进水之前，应减少空气流量，因为如果空气流量过大，会引起强烈的液泛，有可能损坏填料。

8. 打开水流量调节阀，调节进水流量（建议 35L/h），然后慢慢增大空气流量直到液泛，鼠标左键点击塔身可看到塔内的状况。液泛一段时间使填料表面充分润湿，然后减小空气流量到较小的水平。

注意：本实验是在一定的喷淋量下测量塔的压降，所以水的流量应不变。在以后实验过程中不要改变水流量调节阀的开度。

9. 逐渐加大空气流量调节阀的开度，增加空气流量，多读取几组塔的压降数据。同时注意塔内的气液接触状况，并注意填料层的压降变化幅度。液泛后填料层的压降在气速增加很小的情况下明显上升，此时再取 1～2 个点就可以了，不要使气速过分超过泛点。

建议的实验条件：水流量 35L/h；空气流量 20 m³/h；二氧化硫气流量 0.5m³/h。

以上为建议实验条件，不一定非要采用，但总体上要注意气量和水量不要太大，浓度不要过高，否则引起数据严重偏离。

10. 打开二氧化硫瓶流量调节阀，使其在空气中的体积含量为 0.1%～0.5%之间。

通入二氧化硫后，在塔的底端进口和顶端出口同时进行采样。采样完毕后，鼠标左键点击实验主窗口右边的命令键"去分析装置"，进入分析装置画面（见图 2-5-6）。

然后按照数据处理的要求读取各项数值，按标准数据库操作方法在各项目栏中填入所读

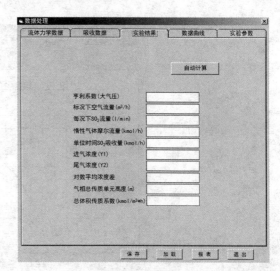

图 2-5-6　分析装置画面　　　　　　　　图 2-5-7　实验结果

取的数据。点击滴定管放大读数。在实验结果栏点击自动计算，计算出吸收数据的结果（见图 2-5-7）。

　　计算完成后，如图 2-5-8 所示在曲线页点击"开始绘制"即可根据数据自动绘制出曲线。

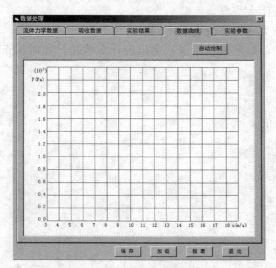

图 2-5-8　实验结果曲线

11. 过程注意事项

① 建议设置的操作条件：碱液流量 80L/h；空气流量 20m³/h；$SO_2$ 流量 0.5m³/h。

② 关闭是顺序：关闭 $SO_2$ 气瓶，再关闭鼓入的空气。

**五、实验数据记录与处理**

当气体通过干填料层流动时，压力降与空塔气速的关系为直线，斜率约为 1.8，当有液体喷淋时，所得的关系则为一折线，其中靠近上方的拐点为塔的泛点，泛点之下为塔的正常操作范围，如图 2-5-9 所示。

窗口的最下面一排为按钮。

保存：把当前的实验数据保存到一个数据文件中。

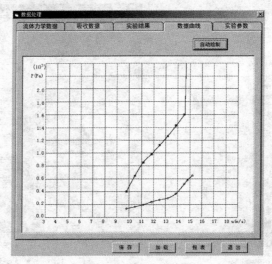

图 2-5-9　实验结果图

加载：从一个数据文件当中读取实验数据。

报表：根据实验数据生成可打印的实验报表。

退出：关闭实验报告窗口。

### 六、思考题

1. 虚拟仿真原理是什么？

2. 虚拟仿真实验与实际的实验有何不同？

3. 虚拟仿真实验中，如果操作错误，会出现什么情况？如何纠正？

# 第三章　固态污染物控制实验

## 实验六　区域环境空气中总悬浮颗粒物的测定

### 一、实验目的与要求

1. 了解空气中悬浮颗粒的来源、危害及主要测定方法；
2. 掌握中流量-重量法测定总悬浮颗粒物（TSP）的原理；
3. 掌握中流量 TSP 采样器结构及操作使用方法。

### 二、实验原理

环境空气中的总悬浮颗粒不仅是严重危害人体健康的主要污染物，也是气态、液态污染物的载体，其成分复杂，并且具有特殊的理化特性及生物活性，是大气环境质量监测的重要项目之一。

用重量法测定空气中总悬浮颗粒的方法一般分为大流量（$1.1\sim1.7\text{m}^3/\text{min}$）和中流量（$0.05\sim0.15\text{m}^3/\text{min}$）采样法。其测定原理是：通过具有一定切割特性的采样器以恒速抽取一定体积的空气，使之通过已恒重的滤膜，则悬浮微粒被阻留在滤膜上，根据采样前后滤膜质量之差及采气体积，即可计算总悬浮颗粒物的质量浓度。

本实验采用中流量采样法测定。

### 三、实验仪器与装置

中流量采样器，流量 $50\sim150\text{L/min}$，1 台；流量校准装置，量程 $70\sim160\text{L/min}$，经过罗茨流量计较准的孔口校准器（或 1342 型便携式电子流量计），1 台；温度计，1 支；气压计，1 支；转子流量计（量程 $0\sim200\text{L/min}$），2 个；滤膜（超细玻璃纤维或聚氯乙烯滤膜，直径 $8\sim10\text{cm}$），若干；滤膜贮存袋及贮存盒，若干；分析天平（精度 0.1mg），1 台。

### 四、实验方法与步骤

1. 采样器的流量校准

用孔口校准器对采样器进行流量较准。

2. 采样

① 每张滤膜使用前均需用光照检查，不得使用有针孔或有任何缺陷的滤膜进行采样。

② 迅速称量在平衡室内已平衡 24h 的滤膜，读数准确至 0.1mg，记下滤膜的编号和质量，将其平展地放在光滑洁净的贮存袋内，然后贮存于贮存盒内备用。滤膜不能弯曲或折叠。天平放置在平衡室内，平衡室温度在 $20\sim25\text{℃}$ 之间，温度变化小于 $\pm3\text{℃}$，相对湿度小于 50%，湿度变化小于 5%。

③ 将已恒重的滤膜用小镊子取出，毛面向上，平放在采样夹的网托上，放上滤膜夹后拧紧采样器顶盖。调整采样流量，设置采样时间，启动采样。

④ 采样 5min 后和采样结束前 5min 各记录一次 U 形压力计压差值，读数准确至 1mm。也可直接记录气体流量。测定日平均浓度一般从上午 8:00 开始采样至第二天上午 8:00 结束。若空气污染严重，可用几张滤膜分段采样，合并计算日平均浓度。

⑤ 采样后，用镊子小心取下滤膜，使采样毛面朝内，以采样有效面积的长边为中线对

叠好，放回表面光滑的贮存袋并贮存于盒内。有关实验参数及现场温度、大气压力等记录并填写在表 3-6-1 中。

表 3-6-1　粉尘采样记录

监测地点：_____　　　___年___月___日

| 采样时间 /min | 采样温度 /K | 采样气压 /kPa | 采样器 编号 | 滤膜 编号 | 压力差 $p$/cmH$_2$O | | | 流量 $Q$/(m$^3$/min) | | 备注 |
|---|---|---|---|---|---|---|---|---|---|---|
| | | | | | 开始 | 结束 | 平均 | $Q_1$ | $Q_2$ | |
| | | | | | | | | | | |
| | | | | | | | | | | |
| | | | | | | | | | | |
| | | | | | | | | | | |
| | | | | | | | | | | |

3. 样品测定

将采样后的滤膜在平衡室内平衡 24h，迅速称量，结果及有关参数记录于表 3-6-2 中。

4. 实验注意事项

① 滤膜称量时的质量控制。取清洁滤膜若干张，在平衡室内平衡 24h，称量。每张滤膜称 10 次以上，则每张滤膜的平均值为该张滤膜的原始质量，此为"标准滤膜"。每次称清洁或样品滤膜的同时，称量两张"标准滤膜"，若称出的质量在原始质量±5mg 范围内，则认为该样品滤膜称量合格，否则应检查称量环境是否符合要求，并重新称量该批样品滤膜。

② 要经常检查采样头是否漏气。当滤膜上颗粒物与四周白边之间的界线渐渐模糊，则表明应更换面板密封垫。

③ 称量不带衬纸的聚氯乙烯滤膜时，在取放滤膜时，用金属镊子触一下天平盘，以消除静电的影响。

五、实验数据记录与处理

总悬浮颗粒物 TSP 质量浓度 $C_{TSP}$ 的计算。可由式（3-6-1）计算 $C_{TSP}$，并记录表 3-6-2。

表 3-6-2　粉尘浓度测定记录

监测地点：_____　　　___年___月___日

| 采样时间 $t$/min | 流量 $Q_n$/(m$^3$/min) | 采样体积 /m$^3$ | 滤膜 编号 | 滤膜质量/mg | | 悬浮颗粒重 $W$/(mg/m$^3$) | $C_{TSP}$/(mg/m$^3$) |
|---|---|---|---|---|---|---|---|
| | | | | 采样前 | 采样后 | | |
| | | | | | | | |
| | | | | | | | |
| | | | | | | | |
| | | | | | | | |

$$C_{TSP}(\text{mg/m}^3) = W/(Q_n \cdot t) \tag{3-6-1}$$

式中，$W$ 为采集在滤膜上的悬浮颗粒质量，mg；$t$ 为采样时间，min；$Q_n$ 为标准状态下的采样流量，m$^3$/min。可按下式计算：

$$Q_n = Q\sqrt{\frac{T_3 p_2}{T_2 p_3}} \times \frac{273 \times p_3}{101.3 \times T_3} = Q\sqrt{\frac{p_2 p_3}{T_2 T_3}} \times \frac{273}{101.3} = 2.69 \times Q\sqrt{\frac{p_2 p_3}{T_2 T_3}} \qquad (3\text{-}6\text{-}2)$$

式中，$Q$ 为现场采样流量，$m^3/min$；$p_2$ 为采样器现场较准时大气压力，$kPa$；$p_3$ 为采样时大气压力，$kPa$；$T_2$ 为采样器现场较准时空气温度，$K$；$T_3$ 为采样时的空气温度，$K$。

注：若 $T_3$、$p_3$ 与采样器校准时的 $T_2$、$p_2$ 相近，可用 $T_2$、$p_2$ 代替。

### 六、思考题

1. 影响粉尘浓度测试精度的因素有哪些？

2. 试分析不同测点粉尘浓度出现差别的原因。

3. 滤膜在恒重称量时应注意哪些问题？

# 实验七　大气环境中悬浮颗粒物
# PM$_{10}$ 和 PM$_{2.5}$ 的检测实验

### 一、实验目的与要求

1. 了解 PM$_{10}$ 和 PM$_{2.5}$ 的概念及其产生的危害；

2. 熟悉悬浮颗粒物测量仪器；

3. 掌握测量方法和过程；

4、掌握采样过程技术特点和技术指标。

### 二、概念与原理

总悬浮颗粒物（TSP）是指悬浮在空气中，空气动力学当量直径$\leqslant 100 \mu m$ 的颗粒物，PM$_{10}$ 是指空气动力学当量直径$\leqslant 10 \mu m$ 的可吸入颗粒物，PM$_{2.5}$ 是指空气动力学当量直径$\leqslant 2.5 \mu m$ 的可吸入颗粒物。

PM$_{10}$ 和 PM$_{2.5}$ 悬浮颗粒物是大气质量评价中重要的颗粒物污染指标，其主要来源于燃料燃烧时产生的烟尘、生产加工过程中产生的粉尘、建筑和交通扬尘、风沙扬尘以及气态污染物经过复杂物理化学反应在空气中生成的相应的盐类颗粒等。

测量的方法原理是分别通过具有一定切割特性的采样器，以恒速抽取定量体积空气，使环境空气中的 PM$_{2.5}$ 和 PM$_{10}$ 被截留在已知质量的滤膜上，根据采样前后滤膜的质量差和采样体积，计算出 PM$_{2.5}$ 和 PM$_{10}$ 的浓度。

### 三、仪器与设备

大气颗粒物采样器（连续监测系统），1 套［包括 PM$_{2.5}$ 和 PM$_{10}$ 切割器、采样管、滤膜夹（高截留效率滤膜）、流量测量与控制装置、连接杆、数据采集和传输装置和抽气泵等］；气压计，1 个；冰箱，1 台；干燥器，1 个；分析天平（感量 0.01mg），1 台；恒温恒湿箱（精度 $\pm 1 ℃$），1 个。

### 四、实验方法与步骤

1. 样品采集

（1）进入选定的采样场所（采样点的风速应小于 8 m/s，若是交通枢纽处，采样点应布置在距人行道边缘外侧 1m 处），安装大气颗粒物采样器，采样器入口距地面的高度不得低于 1.5m。

（2）将已称重的滤膜用镊子放入洁净的采样夹（PM$_{2.5}$ 或者 PM$_{10}$ 切割器）内的滤网上，滤膜毛面应朝进气方向，将滤膜牢固压紧至不漏气，装好采样夹［滤膜：在恒温恒湿箱内已平衡 24h，称重，读数准确至 0.01mg，记录滤膜的编号和质量，将其平展地放在光滑洁净的纸袋内，然后贮存于样品盒内备用。空白滤膜在恒温恒湿箱内进行平衡处理至恒重，称量后，放入干燥器中备用，干燥器内盛变色硅胶。分析天平放置在恒温恒湿箱内，恒温恒湿箱温度在 20～25℃ 之间，控温精度 ±1℃，相对湿度应控制在 （50±5）%，恒温恒湿箱可连续工作]。

（3）记录采样点相关数据：环境温度、环境气压等。

（4）开启采样器，包括数据采集和传输装置，设置大气颗粒物采样器参数（根据不同型号的采样器设置），如恒定流量（工作点流量）、实时监控参数（流量计前温度和气压、环境温度、环境气压、系统时间和标签等）。

工作点流量：大流量流量计量程 0.8～1.4m³/min，误差≤2%，建议设置值 1.05m³/min；中流量流量计量程 60～125L/min，误差≤2%，建议设置值 100 L/min；小流量流量计量程 <30 L/min，误差≤2%，建议设置值 16.67 L/min。

（5）开启抽气泵，稳定系统，检查设置的参数显示值，开始采样计量，采样时间 6h。

（6）停止抽气泵，采样结束，用镊子取出滤膜，使采样"毛"面朝内，将有尘面两次对折，放回表面光滑的纸袋并贮于盒中，做好采样记录。

滤膜采集后，如不能立即称重，应在 4℃ 条件下冷藏保存。

2. 样品分析

将滤膜放在恒温恒湿箱中平衡 24h，平衡条件为：温度 15～30℃ 中任何一点，相对湿度 45%～55%，记录平衡温度与湿度。在上述平衡条件下，用感量为 0.01mg 的分析天平称量滤膜，记录滤膜质量。同一滤膜在恒温恒湿箱中相同条件下再平衡 1h 后称重，对于 PM$_{10}$ 和 PM$_{2.5}$ 颗粒物样品滤膜，两次质量之差分别小于 0.04mg 为满足恒重要求。

3. 实验注意事项

（1）采样器每次使用前需进行流量校准。

（2）滤膜使用前均需进行检查，不得有针孔或任何缺陷，滤膜称量时要消除静电的影响。

（3）取清洁滤膜若干张，在恒温恒湿箱，按平衡条件平衡 24h，称重。每张滤膜非连续称量 10 次以上，求每张滤膜的平均值为该张滤膜的原始质量作为"标准滤膜"。

（4）要经常检查采样头是否漏气。当滤膜安放正确，采样系统无漏气时，采样后滤膜上颗粒物与四周白边之间界限应清晰，如出现界线模糊时，则表明应更换滤膜密封垫。

（5）当 PM$_{10}$ 或 PM$_{2.5}$ 含量很低时，采样时间不能过短。对于感量为 0.01mg 的分析天平，滤膜上颗粒物负载量应分别大于 0.1mg，以减少称量误差。

（6）采样前后，滤膜称量应使用同一台分析天平。

五、实验数据处理与记录

PM$_{2.5}$ 和 PM$_{10}$ 浓度按下式计算：

$$\rho = \frac{w_2 - w_1}{V} \div 1000 \tag{3-7-1}$$

式中，$\rho$ 为 PM$_{10}$ 或 PM$_{2.5}$ 浓度，mg/m³；$w_2$ 为采样后滤膜的质量，g；$w_1$ 为空白滤膜的质量，g；$V$ 为已换算成标准状态（101.325kPa，273K）下的采样体积，m³。

计算结果保留 3 位有效数字，小数点后数字可保留到第 3 位。将实验记录值和计算值填写在表 3-7-1 和表 3-7-2 中。

**表 3-7-1　PM₁₀和PM₂.₅悬浮物颗粒物采样记录**

日期:＿＿＿＿＿＿　　取样点:＿＿＿＿＿＿　　环境温度:＿＿＿＿＿＿　　环境气压:＿＿＿＿＿＿

| 序号 | 时间 | | 采样温度 /K | 采样气压 /kPa | 滤膜编号 | 工作点流量 |
|---|---|---|---|---|---|---|
| | 开始 | 结束 | | | | |
| 1 | | | | | | |
| 2 | | | | | | |
| 3 | | | | | | |

**表 3-7-2　PM₁₀和PM₂.₅悬浮物颗粒物计算结果**

日期:＿＿＿＿＿＿　　取样点:＿＿＿＿＿＿　　环境温度:＿＿＿＿＿＿　　环境气压:＿＿＿＿＿＿

| 序号 | 工作点流量 | 滤膜编号 | 采样体积 $V/m^3$ | $w_1$ /g | $w_2$ /g | $\rho$ /(mg/m³) |
|---|---|---|---|---|---|---|
| 1 | | | | | | |
| 2 | | | | | | |
| 3 | | | | | | |

**六、思考题**

1. 什么是PM₁₀和PM₂.₅? 它们产生怎样的危害?
2. 什么是切割粒径和捕集效率? 它们之间有什么关系?
3. 滤膜通常是采用哪些材料做成的?

# 实验八　粉尘样品的分取及安息角的测定

**一、实验目的与要求**

1. 掌握粉尘样品的分取方法;
2. 掌握粉尘样品安息角的测定方法。

**二、实验原理与方法**

**1. 粉尘样品的分取**

用于粉尘物性测定的实验样品应具有充分的代表性。因此,对于从尘源收集来的粉尘,要经过随机分取处理。通常,我们采用圆锥四分法、流动切断法和回转分取法对尘样进行分取。

(1) 圆锥四分法　将尘样经漏斗下落在水平板上堆积成圆锥体,再将圆锥体分成 a、b、c、d 四等份,舍去对角 a、c 两份,而取另一角上 b、d 两份,混合后重新堆积成圆锥体再分成四份进行分取,重复 2～3 次,最后取其任意对角两份作为测试用的粉尘样品。

(2) 流动切断法　在从现场取回粉尘样品较少的情况下,把尘样放入固定的漏斗中,使其从漏斗小孔中流出。用容器在漏斗下部左右移动,随机接取一定量的尘样作为分析用样品。此外,还可以移动漏斗来实现流动切断,其具体做法是:将装有尘样的漏斗左右移动,使其漏入两个并在一起的容器,然后取其中一个,舍去另一个,将尘样重复缩分几次,直至所取尘样数量满足分析用量为止。

(3) 回转分取法　在分隔成八个部分的转动圆盘上方设置漏斗,使尘样从固定的漏斗中流出。粉尘均匀地落在圆盘上的各部分。取其中一部分作为分析测定用料。有时也采用固定圆盘,而均匀地转动漏斗来实现回转分取。

2. 粉尘安息角的测定

粉尘从漏斗口注入到水平料盘上，测量粉尘堆积斜面与底部水平面所夹锐角，即粉尘安息角。粉尘安息角的测定方法很多，常用的有以下四种方法：注入法、排出法、斜箱法和回转圆筒法。

（1）注入法　粉尘经漏斗流出落到水平圆板上，用角器直接量其堆积角或量得堆体高度求其堆积角 $\alpha$。安息角的计算公式如下：

$$\alpha = \arctan \frac{H}{R} \tag{3-8-1}$$

式中，$\alpha$ 为粉尘安息角，（°）；$H$ 为粉尘锥体高度，cm；$R$ 为圆板半径，cm。

（2）排出法　粉尘从容器底部的圆孔排出，回转分取测量粉尘流出后在容器内的堆积斜面与容器底部水平面的夹角。为测定方便，盛装粉尘的容器可用带有刻度的透明圆筒。安息角的计算公式如下：

$$\alpha = \arctan \frac{H}{R-r} \tag{3-8-2}$$

式中，$H$ 为粉尘斜面高，可由圆筒刻度上直接读出，cm；$R$ 为圆筒半径，cm；$r$ 为流出孔口半径，cm。

（3）斜箱法　在水平装置的箱内装满粉尘，然后提高箱子的一端，使箱子倾斜，测量粉尘开始流动时粉尘表面与水平面的夹角。

（4）回转圆筒法　粉尘装入透明圆筒中（粉尘体积约筒体一半），然后将圆筒水平滚动，测量粉尘开始流动时粉尘表面与水平面的夹角。

**三、实验仪器与设备**

（1）进行粉尘样品的分取所用仪器与设备　有漏斗、长方形容器、方形厚纸报（或铁板）、分格转动圆盘、矩形长直板、刮片等。

（2）进行粉尘安息角的测定所用仪器与设备　有漏斗、分格转动圆盘、圆形台板、量角器、直尺、带孔圆形容器、透明圆筒等。

**四、实验操作**

（1）实验尘样的采集应符合 GB/T 16913.1 的规定。登记粉尘采样工况。

（2）尘样在 105℃干燥 4h，放于室内自然冷却后通过 80 目标准筛除去杂物，准备测定。对于在 ≤105℃时就会发生化学反应或熔化、升华的粉尘，干燥温度须相应降低。

（3）按要求将测定装置各部件组装于实验台上，调整水平，拨动量角器使其处于垂直位置。

（4）用塞棒塞住漏斗出口。将尘样装入盛样量筒，用刮片刮平后倒入漏斗。

（5）抽出塞棒，使粉尘从漏斗孔口流出。对于流动性不好的粉尘，可以用棒针搅动使粉尘连续流落到料盘上。待粉尘全部流出后，旋转量角器量出料盘上粉尘锥体母线与水平面所夹锐角，即安息角 $\alpha$，记录。

（6）应连续测定 3～5 次，求出算术平均值 $\alpha_{cp}$ 和均方差 $\sigma$：

$$\alpha_{cp} = 1/n \sum \alpha_i \tag{3-8-3}$$

$$\sigma = \sqrt{1/n \sum (\alpha_i - \alpha_{cp})^2} \tag{3-8-4}$$

式中，$n$ 为试验次数；$\alpha_i$ 为测定值。

舍弃偏离算术平均值的测定值，取所余测定值的算术平均值为测定结果。

**五、实验数据记录与处理**

实验数据记录于表 3-8-1 中。

**表 3-8-1　粉尘安息角测定记录**

粉尘名称：_____　　粉尘来源：_____　　测定日期：_____

测定方法：_____　　设备名称：_____　　室内气象条件：_____

| 测定方法 | 测定值 $\alpha_i$ | | | | | 算术平均值 $\alpha_{cp}$ | 均方差 $\sigma$ |
| --- | --- | --- | --- | --- | --- | --- | --- |
| | 1 | 2 | 3 | 4 | 5 | | |
| | | | | | | | |
| | | | | | | | |

# 实验九　烟气含尘浓度的测定

## 一、实验目的和意义

1. 掌握烟道尘样采集与分析的原理和方法；
2. 了解烟气测试的特点，并掌握烟气测试的技能；
3. 了解 SYC-1 型烟气测试仪，KC 型尘粒采样仪的操作方法；
4. 掌握烟气含尘浓度的计算方法。

## 二、实验原理

　　测定烟气含尘浓度，可以计算管道气体中的粉尘排放量，确定排尘点源源强，查清当地污染来源是否符合国家现行排放标准，正确评价除尘装置的效能等。

　　污染源含尘浓度的测定，一般采用如下方法：从烟道中抽取一定量的含尘烟气，借助滤筒收集烟气中的颗粒，根据收集尘粒的质量和抽取烟气的体积，求出烟气的含尘浓度。为取得有代表性的样品，必须进行等动力采样，即尘粒进入采样嘴的速度等于该点的气流速度，因此需要预测烟气流速，再换算成实际控制的采样流量。图 3-9-1 是等动力采样的情形。图中采样头安装在与气流平行的位置上，采样速度与烟气流速相同，即采样头内外的流场完全一致，因此随气流运动的颗粒并没有受到任何干扰，仍按原来的方向和速度进入取样头。

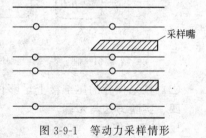

图 3-9-1　等动力采样情形

　　图 3-9-2 是非等动力采样的情形。其中：图 3-9-2(a) 取样头与气流有一交角 $\theta$，烟气气流虽保持原来速度，但方向改变了，由于颗粒具有惯性，它与气流的运动发生偏差，因此原来样品中的颗粒不能随烟气进入采样头；图 3-9-2(b) 的取样头虽与烟气流线平行，但抽气速度超过了样品原来的速度，由于惯性作用，采样体积中的颗粒物并没有全部进入采样头；图 3-9-2(c) 的取样头内速度低于烟气速度，

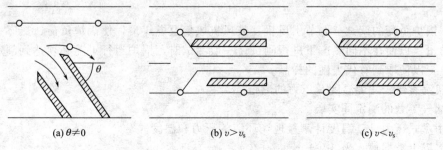

(a) $\theta \neq 0$　　　　　　(b) $v > v_s$　　　　　　(c) $v < v_s$

图 3-9-2　非等动力采样情形

导致样品体积以外的颗粒进入采样头。由此可见，等动力采样对采集有代表性的样品是非常重要的。

### 三、仪器与实验设备

1. 仪器设备

烟道气测试仪（以下简称测烟仪），SYC-I 型，1 台；尘粒采样仪（以下简称抽气泵），KC 型，1 台；超细玻璃纤维滤筒采样管：$\phi 27 \times 70$，$\phi 32 \times 120$，长度 1200mm，1 根；不同内径的采样嘴，1 盒；尘粒收集装置：玻璃纤维滤筒，若干；倾斜压力计，YYT-200B 型，1 台；皮托管，1 支；热电偶，REA 型，1 支；干湿球温度计，NHM-2 型，1 个；盒式压力计，DYM-3 型，1 个；橡胶管，若干；计算器，1 个；温度计，1 支。

2. 烟尘采样系统

烟尘采样系统必须考虑到烟气温度高，含湿量大，含尘浓度高，腐蚀性强等特点，包括五大部分，组成结构如图 3-9-3 所示。

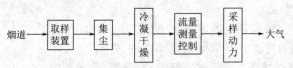

图 3-9-3　烟道尘样采样示意图

3. 烟尘分析系统

(1) 如图 3-9-4 所示，用橡胶管连接抽气泵背面中央的管口 C 与测烟仪背面的出气口 B。

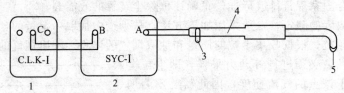

图 3-9-4　烟尘实际采样系统示意图

1—抽气泵；2—测烟仪；3—手柄；4—采样管（内装滤筒）；5—采样嘴

(2) 在采样管的尾部接上足够长的橡胶管与测烟仪进气口 A 相连。

### 四、实验方法与步骤

1. 准备工作

(1) 滤筒的预处理　将滤筒编号后在 105℃烘箱中烘 2h，取出滤筒置于干燥器内冷却20min，用分析天平测得初重并记录。

(2) 采样位置、测孔、测点的选择　在水平烟道中，由于烟尘重力的沉降作用，较大的尘粒有偏离流线向下运动的趋势，而垂直烟道中尘粒分布较均匀，故应优先考虑在垂直管段上取样。测孔直径随采样头的几何尺寸而定，一般为 60～100mm，测点选择同实验二。

(3) 锅炉负荷的调试　调节引风机、鼓风机风量及燃煤量，使锅炉负荷、热态、风量达到指定的量，以便在不同热态下进行测试。一般测试时，锅炉运行工况必须达到额定负荷的80%以上，以便取到有代表性的样品。

2. 烟流参数、环境温度及压力的测定

① 烟气参数的测定同实验二。

② 用盒式压力计、温度计测量现场环境的压力和温度。

③ 将以上数据填入表 3-9-1。

**表 3-9-1　烟气状态参数和环境参数记录**

炉窑名称：＿＿＿＿＿　蒸发量：＿＿＿＿＿ t/h　燃煤量：＿＿＿＿＿ t/d　净化设备：＿＿＿＿＿

测孔位置：＿＿＿＿＿　　测孔面积：＿＿＿＿＿ m²　　烟囱高度：＿＿＿＿＿ m

大气温度：＿＿＿＿℃　大气压力：＿＿＿＿＿ Pa

烟气温度：＿＿＿＿℃　压力计型号：＿＿＿＿＿　皮托管系数 $K_p$：＿＿＿＿＿

烟道全压 $H$：＿＿＿＿　静压 $p_f$：＿＿＿＿＿

动压 $H_d$：(1)＿＿＿＿　(2)＿＿＿＿　(3)＿＿＿＿　(4)＿＿＿＿　(5)＿＿＿＿
(6)＿＿＿＿　(7)＿＿＿＿　(8)＿＿＿＿　(9)＿＿＿＿

各点烟气流速 $v_t = 0.24 K_p \sqrt{273 + t_s} \sqrt{H_d}$

(1)＿＿＿＿　(2)＿＿＿＿　(4)＿＿＿＿　(4)＿＿＿＿　(5)＿＿＿＿
(6)＿＿＿＿　(7)＿＿＿＿　(8)＿＿＿＿　(9)＿＿＿＿

干球温度：＿＿＿＿℃　湿球温度：＿＿＿＿℃　负压表读数 $p_b$：＿＿＿＿＿ Pa

烟气含湿量 $\varphi_{sw} = \dfrac{p_{bv} - 0.00066(t_c - t_b)(B_a - p_b)}{B_s}$

### 3. 采样嘴的选备

选择采样嘴时应遵循以下原则：

① 采样嘴直径足够大，否则会使大的尘粒排斥在外，并使单位时间内采集的烟气体积偏小，不能达到所要求的样品数。

② 采样嘴直径不能太大，以便在现有抽气动力条件下达到等速采样的要求。

### 4. 烟尘采样及流量计算

① 把预先干燥、恒重、编号的滤筒用镊子小心装在采样管的采样头内，再把选配好的采样嘴装到采样头上。

② 采样点控制流量（$Q_r$）计算　由于烟尘取样需等动力采样，即含烟尘气进入采样嘴的速度要与烟道内该点烟气流速相等，因此需要算出每一个采样点的控制流量（$Q_r$），计算结果填在表 3-9-2 中。

**表 3-9-2　烟尘测试数据记录**

| 采样点号 | 采样嘴直径 /mm | 采样流量 /(L/min) | 采样时间 /min | 采样体积 /L | 滤筒编号 | 滤筒初重 /mg | 滤筒总重 /mg | 烟尘浓度 /(mg/L) |
|---|---|---|---|---|---|---|---|---|
| 1 | | | | | | | | |
| 2 | | | | | | | | |
| 3 | | | | | | | | |
| 4 | | | | | | | | |
| 5 | | | | | | | | |
| 6 | | | | | | | | |
| 7 | | | | | | | | |
| 8 | | | | | | | | |
| 9 | | | | | | | | |

若干烟气组分与干空气近似，可按下式计算：

当 $R_s = 2.15$ 时，$Q_r = 0.0037 d^2 V_s \left( \dfrac{B_a + p_s}{T_s} \right) \left[ \dfrac{T_r}{R_s(B_a + p_r)} \right]^{1/2} (1 - x_{sw})$　　　　(3-9-1)

式中，$Q_r$ 为等速采样时测烟仪或抽气泵流量计的读数，L/min；$d$ 为采样嘴直径，mm；$V_s$ 为采样点烟气流速，m/s；$B_a$ 为大气压，Pa；$p_s$ 为烟气静压，Pa；$p_r$ 为测烟仪压力表读数，Pa；$T_s$ 为烟气热力学温度，K；$T_r$ 为测烟仪温度（温度表读数），K；$x_{sw}$ 为烟气含湿量，%；$R_s$ 为干烟气气体常数，其值为 2.15。

5. 系统操作

（1）打开抽气泵和测烟仪的电源开关（指示灯亮），此时两台仪器的四个流量计的示数均调为零。

（2）先调节测烟仪的流量计 II，使其流量为某采样点的控制流量（如果流量较大可依次用 II 及抽气泵的流量计 I、II），然后关闭真空泵。

（3）将采样管插入采样孔，找准采样点位置，使采样嘴背对气流预热 10min，再转动 180°，即采样嘴正对气流方向，同时打开抽气泵的开关，按表 3-9-2 所列各点的流量和采样时间逐点采集尘样。

（4）各点采样完毕，关掉仪器开关，抽出采样管，待温度降下后，小心取出滤筒保存好。

（5）烟道内各采样点的采样时间一般都取同一数值，它由各点控制流量和总采气量决定，即：

$$Q_{总} = Q_1 t_1 + Q_2 t_2 + \cdots + Q_i t_i \tag{3-9-2}$$

式中，$Q_i$ 为采样时流量计控制流量，L/min；$t_i$ 为各采样点的采样时间，min。

总采样量是根据烟道尘含量的多少在现场决定。

（6）采尘后的滤筒称量　将采集尘样的滤筒放在 105℃烘箱中烘 2h，取出置于玻璃干燥器内冷却 20min 后，用分析天平称量，将结果记录在表 3-9-2 中。

**五、实验数据记录和处理**

1. 将采样体积换算成环境温度下的体积：

$$V_t = V_r \frac{273 + t_r}{273 + t} \times \frac{p_t}{p_r} \tag{3-9-3}$$

式中，$V_t$ 为环境温度下的采样体积，L；$V_r$ 为现场采样体积，L；$t$ 为环境温度，℃；$t_r$ 为测烟仪温度表读数，℃；$p_t$ 为环境大气压，Pa；$p_r$ 为测烟仪压力表读数，Pa。

2. 烟尘浓度（$C$）（mg/L）的计算

$$C = \frac{W_2 - W_1}{V_t} \tag{3-9-4}$$

式中，$W_1$ 为采样前滤筒经恒重后的质量，mg；$W_2$ 为采样后滤筒经恒重后的质量，mg；$V_t$ 为环境温度下采样体积，L。

**六、思考题**

1. 采集烟尘为什么要等动力采样？

2. 当烟道截面比较大时，为了减小烟尘浓度随时间的变化，能否缩短采样时间？

3. 为什么测孔选在流速比较大（5m/s）的烟道段？

4. 实验时，在采样、测量过程中，应注意什么？

5. 你认为实验还有哪些需要改进的地方？

# 实验十　粉尘真密度的测定（真空法）

**一、实验目的与要求**

1. 了解粉尘真密度的概念；

2. 掌握真空法测定粉尘真密度的原理和方法；

3. 了解引起真密度测试误差的因素及消除方法，提高实验技能。

## 二、实验原理

真密度是粉尘的一个基本物理性质，对于重力、惯性力和离心力的除尘性能有很大影响，不仅是进行除尘理论计算和除尘器选型的重要参数，同时也是改善除尘系统的运行状况，提高除尘效率的重要参数。

粉尘的真密度是指将粉尘颗粒表面及其内部的空气排出后测得的粉尘自身的密度，单位为 $g/cm^3$。在自然状态下，粉尘颗粒间存在空隙，或尘粒内部具有微孔，甚至尘粒表面因吸附作用包围一空气层。该状态下测量出的粉尘体积，空气体积占了相当的比例，并不是粉尘本身的真实体积，根据这个体积数值计算出来的密度也不是粉尘的真密度，而是堆积密度。为了排除空气测量出粉尘的真实体积，可以采用真空法（比重瓶液相置换法）。

真空法是将一定质量的粉尘装入比重瓶中，并向瓶中加入液体浸润粉尘，然后抽真空以排除尘粒表面及间隙中空气，使此部分空间为液体所占据，从而求出粉尘的真实体积，进而计算出粉尘的真密度。

若质量为 $m_0$、容积为 $V_s$ 的比重瓶内充满密度为 $\rho_s$ 的液体则总质量为（$m_1$）：

$$m_1 = m_0 + \rho_s V_s \tag{3-10-1}$$

当瓶内加入质量为 $m_c$、真体积为 $V_c$ 的粉尘试样后，液体体积减小了 $V_c$，比重瓶的总质量（$m_2$）为：

$$m_2 = m_0 + \rho_s(V_s - V_c) + m_c \tag{3-10-2}$$

由上面两式可推得粉尘试样的真实体积（$V_c$）为：

$$V_c = \frac{m_1 - m_2 + m_c}{\rho_s} \tag{3-10-3}$$

所以，粉尘试样的真密度为：

$$\rho_c = \frac{m_c}{V_c} = \frac{m_c}{m_1 - m_2 + m_c} \cdot \rho_s \tag{3-10-4}$$

式中，$m_c$ 为粉尘的质量，g；$m_1$ 为比重瓶加液体的总质量，g；$m_2$ 为比重瓶加液体加粉尘的总质量，g；$V_c$ 为粉尘的真体积，$cm^3$；$\rho_s$ 为液体的密度，$g/cm^3$；$\rho_c$ 为粉尘的真密度，$g/cm^3$。

## 三、仪器

带有磨口毛细管塞的比重瓶（25mL），3 只；分析天平精度 0.1mg，1 台；电热真空干燥箱，1 个；真空泵，真空度 $>0.9 \times 10^5$ Pa，1 台；烘箱，0～150℃，1 台；恒温水浴，（20±0.5）℃，1 只；干燥器，1 个；滴管，1 支；滤纸各若干；蒸馏水若干；标准煤粉尘试样。

## 四、实验方法与步骤

1. 将粉尘试样放入烘箱，在 105～110℃下烘至恒重，然后置于干燥器中冷却备用。

2. 将比重瓶洗净、编号，然后烘干至恒重，记下其质量（$m_0$）。

3. 向比重瓶中加入约占比重瓶容积三分之一的粉尘试样，然后盖上瓶塞，放到天平上准确称量（$m_3$）。$m_3$ 减去 $m_0$ 即为粉尘试样的质量（$m_c$）。

4. 用滴管向比重瓶内加入蒸馏水至比重瓶容积的一半左右，使粉尘润湿。

5. 比重瓶盖上瓶塞，连同蒸馏水一起放入真空干燥箱中，关紧箱门。将真空泵抽气管同干燥箱连接，然后启动真空泵。当真空干燥箱上的真空表读数达到 $0.9 \times 10^5$ Pa 时，拧紧抽气管上的管卡，从真空泵抽气口上拔下抽气管，切断真空泵电源。

6. 经过 15～20min 后，旋松干燥箱门的旋钮，缓缓松开抽气管管卡。待真空表读数回零后，打开箱门，取出比重瓶和蒸馏水，一起放入恒温水浴中恒温 30min（恒温条件随室温而变，一般可调节恒温温度高出室温 5℃左右）。

7. 从恒温水浴中取出比重瓶，用滴管向比重瓶内加注蒸馏水至瓶颈颈部，要求塞上瓶塞后有细小水珠从塞孔冒出而瓶内无气泡。用滤纸仔细擦去瓶外表面的水珠（注意不可将塞孔内的水吸出），然后放到天平上称量（$m_2$）。

8. 倒空比重瓶，用自来水清洗后，再用蒸馏水冲洗 1～2 次。向瓶中加注蒸馏水至瓶颈部，要求同步骤 7。然后放入恒温水浴中恒温，条件同步骤 6。经过 30min 后取出比重瓶，用滤纸擦干瓶表面水珠（注意不可将塞孔内的水吸出），放到天平上称量（$m_1$）。

9. 查出蒸馏水在恒温水浴温度下的密度（$\rho_s$），利用公式计算出粉尘的真密度（$\rho_c$）。

**五、实验数据记录与处理**

平行测定三个样品，完成实验记录表 3-10-1。同时计算误差，要求三个样品的绝对误差不大于 ±0.02g/cm³，否则应重新测定。取三个样品测量值的平均值作为粉尘真密度的测定结果，要求精确到 0.01g/cm³。

表 3-10-1　粉尘真密度测定记录表　　　　粉尘名称：

| 比重瓶编号 | $m_0$/g | $m_1$/g | $m_2$/g | $m_c$/g | $m_3$/g | 恒温水浴温度/℃ | $\rho_s$/(g/cm³) | $\rho_c$/(g/cm³) |
|---|---|---|---|---|---|---|---|---|
|  |  |  |  |  |  |  |  |  |
|  |  |  |  |  |  |  |  |  |
|  |  |  |  |  |  |  |  |  |
| 平均值 |  |  |  |  |  |  |  |  |

**六、思考题**

1. 浸液为什么要抽真空脱气？

2. 粉尘真密度测定的误差主要来源于实验操作，主要表现为：

（1）称量不准确；

（2）因经验不足导致加水量不适，致使粉尘外溢或塞孔内欠水，粉尘未被全部润湿；

（3）因操作不慎，粉尘自比重瓶内被气泡带出；

（4）水中有残存气泡；

（5）在同一次测定中，恒温水浴的温度前后未能保持一致等。

结合你的测定结果，分析一下产生误差的原因。

3. 你认为实验中还存在哪些问题，应如何改进？

# 实验十一　光学法测定粉尘粒径

**一、实验目的与要求**

1. 掌握光学法测定粉尘粒径的基本原理及实验方法；

2. 了解偏光显微镜的构造原理和操作方法；

3. 掌握数据处理及分析的方法；

4. 了解光学法测定粉尘粒径的误差来源和解决方法。

**二、实验原理**

国际标准化组织规定，凡粒径小于 75μm 的固体悬浮体通称为粉尘。粉尘粒径是指粒子的直径或大小，是粉尘的基本特征之一。粉尘颗粒的大小差异，不仅导致其物理、化学性质的差异，同时影响除尘器的除尘机制和性能。若颗粒为球形，则可以直径作为其大小的代表性尺寸。粉尘颗粒的形状如不规则，一般用当量直径或粒子的某一特征长度进行表征。通常有三种形式的粒径：投影径、几何当量径和物理当量径。单个粉尘粒子的大小一般用单一粒径表示，粒子群的平均尺寸大小由平均粒径来描述。

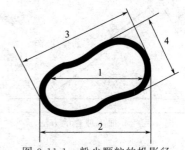

图 3-11-1　粉尘颗粒的投影径
1—面积等分径；2—定向径；3—长径；4—短径

　　在光学显微镜下观察并测定的粉尘粒径为投影径，包括面积等分径（martin 径）、定向径（ferect 径）、长径、短径，如图 3-11-1 所示。通常使用带有刻度的接目镜来测定显微镜下光片中粉尘投影径的大小。

　　粉尘是由各种不同粒径的粒子组成的集合体。因此，在各粉尘粒子单一粒径（投影径）测定的基础上，可通过多种方法得出粉尘的分散度。常用的方法有列表法、直方图法、频率曲线法等。为了更好地了解粉尘粒径分布、比较粒子群，可以对粉尘的特征数进行计算，如算术平均径（$d$）、中位径（$d_{50}$）、众径（$d_m$）、方差、标准差等。

## 三、实验仪器与设备

　　偏光显微镜是鉴定物质细微结构光学性质的一种显微镜。本实验应用它来测定粉尘颗粒的投影粒径。偏光显微镜式样繁多，但其构造大同小异。以 XP-200 型偏光显微镜为例，介绍其部分技术参数。

　　（1）目镜　放大倍数 10X，视场 $\phi$18mm。目镜中有十字丝或分度尺、方格网。十字丝上刻有刻度尺。

　　（2）物镜　如表 3-11-1 所示。

表 3-11-1　XP-200 型偏光显微镜的物镜　　　　　　　　　单位：mm

| 类　别 | 放大倍数 | 数值孔径 | 工作距离 |
|---|---|---|---|
| 物　镜 | 4X | 0.10 | 17.5 |
| | 10X | 0.25 | 6.6 |
| | 40X | 0.65 | 0.64 |
| | 100X（油） | 1.25 | 0.19 |

　　（3）总放大倍数　40X～1000X（总放大倍数为目镜放大倍数与物镜放大倍数的乘积）。

　　（4）偏光系统　可旋转式起偏振片和观察头内置检偏振片。

　　（5）聚光镜数值孔径　数值孔径 $N_A = 1.25$。

　　（6）载物台　360°旋转式载物台，$\phi$120mm。

　　（7）调焦系统　带限位和调节松紧装置的同轴粗微动，微动格值为 0.002mm。

　　（8）眼瞳调节范围　53～75mm。

　　（9）照明光源　6V/20W 卤素灯，亮度可调。

　　（10）物台微尺　嵌在玻璃片上的将长 1mm（或 2mm）分为 100（或 200）小格的显微尺，其每小格等于 0.01mm，用来测定目镜刻度尺每格所代表的长度。

## 四、实验方法与步骤

　　1. 准备工作

　　（1）尘样品光片的制备　将待测粉尘样品放入烘箱，烘干后置于干燥器中冷却备用。滴

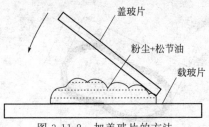

图 3-11-2　加盖玻片的方法

入半滴或一滴松节油于载玻片上，然后用钳子取少量粉尘样品，将粉尘均匀洒在载玻片的松节油中。待粉尘在松节油中分散均匀后，将盖玻片加于载玻片上。在加盖玻片时，应先将盖玻片的一边置于载玻片上，然后轻轻向下按（如图 3-11-2 所示），以免产生气泡，影响粉尘粒径的观察和测定。

（2）偏光显微镜的使用

① 装卸镜头　将选用的目镜插入镜筒上端，使其十字丝位于东西、南北方向。

② 对光　转动反光镜对准光源，使视域达到最亮。

③ 准焦　将欲观察的光片置于物台上（光片的盖玻片必须向上），用夹子夹紧。从侧面看镜头，旋动粗动螺丝，将镜筒下降到最低位置。从目镜中观察，并拧动微动螺丝使镜筒缓慢上升，直到视物中物像清楚为止。如果视像不够清楚，可转动微动螺丝使之清楚。在显微镜下观测时，最好学会两只眼睛同时睁开，轮流观察，这样既保护视力又便于观察操作。

2. 粉尘投影径的测定

（1）目镜刻度尺每格所代表尺寸的测定　将物台微尺置于物台上，准焦。然后转动物台，使微尺与目镜刻度尺平行，再移动微尺使两零点对齐。仔细观察找出两小尺分格的再重合点，数出两尺子在此长度内各自的格子数。如：目镜刻度尺为 50 格，物台微尺为 48 格，则目镜刻度尺的每小格相当于物台微尺的 48/50 格，再乘以物台微尺每小格所代表的长度，即 $48/50 \times 0.01mm = 0.0096mm$（$9.6\mu m$），就是该放大倍数下目镜刻度尺的实际长度。显微镜的放大倍数不同，目镜中刻度尺每格所代表的尺寸也不同。

（2）粉尘粒径的测定　在一定放大倍数下目镜刻度尺每格所代表的尺寸测定以后，将物台微尺取下，将粉尘样品光片置于物台上，依次测定光片中粉尘投影粒径的大小，并记录所测数据。实验测定的粉尘数量不应小于 50 个。

五、实验数据记录与处理

1. 记录实验数据

① 放大倍数为_____的显微镜中目镜刻度尺每格所代表的长度为_____$\mu m$。

② 将粉尘粒子投影径大小的测定结果列于表 3-11-2 中。

表 3-11-2　粉尘投影粒径测定数据记录表

| 粒子序号 | | 1 | 2 | 3 | 4 | 5 | 6 | 7 | 8 | ⋯ |
|---|---|---|---|---|---|---|---|---|---|---|
| 面积等分径 | 格数/个 | | | | | | | | | ⋯ |
| | 长度/$\mu m$ | | | | | | | | | |
| 定向径 | 格数/个 | | | | | | | | | |
| | 长度/$\mu m$ | | | | | | | | | |
| 长径 | 格数/个 | | | | | | | | | |
| | 长度/$\mu m$ | | | | | | | | | |
| 短径 | 格数/个 | | | | | | | | | |
| | 长度/$\mu m$ | | | | | | | | | |

2. 处理实验数据

根据表 3-11-2 中的实验数据计算、填写表 3-11-3，并绘制粒径分布的直方图、频数曲线及累计频率曲线。

表 3-11-3　粉尘粒径分布表

| 序号 | 粒径范围<br>/μm | 平均粒径<br>/μm | 频数 $n$ | 相对频度<br>/% | 频度/% | 筛上累积分布<br>/% | 筛下累积分布<br>/% |
|------|------|------|------|------|------|------|------|
| 1 | | | | | | | |
| 2 | | | | | | | |
| 3 | | | | | | | |
| 4 | | | | | | | |
| ... | | | | | | | |

注：粒径范围根据数据大小范围及分组状况而定。

### 六、思考题

1. 在显微镜下测定粉尘的投影径时会产生哪些误差？应如何避免？

2. 在调节显微镜焦距时应注意些什么？

3. 在显微镜下会不会观察到比别的粒子大得多的颗粒？这是由什么原因引起的？

# 实验十二　移液管法测定粉尘粒径分布

### 一、实验目的与要求

1. 了解移液管法的测定原理，理解斯托克斯定律；

2. 掌握移液管法测定粉尘粒径分布的过程与步骤。

### 二、实验原理

#### 1. 移液管法

移液管法属液体重力沉降法，用于测定尘粒的斯托克斯直径，测定范围为 $0.5 \sim 40 \mu m$。移液管法是利用粒径不同的尘粒在液体介质中重力沉降速度的不同而使粉尘分级的。粒子在液体（或气体）介质中作等速自然沉降时所具有的速度，称为沉降速度（m/s），可用斯托克斯公式表示：

$$u_s = \frac{d_p^2(\rho_p - \rho)g}{18\mu} \qquad (3\text{-}12\text{-}1)$$

式中，$\mu$ 为液体动力黏性系数，$Pa \cdot s$；$g$ 为重力加速度，$m/s^2$；$\rho_p$ 为尘粒密度，$kg/m^3$；$\rho$ 为液体密度，$kg/m^3$；$d_p$ 为粉尘直径，m。

这样，尘粒的粒径便可以根据其沉降速度反算而求得。尘粒的沉降速度并不容易测得，但考虑到沉降速度为沉降高度与沉降时间的比值，可以此比值替换沉降速度。将式(3-12-1) 变换为：

$$d_p = \sqrt{\frac{18\mu H}{(\rho_p - \rho)gt}} \qquad (3\text{-}12\text{-}2)$$

或

$$t = \frac{18\mu H}{(\rho_p - \rho)gd_p^2} \qquad (3\text{-}12\text{-}3)$$

式中，$H$ 为粒子的沉降高度，m；$t$ 为粒子的沉降时间，s。

若液体介质的温度一定（即 $\mu$ 和 $\rho$ 一定），又给定沉降高度（$H$），便可由式(3-12-2)计算出沉降时间为 $t_1$，$t_2$，…，$t_n$ 时的粒径 $d_1$，$d_2$，…，$d_n$；或由式(3-12-3)计算出粒径为 $d_1$，$d_2$，…，$d_n$ 的颗粒的沉降时间 $t_1$，$t_2$，…，$t_n$。

尘粒在液体中的沉降情况可用图 3-12-1 表示。尘样放入玻璃柱内某种液体介质中，经搅拌后，均匀扩散在整个液体中，如图中状态 A。经过 $t_1$ 时间后，悬浮体因重力作用由状态 A 变为状态 B，直径为 $d_1$ 的粒子全部沉降到虚线以下。

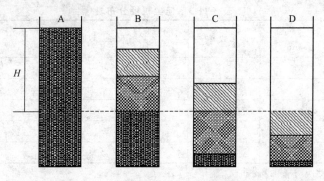

| 直径为$d_1$的尘粒 | 直径为$d_2$的尘粒 | 直径为$d_3$的尘粒 |

图 3-12-1　尘粒在液体中沉降示意图

由式（3-12-3）可得：

$$t_1 = \frac{18\mu H}{(\rho_p - \rho_L)gd_1^2} \tag{3-12-4}$$

同理，直径为 $d_2$ 的粒子全部沉降到虚线以下（状态 C）所需时间为：

$$t_2 = \frac{18\mu H}{(\rho_p - \rho_L)gd_2^2} \tag{3-12-5}$$

直径为 $d_3$ 的粒子全部沉降到虚线以下（状态 D）所需时间为：

$$t_3 = \frac{18\mu H}{(\rho_p - \rho_L)gd_3^2} \tag{3-12-6}$$

……

由此推算，一定液体介质中的尘样经自由沉降一定时间后将出现按照粒径进行分层分布的现象。如果在不同沉降时间、不同沉降高度上取出一定量的液体，测定其中含有的粉尘样品量，便可以求出尘样的粒径分布。

2. 分散液与分散剂的选择

将尘样充分地分散于液体介质中是移液管法测定粒径分布的关键问题，既要使粉尘在液体中保持原来的粒度状况，又不产生凝聚体，因此，选择适合的分散液很重要。在许多情况下，还需在液体中加入少量防止粉尘凝聚的分散剂。

分散液的选择依据主要是被测粉尘的物理、化学性质。所选液体应具有以下特性：不与粉尘发生化学反应；不使粉尘物质溶解或产生凝聚沉淀；能充分润湿颗粒表面，黏度适中而使粒子的沉降速度不致过快等。常用的分散液与分散剂见表 3-12-1。

本实验中的粉尘样品为滑石粉，分散液选用蒸馏水，分散剂选用六偏磷酸钠（NaPO$_3$）$_6$。

### 三、试剂、仪器与实验装置

1. 试剂

粉尘样品：滑石粉，分析纯。分散剂：六偏磷酸钠（NaPO$_3$）$_6$，分析纯，相对分子质量 611.8，浓度 0.02mol/L。

2. 实验装置、仪器和材料

分析天平（感量 0.0001g），1 台；恒温水浴（深 30cm，±1℃），1 台；温控电烘箱，1 台；磁力搅拌器，1 台；秒表，1 只；水银温度计（量程 0～50℃，分度值 0.1℃），1 支；三管式移液管瓶装置，1 套；注射器（医用灌肠注射器），1 个；称量瓶（30mL），8 个；干燥器（内装硅胶），1 个；烧杯（500mL），2 个；量筒（1000mL），1 个；洗瓶（塑料制），

表 3-12-1　粉尘常用的分散液和分散剂

| 粉尘名称 | | 分散液 | 分散剂 |
|---|---|---|---|
| 金属 | 铜 | 环己醇 | |
| | | 丁醇 | |
| | 锌 | 环己醇 | |
| | | 水 | 0.2%六偏磷酸钠 |
| | 铝 | 环己醇 | |
| | | 水 | 0.2%油酸钠 |
| | 铁 | 豆油+丙酮(1:1) | |
| | 铅 | 环己醇 | |
| 金属氧化物 | 氧化铜 | 水 | 0.2%六偏磷酸钠 |
| | 氧化锌 | 水 | 0.2%六偏磷酸钠 |
| | 三氧化二铜 | 水 | 0.2%六偏磷酸钠 |
| | 二氧化硅 | 水 | 0.2%六偏磷酸钠 |
| | 氧化铅 | 水 | 0.2%六偏磷酸钠 |
| | 铅丹($Pb_2O_3$) | 水 | 0.2%六偏磷酸钠 |
| | | 环己醇 | |
| | 三氧化二铁 | 水 | 0.2%六偏磷酸钠 |
| | | 水 | 0.03mol/L焦磷酸钠 |
| | 氧化钙 | 乙二醇 | 0.2%六偏磷酸钠 |
| 无机物 | 玻璃 | 水 | 0.2%六偏磷酸钠 |
| | 黄石 | 水 | 0.2%六偏磷酸钠 |
| | 石灰石 | 水 | |
| | 菱镁矿 | 水 | |
| | 陶土 | 水 | |
| | 石棉 | 甘油+水(1:4) | |
| | 滑石粉 | 水 | 0.02mol/L六偏磷酸钠 |
| | | 煤油 | 0.006mol/L油酸 |
| | 水泥 | 乙二醇 | |
| | | 酒精 | 0.05%氯化钠 |
| 有机物 | 煤灰 | 酒精或煤油 | |
| | 焦炭 | 丁醇 | |
| | 煤 | 乙醇 | |
| | 纤维素 | 苯或轻油精 | |
| | 塑料粉尘 | 水 | 阴离子活性剂 |
| | 淀粉 | 水或异丁醇 | |
| | 蔗糖 | 异戊醇　异丁醇 | |
| | 石墨 | 水+亚油酸钠 | |
| 盐类 | 碳酸锰($MnCO_3$) | 水 | 0.2%六偏磷酸钠 |
| | 碳酸钙($CaCO_3$) | 水 | 0.2%六偏磷酸钠 |

1个；其他，乳胶管、支架及夹子、纱布、玻璃搅拌棒、漏斗、直尺等。

### 四、实验方法与步骤

1. 实验准备

（1）沉降管装置检定

① 沉降管有效内容积检定。插入吸液管，调节液面恰好处于 600mL 标线处，然后取出吸液管，将沉降管内的水倒入标准量筒内，测定其标线下有效容积，精确到 1mL，如此反复进行 5 次，取平均值。

② 吸液球内容积检定。加水到沉降管标线附近，待水温稳定后，测其温度。然后用吸液管和注射器吸液，准确对齐吸液球刻度线，关闭旋塞。最后使三通旋塞处于排出位置，用事先称量过的称量瓶承接，盖好盖后用精密天平称量。反复进行 5 次，取平均值作为吸液球内容积。

③ 沉降管液面下降量检定。调节沉降管水位至 600mL 标线处，利用注射器、三通旋塞和吸液管由沉降管内吸液，每次准确取出 10mL，共取出 100mL，测定自 600mL 标线至下降液面的高度。反复进行 5 次，取其平均值作为沉降管液面的下降量。

④ 吸液管有效长度测定。将吸液管正确安装在沉降管内的状态下，利用给沉降管壁外贴纸条等方法进行测定，分别确定出三根吸液管插入液面下的有效长度。

（2）把所需玻璃仪器等洗刷干净，将称量瓶编号后放入电烘箱内烘干，然后置于干燥器中自然冷却至室温备用。

（3）配制浓度为 0.02mol/L 的六偏磷酸钠水溶液作为分散液，数量多少按需要而定。

（4）用缩分法取有代表性的粉尘试样 30～40g（使用前需筛分去除 86μm 以上的大颗粒），放入电烘箱内，在（110±5）℃的条件下烘 1h 或至恒重，然后放入干燥器内自然冷却至室温，或装入带磨塞的试样瓶中备用。

（5）把粉尘试样按粒径大小进行分组。例如 40～30μm、30～20μm、20～10μm、10～5μm、5～2μm 等，按式（3-12-3）计算出每组内最大粒径粒子沉降到吸液管底部所需的时间，作为该粒径粒子的预定吸液时间，并记入记录表中。

（6）准备 1 只烧杯并装入蒸馏水，以备用来冲洗每次吸液后附在吸液球内壁面上的粉尘。

（7）调节恒温水浴温度，使与计算沉降时间时所用的温度相一致。若无恒温水浴，也可在室温下进行实验。

2. 测定操作

（1）称取 6～10g 干燥过的粉尘试样（精确至 0.0001g）放入烧杯中，先向烧杯中加入数毫升分散液，用玻璃棒搅拌使粉尘试样充分润湿。若有凝集的团块，需事先完全解开，再逐渐加入分散液至 300～400mL，使尘粒完全分散开以制成悬浊液。

（2）把配制好的悬浊液在电磁搅拌机上搅拌 20min 后，倒入沉降管中，并用洗瓶把烧杯和玻璃棒上黏附的尘粒用分散液全部冲洗到沉降管中。

（3）把吸液管插入沉降管中，由通气孔处继续加入分散液直到 600mL 标线。注意最后阶段液面的微调，要恰好使液面准确达到标线。

（4）堵住通气孔和吸液管上部端口，将沉降管上、下倒动与摇晃数次，使尘粒在分散液中充分分散均匀。停止摇动后，把沉降管正立于平台上，立即启动秒表计时，作为起始沉降时间（$t=0$）。同时记下室温。

（5）按计算出来的预定吸液时间进行吸液。每次吸液时，注射器要匀速抽吸，分散液沿吸液管缓缓上升，当液面至吸液球上部 10mL 刻度线时，立即关闭三通旋塞。然后，使吸液球和排液管相通，缓缓推动注射器，把 10mL 悬浊液排入已称量好的称量瓶内。最后，再使用注射器由排液管抽吸蒸馏水冲洗吸液球，冲洗水也排入称量瓶中，反复冲洗 2～3 次。

遵照上述步骤和方法，按预定吸液时间依次进行操作，直到测完最小粒径为止。记录室温。

（6）将盛放抽液的称量瓶放入电烘箱中，先在小于 100℃ 的温度下烘干，待水分全部蒸发后，再调至（110±5）℃，烘 1h 或至恒重。然后放入干燥器中自然冷却至室温，取出称量。

**3. 吸液操作时的注意事项**

（1）每次吸液 10mL 样品要在 15s 左右完成，开始吸液时间应比预定吸液时间提前 7.5s。

（2）每次吸液应力求达到 10mL 标线，偏离值应在 ±3mm 以内。否则该次抽样作废，应将已吸上的悬浊液从排液管排出，而不应放回沉降管内。待 1~2min 后方可重新抽液，但必须更正相应的抽液时间。

（3）每次抽液应均匀进行，且不允许吸液管内液体倒流。

（4）向称量瓶中排液时，应防止液体溅出。

**五、实验数据记录与处理**

1. 将实验数据记入表 3-12-2、表 3-12-3 中。

**表 3-12-2　移液管法测定粒径分布记录表（一）**

粉尘名称：＿＿＿＿＿＿＿　　粉尘真密度（$\rho_p$）：＿＿＿＿＿＿

分散剂名称：＿＿＿＿＿＿　　分散剂含量（$m_3$）：＿＿＿＿＿＿

| 取样顺序 | 吸液管编号 | 吸液管底部刻度 $H_1/cm$ | 悬浊液液面刻度 $H_2/cm$ | 沉降高度 $H=H_1-H_2/cm$ | 吸液初始时间 $t_1/s$ | 吸液终止时间 $t_2/s$ | 吸液时间 $t=(t_1+t_2)/2/s$ |
|---|---|---|---|---|---|---|---|
| 1 | | | | | | | |
| 2 | | | | | | | |
| … | | | | | | | |

**表 3-12-3　移液管法测定粒径分布记录表（二）**

粉尘名称：＿＿＿＿＿＿　　粉尘总质量：＿＿＿＿＿＿

10mL 悬浊液中粉尘质量（$m_0$）：＿＿＿＿＿＿　　温度：＿＿＿＿＿＿

| 最大粒径/m $d_p=\sqrt{\dfrac{18\mu H}{(\rho_p-\rho)gt}}$ | 称量瓶编号 | 烘干后称量瓶质量 $m_1/g$ | 称量瓶净重 $m_2/g$ | 10mL 吸液中粉尘质量 $m_i/g$ | 筛下累计频率分布 $G_i$ $G_i=\dfrac{m_i}{m_0}\times100\%$ |
|---|---|---|---|---|---|
| | | | | | |
| | | | | | |
| | | | | | |

| | | | | | |
|---|---|---|---|---|---|
| $d_{50}=$＿＿＿ $\mu m$; $d_{15.9}=$＿＿＿ | | $\mu m$; $d_{84.1}=$＿＿＿ | | $\mu m$; $\sigma_g=$＿＿＿ | |
| 粒径范围 $\Delta d/\mu m$ | 0~5 | 5~10 | 10~20 | 20~30 | 30~40 | >40 |
| 频率分布 $g/\%$ | | | | | | |

2. 粒径小于 $d_i$ 的粒子质量（在 10mL 悬浊液中）为：

$$m_i=m_1-m_2-m_3 \tag{3-12-7}$$

式中，$m_1$ 为烘干后的称量瓶和其中残留物（包括小于 $d_i$ 的粒子与分散剂）的质量，g；$m_2$ 为称量瓶净重，g；$m_3$ 为 10mL 分散液中分散剂的含量，g。可由下式计算得到：

$$m_3=611.8\times0.02\times\frac{10}{1000}=0.122（g） \tag{3-12-8}$$

3. 将各组粒径为 $d_i$ 的筛下累积频率分布 $G_i$ 的测定值，标绘在专用坐标纸（对数正态概率纸）上，则由各实验点可以画出一条直线。若实验点无法连成一条直线说明实验误差太大，或不遵从对数正态分布规律。

4. 确定频率分布（$g_i$）

根据粒径分组 $\Delta d_{pi}$ 分别为 $0\sim5\mu m$、$5\sim10\mu m$、$10\sim20\mu m$、$20\sim30\mu m$、$30\sim40\mu m$、$>40\mu m$，求出各个粒径间隔的粒径频率分布（$g_i$），并填入表 3-12-3 中。$g_i$ 值可以按 $d_{50}$ 和 $\sigma_{50}$ 计算，或直接由实验直线查出，其计算公式为：

$$g_i = \Delta G_i = G_{i+1} - G_i \tag{3-12-9}$$

### 六、思考题

1. 为什么要选择分散液和分散剂？选用时的要求有哪些？
2. 用吸液管吸液时，吸液速度过大或过小对测定结果有何影响？
3. 为什么吸液过程中不允许吸液管内液体倒流？
4. 在测定过程中，因故未按预定吸液时间进行某次吸液，而把吸液时间向后延迟了数分钟。这种情况对测定结果有无影响？为什么？
5. 你认为实验中还存在哪些问题，应如何改进？

# 实验十三　冲击法测定粉尘粒径分布

### 一、实验目的与要求

1. 掌握使用级联式冲击器测定气溶胶粒子粒径分布的方法；
2. 掌握由冲击法测得的数据计算粒径分布的方法。

### 二、实验原理

冲击法是利用粒子的惯性撞击测定气溶胶状态的粉尘粒径分布和除尘装置的分级除尘效率的。该法使用的基本仪器是级联式冲击器。

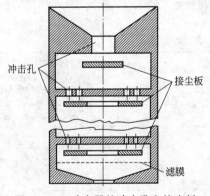

图 3-13-1　冲击器的冲击孔和接尘板

级联式冲击器包含多级串联的冲击孔板，每一级孔板后设置一块可让气流绕过又能捕集尘粒的接尘板（如图 3-13-1 所示）。当含尘气流通过冲击器各级孔板时，流速逐级增大。气流中粒径最大的粉尘被最上一级的接尘板捕集，后面各级接尘板捕集的粉尘逐级变细。冲击器最下面一级通常是采用高效滤膜。一轮采样后，各级捕尘量与总捕尘量的比值和气体中粉尘分散度相关联。为防止各接尘板上的粉尘被重新吹返气流，一般采用在接尘板上涂黏性油脂或铺纤维垫的方法。

根据惯性冲击相似理论，某级孔板捕集直径 $d_p$ 粒子的效率是惯性参数（$\psi$）的函数：

$$\psi = \frac{C d_p^2 \rho_p v_j}{9 \times 10^8 \mu D_j} = \frac{200 d_\sigma^2 p_s Q_s}{27 \times 108 \pi \mu N_j D_j^3 p_j} \tag{3-13-1}$$

$$C = 1 + \frac{2\lambda}{d_p}\left[1.257 + 0.400\exp\left(-\frac{1.10 d_p}{2\lambda}\right)\right] \tag{3-13-2}$$

$$d_\sigma = d_r (C\rho_p)^{1/2} \tag{3-13-3}$$

式中，$\psi$ 为惯性参数，无量纲；$C$ 为肯宁汉修正系数，无量纲；$d_p$ 为粒子直径，$\mu m$；$\rho_p$ 为粒子物质的真密度，$g/cm^3$；$v_j$ 为气流通第 $j$ 级喷孔的速度，$cm/s$；$\mu$ 为气体动力黏滞系数，$g/(cm \cdot s)$；$D_j$ 为第 $j$ 级孔板喷孔直径，$cm$；$d_\sigma$ 为粒子冲击空气动力学直径，$\mu m$；

$N_j$ 为第 $j$ 级孔板喷孔数；$p_s$ 为冲击器入口气体静压，Pa；$p_j$ 为第 $j$ 级喷孔处气体静压，Pa；$Q_s$ 为进入冲击器的气体流量，L/min；$\lambda$ 为气体分子平均自由程 $\lambda \approx 0.0653 \times \dfrac{101325T}{p \times 296.2}$，$\mu m$。

冲击器各级捕集效率与惯性参数的函数关系，通常由实验测定。

捕集效率等于 50% 时，对应粒子的冲击空气动力学直径，称为空气动力学分割直径。第 $j$ 级的空气动力学分割直径，记做 $d_{\sigma c j}$，相应的惯性参数记为 $\psi_{cj}$，由式(3-13-1) 有：

$$d_{\sigma cj} = \left( \frac{0.135 \mu \pi N_j D_j^3 P_j \psi_{cj} \times 10^8}{p_s Q_s} \right)^{1/2} \tag{3-13-4}$$

实验表明，除最下面的高效滤膜外，其余各级压力损失不大，近似取 $p_j \approx p_s$。则上式可简化为：

$$d_{\sigma cj} = \left( \frac{0.135 \mu \pi N_j D_j^3 \psi_{cj} \times 10^8}{Q_s} \right)^{1/2} \tag{3-13-5}$$

上式还可写成一种简短的形式：

$$d_{\sigma cj} = \left( \frac{\mu \times 10^8}{Q_s} \right)^{1/2} C_j \tag{3-13-6}$$

其中，$C_j = (0.135 \pi N_j D_j^3 \psi_{cj})^{1/2}$

利用各级接尘板在一次采样中捕集的粉尘量，可通过多种方法计算粉尘样品粒径分布的近似表示。其中 $d_\sigma$ 分析法比较简便，其要点是用一条理想化的阶梯式曲线近似地表示每级捕尘效率与 $\psi$ 的关系。相当于认为第 $j$ 级接尘板以 100% 的效率捕集气流中粒径大于 $d_{\sigma j}$、而小于 $d_{\sigma(j+1)}$ 的全部尘粒。如将冲击器最下面的高效滤膜捕集量记为 $M_0$，往上各级接尘板的捕尘量依次记为 $M_1$，$M_2$，$\cdots$，$M_N$，则空气动力学直径小于 $d_{\sigma c j}$ 的粒子的筛下累积频率分布 $(G_j)$ 可由下式求出：

$$G_j = \sum_{j=0}^{j=j+1} \frac{M_j}{M_s} \tag{3-13-7}$$

式中，$M_s$ 为各级接尘板捕集粉尘的总质量 $M_s = M_0 + M_1 + \cdots + M_N$，g。

### 三、实验仪器与设备

**1. 级联式冲击器**

图 3-13-2 是中国预防医学中心卫生研究所研制的 WY-1 型冲击式尘粒分级仪的内部组成。这类冲击器的外筒是一不锈钢管，前端装采样嘴，后面的采样管可与冷凝器、干燥器、压力计、流量计和抽气泵连接。生产厂给出的 WY-1 使用指标：采样流量 5～40L/min；测量尘粒范围 1～42$\mu m$；使用温度 0～300℃。

**2. 采样系统**

本实验采用冲击器采样系统。冲击器和采样管外可脱卸的加热套是包缝在耐高温绝缘布中的电热丝，功率约 500W。温度控制器可采用 71 型晶体管继电器。若烟气温度高于 177℃，冲击器外不包加热套。若烟气温度低于 177℃，应包加热套并给加热套供电。冲击器出口温度应控制高于管道烟气温度 11℃。浮于流量计可选用 LZB-10 型（量程 4～40L/min）。抽气泵可选用 2X-1A 型旋片式真空泵（抽气流量为 L/s，极限真空度为 $6.7 \times 10^{-2}$ Pa）。

### 四、实验方法与步骤

1. 预测烟道断面气流速度分布、烟气静压 $(p_s)$ 和烟气中水汽体积分数 $(y_w)$。测量方法和步骤参看实验二。

2. 组装冲击器和采样系统

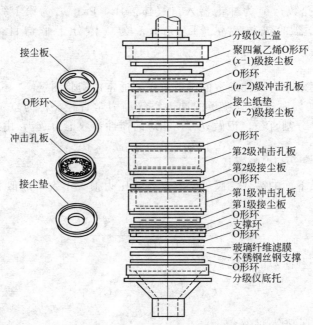

图 3-13-2　WY-1 组装示意图

（1）逐一检查各冲击孔板。如发现冲击孔阻塞，用过滤的压缩空气喷吹，或用不锈钢针头清理。用加少许肥皂液的温水仔细清洗孔板，再在沸水中洗净孔板上的肥皂液。如条件具备，用超声波清洗器冲洗。最后用蘸丙酮或无水乙醇的脱脂棉球擦拭板面，水分将随丙酮迅速蒸发。

（2）准备足够数量的接尘垫，逐张编号，放入马弗炉，在 300℃下烘 1h。随后放入干燥器，让其自然冷却。

（3）准备几组玻璃称量瓶，每组 7～8 个，用蒸馏水洗净，烘干后待用。

（4）用天平称各接尘垫，也可将垫和同一编号的玻璃瓶放在一起称量，记录原始质量。

（5）将各接尘垫铺在接尘板的浅槽内，利用压模使接尘垫与接尘板紧贴，注意勿将垫挤破。

（6）按照由下到上的顺序组装冲击器。选择一平整桌面的中心位置安放辅助用具橡胶杯。将冲击器的底托塞进橡胶杯中。首先向底托内安放一个 O 形密封环，接着安放夹在支撑环中的不锈钢钢丝网，网上铺一张圆形玻璃纤维滤膜，上面再压一个 O 形密封环，这就安好了零级过滤器。安装第 1 级的顺序是：先将铺 1 号接尘垫的接尘板安放在零级过滤器的上密封环之上，然后安放第 1 级冲击孔板（喷孔直径最小的孔板），再在这块孔板上沿环形槽内放置一个 O 形密封环。以后各级仿照此顺序安装。第 6 级冲击孔板和上密封环安放就绪后，装上套筒，拧紧上盖，在上盖中心孔中旋入连接管和第 7 级。

（7）将采样管旋入冲击器底托中心孔中，连接处用聚四氟乙烯垫圈或薄膜以防漏气。

（8）选择采样嘴直径。

$$D = \sqrt{\frac{Q_{\mathrm{st}}}{0.0471 v_{\mathrm{s}}}} \tag{3-13-8}$$

式中，$Q_{\mathrm{st}}$ 为工况下采样流量，L/min；$v_{\mathrm{s}}$ 为采样点烟气流速，m/s；$D$ 为冲击器采样直径，mm。

选取最接近 $D$ 计算值的采样嘴旋入冲击器顶部侧面孔内，拧紧。

（9）按照冲击器的安装说明及要求，连接系统各部件。冲击器暂时放在烟道外。

3. 采样

由于惯性参数 $(\psi)$ 随采样速度改变 [见式(3-13-1)]，因而每一级接尘板对粒子的捕集效率也随采样速度而发生变化。在一次采样中冲击器必须固定在一个采样位置，不允许像滤膜采样时在一个周期中改变采样点。考虑到管道断面的流速分布，应分别对各选定点作单独一次冲击器采样。每次采样时间可根据烟气含尘浓度和采样流量确定，以每次捕集总尘量大约 50mg 为宜。

(1) 按下式计算浮子流量计数值 $(Q')$

$$Q' = 0.080 D_2 v_s \left(\frac{B_a + p_s}{T_s}\right) \left(\frac{T_r}{B_a + p_r}\right)^{1/2} (1 - y_w) \tag{3-13-9}$$

式中，$B_a$ 为当地大气压力，kPa；$p_s$ 为采样点烟气静压，相对压力，kPa；$p_r$ 为浮子流量计前气体相对压力，kPa；$T_r$ 为浮子流量计前气体温度，K；$T_s$ 为采样点烟气温度，K；$y_w$ 为采样点烟气中水汽体积分数。

(2) 检查系统各处接头是否漏气。启动抽气泵，预调抽气流量到 $Q'$ 的计算值，再关闭抽气泵。

(3) 将冲击器插入烟道，使采样嘴达到预定采样点，令采样嘴背对气流方向预热数分钟。

(4) 采样计时开始，迅速掉转冲击器，令采样嘴正面迎向气流，同时启动抽气泵。由于气体温度改变，浮子流量计读数可能偏离预调值 $Q'$，一般需重调浮子流量计的调节阀使读数达到 $Q'$ 的计算值。采样过程中冲击器的阻力将逐渐上升，实验者必须随时调节阀门以保持恒定的采样流量。达到预定的采样时间后立即将冲击器掉转 180°，关闭抽气泵。尽快将冲击器抽出烟道，使它的安放位置保持垂直向上。

(5) 选定管道断面内其他采样点，按下面的步骤处理样品后，重复以上采样步骤。

4. 样品处理

(1) 待冲击器自然冷却后，擦掉外筒表面的积尘。

(2) 在布置妥当的拆卸场所小心拧下采样管，将冲击器插立在橡胶杯内，按照从上到下的顺序拆卸。旋下采样嘴后，卸第 7 级接尘板，它实际是冲击器最上面的一节圆筒，将此筒内壁和采样嘴内壁上的积尘扫入 7 号玻璃称量瓶中。为了拆卸下面的几级必须拧下顶盖和套筒。连接弯管内壁和顶盖下表面的积尘应扫进 6 号称量瓶中，装在顶盖下面的 6 号接尘垫连同它捕集的粉尘都收进 6 号称量瓶内。下面各级捕集的粉尘连同接尘垫收入相应编号的瓶中。玻璃纤维滤膜和它上面的粉尘放进 0 号瓶中。各级孔板壁面还会积一些粉尘，可用软毛刷清扫，或用丙酮清洗，倒进对应的称量瓶中。

(3) 将 0 号至 7 号盛装有粉尘和接尘垫的称量瓶放在一恒温箱中，在 110℃ 下烘 1h，再放进干燥器中冷却。分别称量各个称量瓶，算出各级的实际捕尘量，正确记录。

**五、实验数据记录与处理**

1. 实验数据记录

实验数据记录于表 3-13-1 和表 3-13-2 中。

2. 实验数据处理

(1) 对于未受磨损的冲击器，可利用标定产品时气体流量、温度和标定的 $d_{\infty j}$ 计算各级常数 $C_j$。实验条件一般不同于标定条件，但常数 $C_j$ 值不变。当喷孔形状有改变时，冲击器需重新标定。根据 WY-1 型冲击式尘粒分级仪使用说明书提供的数据，计算出各级常数值：

$C_1 = 0.0988$，$C_2 = 0.1423$，$C_3 = 0.198$，$C_4 = 0.270$，$C_5 = 0.393$，$C_6 = 0.631$

**表 3-13-1　烟道流场预测记录表**

| 烟道： | | 测定断面位置： | | 测定人员： | |
|---|---|---|---|---|---|
| 倾斜微压计型号： | | 当地大气压： | | 烟气平均静压： | |
| 烟气绝对静压： | | 干球温度： | | 湿球温度： | |
| 相对湿度/%： | | 水汽体积分数 $y_w$： | | 气体密度/(kg/m³)： | |
| 皮托管校正系数($K_p$)： | | | 气体黏度/[g/(cm·s)]： | | |

| 测点号 | 测量序号 | 动压 | | | | 动压/Pa | 静压 | | | | 静压/Pa |
|---|---|---|---|---|---|---|---|---|---|---|---|
| | | 微压计读数 | | | | | 微压计读数 | | | | |
| | | 系数 K | 初始读数 | 终了读数 | 差值 | | 系数 K | 初始读数 | 终了读数 | 差值 | |
| | 1 | | | | | | | | | | |
| | 2 | | | | | | | | | | |
| | 1 | | | | | | | | | | |
| | 2 | | | | | | | | | | |
| | 1 | | | | | | | | | | |
| | 2 | | | | | | | | | | |
| | 1 | | | | | | | | | | |
| | 2 | | | | | | | | | | |
| 断面平均流速＿＿＿＿＿＿ m/s | | | | | | 断面流量＿＿＿＿＿＿ m³/s | | | | | |

**表 3-13-2　冲击器采样记录表**

冲击器型号＿＿＿＿＿＿＿　　采样时间＿＿＿＿＿＿＿ min

| 接尘板级编号 | 0 | 1 | 2 | 3 | 4 | 5 | 6 | 7 |
|---|---|---|---|---|---|---|---|---|
| 垫加瓶重/mg | | | | | | | | |
| 空滤膜重/mg | | | | | | | | |
| 瓶垫尘合重/mg | | | | | | | | |
| 捕获尘重/mg | | | | | | | | |
| $d_{\sigma c}$/μm | | | | | | | | |
| $\rho_p$/(mg/m³) | | | | | | | | |
| $D_{ci}$/μm | | | | | | | | |
| $G_i$/% | | | | | | | | |

（2）以采样流量 $Q_s$、实验温度下的黏度 $\mu$ 值代入式(3-13-6) 中，计算出实验条件下的各级空气动力学分割直径 $d_{\sigma cj}$。

（3）以 $d_{\sigma cj}$ 代入式(3-13-2) 的 $d_p$，初步计算出肯宁汉修正系数 $C_0$，将 $C$ 的初步值、粒子真密度（$\rho_p$）和 $d_{\sigma cj}$ 代入式(3-13-3) 中，计算出各级的分割直径（$d_{cj}$）。将 $d_{cj}$ 的计算值再代入式(3-13-2) 中计算出 $C$ 值。这样，反复利用式(3-13-2) 和式(3-13-3) 计算，便可求出各级的分割直径（$d_{cj}$）。

（4）利用式(3-13-7) 计算各级的筛下累积频率（$G_i$）。

（5）在对数概率坐标纸上作图，以粒子分割直径（$d_c$）为横轴，筛下累积频率（$G_i$）为纵轴标绘各实验点。若点（$G_1$, $d_{c1}$），（$G_2$, $d_{c2}$），…，接近于一条直线，便可画出这条直线，说明该种气溶胶粒子符合对数正态分布。

（6）由直线图求出该气溶胶粒子尺寸分布的中位直径（$d_{50}$）和几何标准差（$\sigma_g$）。

**六、思考题**

1. 采用冲击法测定粉尘粒径分布，影响测定结果准确性的主要因素有哪些？

2. 该法测定粉尘粒径分布与其他方法相比，在测定对象方面有何不同？有什么特点？

3. 采用冲击法能否测出管道中气流含尘浓度或除尘器的捕集效率？如果可以，试简要说明操作。

# 实验十四　粉尘比电阻的测定

**一、实验目的与要求**

1. 熟悉粉尘比电阻的测量原理；

2. 掌握测量粉尘比电阻的操作方法。

**二、实验原理**

粉尘的比电阻是一项有实用意义的参数。如考虑选用电除尘相关的除尘装置，必须获得烟气中粉尘的比电阻值。

两块平行的导体板之间堆积某种粉尘。当两板间施加一定电压（$U$）时，将有电流通过堆积的粉尘层。电流（$I$）的大小正比于电流通过粉尘层的面积，反比于粉尘层的厚度，还与粉尘的介电性质、粉尘的堆积密实程度有关。但是，通过粉尘层的电流 $I$ 和施加电压 $U$ 的关系不符合欧姆定律，即比值 $U/I$ 不等于定值，它随 $U$ 的大小而改变。粉尘比电阻的定义式为：

$$\rho = \frac{UA}{Id} \tag{3-14-1}$$

式中，$\rho$ 为比电阻，$\Omega \cdot cm$；$U$ 为加在粉尘层两端面间的电压，V；$I$ 为粉尘层中通过的电流，A；$A$ 为粉尘层端面面积，$cm^2$；$d$ 为粉尘层厚度，cm。

粉尘比电阻的测试方法可分成两类。第一类方法是将比电阻测试仪放进烟道。用电力使气体中的粉尘沉淀在测试仪的两个电极之间，再通过电气仪表测出流过粉尘沉积层的电流和电压，换算后可得到比电阻值。这类方法的特点是：利用一种装置在烟道中可同时完成粉尘试样的采集和比电阻的测量两项操作；第二类方法是在实验室环境下测量尘样的比电阻，为本实验采用的方法。

**三、实验仪器与设备**

1. **比电阻测试皿**

它是由两个不锈钢电极组成的。安装时处于下方的固定电极做成平底敞口浅碟形，底面直径 7.6cm，深 0.5cm，它也是收集待测粉尘的器皿。固定电极的上方设一个可升降的圆形活动电极板，直径为 2.5cm。活动电极的底面面积也即粉尘层通电流的端面面积。为了消除电极边缘通电流的边缘效应，活动电极周围装有保护环，保护环与活动电极之间有一狭窄的空隙。电阻的测量值与加在粉尘层的压力有关，一般规定该压力为 1kPa。

2. **高压直流电源**

该电源是供测量时施加电压用的，要求能连续地调节输出电压。调压范围 0～10kV。高电压表用于测量粉尘层两端面间的电压。粉尘层的介电性可能出现很高的值，因此与它并联的电压表必须具有很高的内阻，如采用 Q5-V 型静电电压表。测量通过粉尘层电流的电流表可用 C46-$\mu$A 型。

3. **恒温箱**

粉尘比电阻随温度改变而改变。在没有提出指定测试温度的情况下，一般报告中给出的是 150℃时测得的比电阻值，同时测量环境中水汽体积分数规定为 0.05。为此应装备可调温调湿的恒温箱。将比电阻测试皿装在恒温箱中，活动电极的升降通过伸出箱外的轴进行操作。

### 四、实验方法与步骤

（1）取待测尘样 300g 左右，置于一耐高温浅盘内，并将其放入恒温箱内烘 2h，恒温箱的温度调到 150℃。

（2）用小勺舀将待测尘样装满比电阻测试皿，用刮板从测试皿的盘顶端刮过，使尘面平整。小心地将盘放到绝缘底座上。注意：勿过猛振动灰盘，小心烫伤。通过活动电极调节手轮将活动电极缓慢下降，使它以自身重量压在灰盘中的粉尘的表面上。

（3）接通高压电源，调节电压输出旋钮，逐步升高电压，每步升 50V 左右，记录通过尘层的电流和施加的电压。如出现电流值突然大幅度上升，高压电压表读数下降或摇摆时，表明粉尘层内发生了电击穿，应立即停止升压，并记录击穿电压。然后将输出电压调回到 0，关断高压电源。

（4）将活动电极升高，取出灰盘，小心地搅拌盘中粉尘使击穿时粉尘层中出现的通道得到弥合，再刮平（或重新换粉尘）。重复步骤（2）和（3），测量击穿电压三次。取三次测量值 $U_{B1}$、$U_{B2}$、$U_{B3}$ 的平均值 $U_B$。

（5）关断高压。按照步骤 2，在盘中重装一份粉尘。按照步骤（3）调节电压输出旋钮，使电压升高到击穿电压 $U_b$ 的 0.85～0.95 倍。记录高压电压表和微电流表的读数。根据式（3-14-1）计算比电阻 $\rho$。

（6）另装两份粉尘，按以上步骤重复测量 $\rho$ 值。

### 五、实验数据记录与处理

实验数据记录于表 3-14-1 和表 3-14-2 中。

**表 3-14-1　击穿电压测量记录表**

粉尘来源：_____；恒温箱烘尘温度：_____℃；恒温箱水汽体积分数：_____

| 序号 | 项目 | 测量值 | | | | 击穿电压 $U_{Bi}$/V |
|------|------|------|------|------|------|------|
| 1 | $U$/kV | | | | | |
| | $I$/μA | | | | | |
| 2 | $U$/kV | | | | | |
| | $I$/μA | | | | | |
| 3 | $U$/kV | | | | | |
| | $I$/μA | | | | | |
| 平均击穿电压 $U_B$/V | | | | | | |

**表 3-14-2　比电阻测定记录表**

| 尘样 | 1 | 2 | 3 |
|------|------|------|------|
| 电压 $U$/V | | | |
| 电流 $I$/A | | | |
| 比电阻 $\rho$/(Ω·cm) | | | |
| 平均比电阻 $\bar{\rho}$/(Ω·cm) | | | |

### 六、思考题

1. 本实验采用的方法仅适合比电阻超过 $1 \times 10^7 \Omega \cdot cm$ 的粉尘。假若仍用这种方法测量

$1 \times 10^6 \Omega \cdot cm$ 以下的粉尘比电阻，可能遇到什么困难？

2. 假若先将待测粉尘放在较高的温度下烘烤，再让它冷却到规定温度时测量比电阻，是否得到按本实验指定程序测得的同样结果？

3. 你认为本实验还有哪些需要改进的地方？

# 实验十五　旋风除尘器性能的测定

## 一、实验目的与要求

1. 熟悉旋风除尘器的结构与除尘原理，全面了解影响旋风除尘器性能的主要因素；

2. 掌握管道中各点流速和气体流量的测定方法；

3. 掌握旋风除尘器压力损失和阻力系数的测定方法；

4. 掌握旋风除尘器除尘效率的测定方法。

## 二、实验原理

### 1. 空气状态参数的测定

旋风除尘器的性能通常是在标准状态（$p = 1.013 \times 10^5 Pa$，$T = 273K$）给出的，因此需要通过测定空气状态参数，将标准状态下的性能参数转换成实际运行状态下的性能参数，以便进行比较。空气状态参数包括空气的温度、密度、相对湿度和大气压力。其中，空气的温度和相对湿度可用湿球温度计直接测得；大气压力由大气压力计测得；干空气密度由下式计算：

$$\rho_g = \frac{pM}{RT} = \frac{p}{287T} \tag{3-15-1}$$

式中，$\rho_g$ 为空气密度，$kg/cm^3$；$M$ 为空气摩尔质量，$2.9 \times 10^{-2} kg/mol$；$R$ 为气体常数，$8.314 J/(mol \cdot K)$；$p$ 为大气压力，$Pa$；$T$ 为空气温度，$K$。

实验过程中，要求空气相对湿度不大于 $75\%$。

### 2. 除尘器处理风量的测定和计算

由于含尘浓度较高和气流不太稳定的管道内，用皮托管测定风量有一定困难。为了克服管内动压不稳定带来的测量误差，本实验根据各点流速求出断面平均流速 $\overline{v}$，进而计算处理风量（$m^3/s$），计算公式如下：

$$Q = A \overline{v} \tag{3-15-2}$$

式中，$A$ 为管道横截面积，$m^2$。

除尘器入口气体流速（$m/s$）按下式计算：

$$v = Q/F \tag{3-15-3}$$

式中，$F$ 为除尘器入口面积，$m^2$。

### 3. 除尘器压力损失和阻力系数的测定

由于实验装置中除尘器进出口管径相同，故除尘器阻力可用 B、C 两点静压差扣除管道沿程阻力与局部阻力求得。

$$\Delta p = \Delta H - \sum \Delta h = \Delta H - (R_L L + \Delta p_m) \tag{3-15-4}$$

式中，$\Delta p$ 为除尘器阻力，$Pa$；$\Delta H$ 为前后测量断面上的静压差，$Pa$；$\sum \Delta h$ 为测点断面之间系统阻力，$Pa$；$R_L$ 为比摩阻，$Pa/m$；$L$ 为管道长度，$m$；$\Delta p_m$ 为异形接头的局部阻力，$Pa$。

将 $\Delta p$ 换算成标准状态下的阻力 $\Delta p_N$：

$$\Delta p_N = \Delta p \cdot \frac{T_N}{T} \tag{3-15-5}$$

式中，$T_N$ 和 $T$ 分别为标准和试验状态下的空气温度，K。

除尘器阻力系数按下式计算：

$$\zeta = \frac{\Delta p_N}{p_{di}} \qquad (3\text{-}15\text{-}6)$$

式中，$\zeta$ 为除尘器阻力系数，无量纲；$\Delta p_N$ 为除尘器阻力，Pa；$p_{di}$ 为除尘器内入口截面处动压，Pa。

4. 除尘器含尘浓度的计算：

$$C_j = \frac{G_j}{Q_j \tau} \qquad (3\text{-}15\text{-}7)$$

$$C_z = \frac{G_j - G_s}{Q_z \tau} \qquad (3\text{-}15\text{-}8)$$

式中，$C_j$、$C_z$ 为除尘器进口、出口的气体含尘浓度，g/m³；$G_j$、$G_s$ 为发尘量、除尘量，g；$Q_j$、$Q_z$ 为除尘器进口、出口空气量，m³/s；$\tau$ 为发生时间，s。

5. 除尘器效率（$\eta$）的计算

（1）质量法　测出同一时间段进入除尘器的粉尘质量 $G_j$(g) 和除尘捕集的粉尘质量 $G_s$(g)，则除尘效率：

$$\eta = \frac{G_s}{G_j} \times 100\% \qquad (3\text{-}15\text{-}9)$$

式中，$\eta$ 为除尘效率，%。

（2）浓度法　用等动力采样法测出除尘器进口和出口管道中气流含尘浓度 $C_i$ 和 $C_0$（mg/m³），则除尘效率：

$$\eta = \left(1 - \frac{C_0 Q_0}{C_i Q_i}\right) \times 100\% \qquad (3\text{-}15\text{-}10)$$

式中，$Q_i$、$Q_0$ 分别为除尘器进口、出口空气量，m³/s。

6. 分级效率计算

$$\eta_i = \eta \frac{g_{si}}{g_{ji}} \times 100\% \qquad (3\text{-}15\text{-}11)$$

式中，$\eta_i$ 为粉尘某一粒径范围的分级效率，%；$g_{si}$ 为收尘某一粒径范围的质量分数，%；$g_{ji}$ 为发尘某一粒径范围的质量分数，%。

7. 除尘器处理气体量和漏风率的计算

处理气体量：
$$Q = \frac{1}{2}(Q_i + Q_0) \qquad (3\text{-}15\text{-}12)$$

漏风率：
$$\delta = \frac{Q_i + Q_0}{Q_i} \times 100\% \qquad (3\text{-}15\text{-}13)$$

### 三、实验仪器与设备

1. 实验仪器

倾斜微压计，YYT-2000 型，2 台；U 形压差计，500～1000mm，2 个；皮托管，2 支；烟尘采样管，KC，2 支；烟尘浓度测试仪，SYC-1，2 台；干湿球温度计，NHM-2，1 支；空盒气压计，DYM-3，1 台；分析天平，分度值 0.001g，1 台；托盘天平，分度值 1g，1 台；秒表，2 块；钢卷尺，2 把。

2. 实验装置

本实验装置如图 3-15-1 所示。含尘气体经双扭线集流器流量计进入系统，借助旋风除尘器将粉尘从气体中分离，净化后的气体由风机经过排气管排入大气。所需含尘气体由发尘

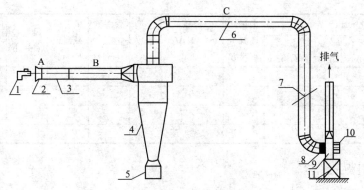

图 3-15-1　旋风除尘器性能实验装置

1—发尘装置；2—双扭线集流器流量计；3—进气管道；4—旋风除尘器；5—灰斗；
6—排气管道；7—调节阀；8—软接头；9—风机；10—电机；11—支架

装置配制，并控制浓度。

**四、实验方法与步骤**

1. 处理风量的测定

测定室内空气干、湿球温度和相对湿度及空气压力，按式（3-15-1）计算管内的气体密度。

启动风机，在管道断面 $A$ 处，利用双扭线集流器和 YYT-2000 倾斜微压计测定该断面的静压，并从倾斜微压计中读出静压值（$p_s$），按式（3-15-2）计算管内的气体流量（即除尘器的处理风量），并计算断面的平均动压值（$\overline{p}_d$）。

2. 阻力的测定

用 U 形压差计测量 $B$、$C$ 断面间的静压差（$\Delta H$）。然后量出 $B$、$C$ 断面间的直管长度（$l$）和异形接头的尺寸，求出 $B$、$C$ 断面间的沿程阻力和局部阻力，并按式（3-15-4）、式（3-15-5）计算除尘器的阻力及阻力系数。

3. 除尘效率及分级效率的测定

用托盘天平称出发尘量（$G_j$）。通过发尘装置均匀地加入发尘量（$G_j$），记下发尘时间（$\tau$），按式（3-15-7）计算出除尘器入口气体的含尘浓度（$C_j$）。称出收尘量（$G_s$），按式（3-15-8）计算出除尘器出口气体的含尘浓度（$C_z$）。按式（3-15-9）或式（3-15-10）计算除尘器的全效率（$\eta$）。根据发尘和收尘的质量分数，按式（3-15-11）计算除尘器的分级效率（$\eta$）。

4. 改变调节阀开启程度，重复以上实验步骤，确定除尘器各种不同工况下的性能。

**五、实验数据记录与处理**

1. 除尘器处理风量的测定

数据记录于表 3-15-1 中。

表 3-15-1　除尘器处理风量测定结果记录表

空气干球温度（$t_d$）：_____℃；空气湿球温度：_____℃；空气相对湿度：_____%；
空气压力（$p$）：_____Pa；空气密度：_____kg/m³。

| 测定次数 | 微压计读数 | | | 微压计倾斜角系数 $K$ | 静压 $p_s = K\Delta lg$ /Pa | 流量系数 $\varphi$ | 管内流速流 $v_1$ /(m/s) | 风管横截面积 $F_1$/m² | 风量 $Q$ /(m³/h) | 除尘器进口面积 $F_2$/m² | 除尘器进口气速 $v_2$/(m/s) |
|---|---|---|---|---|---|---|---|---|---|---|---|
| | 初读 $l_1$ /mm | 终读 $l_2$ /mm | 实际 $\Delta l = l_2 - l_1$/mm | | | | | | | | |
| 1 | | | | | | | | | | | |
| 2 | | | | | | | | | | | |

| 测定次数 | 微压计读数 | | | 微压计倾斜角系数 K | 静压 $p_s = K\Delta lg$ /Pa | 流量系数 $\varphi$ | 管内流速 $v_1$ /(m/s) | 风管横截面积 $F_1$/m² | 风量 $Q$ /(m³/h) | 除尘器进口面积 $F_2$/m² | 除尘器进口气速 $v_2$/(m/s) |
|---|---|---|---|---|---|---|---|---|---|---|---|
| | 初读 $l_1$ /mm | 终读 $l_2$ /mm | 实际 $\Delta l = l_2 - l_1$ /mm | | | | | | | | |
| 3 | | | | | | | | | | | |
| 4 | | | | | | | | | | | |
| 5 | | | | | | | | | | | |
| ... | | | | | | | | | | | |

## 2. 除尘器阻力的测定

数据记录于表 3-15-2 中。

**表 3-15-2　除尘器阻力测定结果记录表**

| 测定次数 | 微压计读数 | | | 微压计 K 值 | B, C 断面间的静压差 $\Delta H$/Pa | 比摩阻 $R_L$ | 直管长度 $L$/m | 管内平均动压 | 管间的总阻力系数 | 管间的局部阻力 | 除尘器阻力 | 标准状态下的阻力 | 进口断面处动压 | 除尘器阻力系数 |
|---|---|---|---|---|---|---|---|---|---|---|---|---|---|---|
| | 初读 $l_1$ /mm | 终读 $l_2$ /mm | 实际 $\Delta l = l_2 - l_1$ /mm | | | | | | | | | | | |
| 1 | | | | | | | | | | | | | | |
| 2 | | | | | | | | | | | | | | |
| 3 | | | | | | | | | | | | | | |
| 4 | | | | | | | | | | | | | | |
| 5 | | | | | | | | | | | | | | |
| ... | | | | | | | | | | | | | | |

## 3. 除尘器效率的测定

数据记录于表 3-15-3 中。

**表 3-15-3　除尘器效率测定结果记录表**

| 测定次数 | 发尘量 $G_j$/g | 发尘时间 $\tau$/s | 除尘器进口气体含尘浓度 $C_j$/(g/m³) | 收尘量 $G_s$/g | 除尘器出口气体含尘浓度 $C_2$/(g/m³) | 除尘器全效率 $\eta$/% |
|---|---|---|---|---|---|---|
| 1 | | | | | | |
| 2 | | | | | | |
| 3 | | | | | | |
| 4 | | | | | | |
| 5 | | | | | | |
| ... | | | | | | |

以 $v_2$ 为横坐标，$\eta$ 为纵坐标；以 $v_i$ 为横坐标，$\Delta P_N$ 为纵坐标，将实验结果标绘成曲线。

## 六、思考题

1. 为什么我们采用双扭线集流器流量计测定气体流量，而不采用皮托管测定气体流量？

2. 通过实验，你对旋风除尘器全效率（$\eta$）和阻力 $\Delta P_N$ 随入口气速变化规律得出什么结论？它对除尘器的选择和运行使用有何意义？

3. 用质量法和采样浓度计算的除尘效率，哪一个更准确些，为什么？

4. 你能提出某改进方法来计算除尘器的压力损失吗？

# 实验十六 袋式除尘器性能的测定

## 一、实验意义和目的

1. 熟悉袋式除尘器的结构与除尘原理；
2. 掌握袋式除尘器主要性能的实验研究方法；
3. 提高对除尘技术基本知识和实验技能的综合应用能力。

## 二、实验原理

袋式除尘器又称为过滤式除尘器，是使用含尘气流通过过滤材料将粉尘分离捕集的装置。采用纤维织物作滤料的袋式除尘器，在工业废气除尘方面应用广泛。袋式除尘器性能的测定和计算，是袋式除尘器选择、设计和运行管理的基础，是本科学生必须具备的基本能力。

袋式除尘器性能与其结构形式、滤料种类、清灰方式、粉尘特性及其运行参数等因子有关。本实验是在其结构形式、滤料种类、清灰方式和粉尘特性已定的前提下，测定袋式除尘器的主要性能指标，并在此基础上，考察处理流量 $Q$ 对袋式除尘器压力损失 $\Delta p$ 和除尘效率 $\eta$ 的影响。

1. 处理气体流量和过滤速度的测定和计算

（1）动压法测定 采用动压法测定袋式除尘器处理气体流量 $Q$（$\mathrm{m^3/s}$），是同时测出除尘器进出连接管道中的气体流量，取两者的平均值作为测定值：

$$Q = \frac{1}{2}(Q_1 + Q_2) \tag{3-16-1}$$

式中，$Q_1$、$Q_2$ 分别为袋式除尘器进、出口连接管道中的气体流量，$\mathrm{m^3/s}$。

除尘器漏风率 $\delta$：

$$\delta = \frac{Q_1 - Q_2}{Q_1} \times 100\% \tag{3-16-2}$$

一般要求除尘器的漏风率小于 $\pm 5\%$。

（2）静压法测定 采用静压法测定袋式除尘器进口气体流量 $Q_1$（$\mathrm{m^3/s}$），是根据在静压测孔 4（见图 3-16-1）测得的系统入口均流管处的平均静压，按下式求得的。

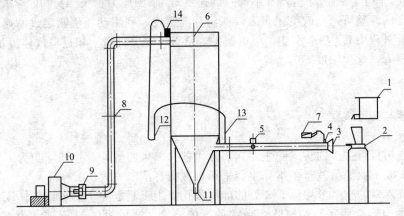

图 3-16-1 袋式除尘器性能实验流程

1—粉尘供给装置；2—粉尘分散装置；3—喇叭形均流管；4—静压测孔；5—除尘器进口测定断面；
6—袋式除尘器；7—倾斜微压计；8—除尘器出口测定断面；9—阀门；10—通风机；11—灰斗；
12—U 形管压差计；13—除尘器进口静压测孔；14—除尘器出口静压测孔

$$Q_1 = \varphi_V A \sqrt{2|p_s|\rho} \qquad (3\text{-}16\text{-}3)$$

式中，$|p_s|$ 为入口均流管处气流平均静压的绝对值，Pa；$\varphi_V$ 为均流管入口的流量系数；$A$ 为除尘器进口测定断面的面积，$m^2$；$\rho$ 为测定断面管道中气体密度，$kg/m^3$。

（3）过滤速度的计算　若袋式除尘器总过滤面积为 $F$，则其过滤速度 $v_F$（m/min）按下式计算：

$$v_F = \frac{60Q_1}{F} \qquad (3\text{-}16\text{-}4)$$

**2. 压力损失的测定和计算**

袋式除尘器压力损失 $\Delta p$ 为除尘器进出口管中气流的平均全压之差。当袋式除尘器进、出口管的断面面积相等时，可由其进、出口管中气体的平均静压之差来计算，即：

$$\Delta p = p_{s1} - p_{s2} \qquad (3\text{-}16\text{-}5)$$

式中，$p_{s1}$ 为袋式除尘器进口管道中气体的平均静压，Pa；$p_{s2}$ 为袋式除尘器出口管道中气体的平均静压，Pa。

袋式除尘器的压力损失与其清灰方式和清灰制度有关。本实验装置采用手动清灰方式，实验尽量保证在相同的清灰条件下进行。当采用新滤料时，应预先发尘运行一段时间，使新滤料在反复过滤和清灰过程中，残余粉尘量基本恒定后再开始实验。

考虑到袋式除尘器在运行过程中，其压力损失还会随运行时间产生一定变化。因此，在测定压力损失时，应每隔一定时间进行连续测定（一般可考虑 5 次），并取其平均值作为除尘器的压力损失 $\Delta p$。

**3. 除尘效率的测定和计算**

除尘效率采用质量浓度法测定，即采用等速采样法同时测出除尘器进、出口管道中气流的平均含尘浓度 $C_1$ 和 $C_2$，按下式计算：

$$\eta = \left(1 - \frac{C_2 Q_2}{C_1 Q_1}\right) \times 100\% \qquad (3\text{-}16\text{-}6)$$

因袋式除尘器除尘效率高，除尘器进、出口气体含尘浓度相差较大，为保证测定精度，可在除尘器出口采样中，适当加大采样流量。

**4. 压力损失、除尘效率与过滤速度关系的分析**

为了得到除尘器的 $v_F$-$\eta$ 和 $v_F$-$\Delta p$ 的性能曲线，应在除尘器清灰方式和进口气体含尘浓度 $C_1$ 相同的条件下，测出除尘器在不同过滤速度 $v_F$ 下的压力损失 $\Delta p$ 和除尘效率 $\eta$。

过滤速度的调整可通过改变风机入口阀门开度实现，利用动压法测定过滤速度。

保持实验过程中 $C_1$ 基本不变。可根据发尘量 $S$、发尘时间 $\tau$ 和进口气体流量 $Q_1$，按下式估算除尘器入口含尘浓度 $C_1$：

$$C_1 = \frac{S}{\tau Q_1} \qquad (3\text{-}16\text{-}7)$$

**三、仪器与实验装置**

**1. 实验流程**

本实验选用自行加工的袋式除尘器。该除尘器共 5 条滤带，总过滤面积为 $1.3m^2$。实验滤料可选用 208 工业涤纶绒布。本除尘器采用机械振打清灰方式。

除尘系统入口的喇叭形均流管 3 处的静压测孔 4 用于测定除尘器入口气体流量，亦可用于在实验过程中连续测定和检测除尘系统的气体流量。通风机 10 是实验系统的动力装置，选用 4-72-11NO4A 型离心通风机，转速为 2900r/min，全压为 1290～2040Pa，所配电动机功率为 5.5kW。通风机入口前设有阀门 9，用来调节除尘器处理气体流量和过滤速度。

**2. 实验设备**

干湿球温度计，1 支；空盒式气压表，DYM-3，1 个；钢卷尺，2 个；U 形管压差计，1 个；倾斜微压计，YYT-200 型，3 台；皮托管，2 支；烟尘采烟管，2 支；烟尘测试仪，SYC-I 型，2 台；秒表，2 个；分析天平，分度值 0.001g，2 台；托盘天平，分度值 1g，1 台；干燥器，2 个；鼓风干燥箱，DF-206 型，1 台；超细玻璃纤维无胶滤筒，20 个。

**四、实验方法与步骤**

**1. 室内空气环境参数测定**

本实验中有关气体温度、压力、含湿量、流速、流量及其含尘浓度的测定方法及其操作步骤见实验二进行相应修改。

**2. 袋式除尘器性能测定和计算**

（1）测量记录室内空气的干球温度（即除尘系统中气体的温度）、湿球温度及相对湿度，计算空气中水蒸气体积分数（即除尘器系统中气体的含湿量）。测量记录当地的大气压力。记录袋式除尘器型号规格、滤料种类、总过滤面积。测量记录除尘器进出口测定断面直径和断面面积，确定测定断向分环数和测点数，做好实验准备工作。

（2）将除尘器进出口断面的静压测孔 13、14 与 U 形管压差计 12 连接。

（3）将发尘工具和称重后的滤筒准备好。

（4）将皮托管、倾斜压力计准备好，待测流速流量时用。

（5）清灰。

（6）启动风机和发尘装置，调整好发尘浓度，使实验系统达到稳定。

（7）测量进出口流速和测量进出口的含尘量，进口采样 1min，出口 5min。

（8）在采样的同时，每隔一定时间，连续 5 次记录 U 形管压力计的读数，取其平均值近似作为除尘器的压力损失。

（9）隔 15min 后重复上面测量，共测量 3 次。

（10）停止风机和发尘装置，进行清灰。

（11）改变处理气量，重复步骤（6）～（10）两次。

（12）采样完毕，取出滤筒包好、置入鼓风干燥箱烘干后称重。计算出除尘器进、出口管道中气体含尘浓度和除尘效率。

（13）实验结束，整理好实验用的仪表、设备。计算、整理实验资料，并填写实验报告。

**五、实验数据记录与处理**

**1. 处理气体流量和过滤速度**

按式(3-16-1)计算除尘器处理气体量，按式(3-16-2)计算除尘器漏风率，按式(3-16-4)计算除尘器过滤速度。数据记录于表 3-16-1 中。

表 3-16-1 除尘器处理风量测定结果记录表

| 除尘器型号 | | 除尘器过滤面积 $A/m^2$ | | 当地大气压力 $p/kPa$ | | 烟气干球温度/℃ | | 烟气干球温度/℃ | | 烟气相对湿度/% | | 烟气密度 $\rho_g/(kg \cdot m^3)$ |
|---|---|---|---|---|---|---|---|---|---|---|---|---|
| | | | | | | | | | | | | |

| 测定次数 | 微压计倾斜系数 $K$ | 皮托管系数 $K_p$ | 除尘器进气管 | | | | | 除尘器排气管 | | | | | 除尘器处理气量 $Q$ /(m³/h) | 除尘器过滤速度 $v_F$ /(m/min) | 除尘器漏风率 $\delta/\%$ |
| | | | 微压计读数 $\Delta l_1$/mm | 静压 /Pa | 管内流速 $v_1$ /(m/g) | 横截面积 $F_1$ /m² | 风量 $Q_1$ /(m³/h) | 微压计读数 $\Delta l_2$/mm | 静压 /Pa | 管内流速 $v_2$ /(m/g) | 横截面积 $F_2$ /m² | 风量 $Q_2$ /(m³/h) | | | |
|---|---|---|---|---|---|---|---|---|---|---|---|---|---|---|---|
| 1—1 | | | | | | | | | | | | | | | |
| 1—2 | | | | | | | | | | | | | | | |
| 1—3 | | | | | | | | | | | | | | | |

续表

| 测定次数 | 微压计倾斜系数 $K$ | 皮托管系数 $K_p$ | 除尘器进气管 | | | | | 除尘器排气管 | | | | | 除尘器处理气量 $Q$/(m³/h) | 除尘器过滤速度 $v_F$/(m/min) | 除尘器漏风率 $\delta$/% |
| --- | --- | --- | --- | --- | --- | --- | --- | --- | --- | --- | --- | --- | --- | --- | --- |
| | | | 微压计读数 $\Delta l_1$/mm | 静压/Pa | 管内流速 $v_1$/(m/g) | 横截面积 $F_1$/m² | 风量 $Q_1$/(m³/h) | 微压计读数 $\Delta l_2$/mm | 静压/Pa | 管内流速 $v_2$/(m/g) | 横截面积 $F_2$/m² | 风量 $Q_2$/(m³/h) | | | |
| 2—1 | | | | | | | | | | | | | | | |
| 2—2 | | | | | | | | | | | | | | | |
| 2—3 | | | | | | | | | | | | | | | |
| 3—1 | | | | | | | | | | | | | | | |
| 3—2 | | | | | | | | | | | | | | | |
| 3—3 | | | | | | | | | | | | | | | |

### 2. 压力损失

按式(3-16-5)计算压力损失，并取 5 次测定数据的平均值 $\Delta p$ 作为除尘器压力损失。数据记录于表 3-16-2 中。

**表 3-16-2  除尘器压力损失测定记录表**

| 测定次数 | 每次间隔时间 $t$/min | 静压差测定结果/Pa | | | | | 除尘器压力损失 $\Delta p$/Pa |
| --- | --- | --- | --- | --- | --- | --- | --- |
| | | 1 | 2 | 3 | 4 | 5 | |
| 1—1 | | | | | | | |
| 1—2 | | | | | | | |
| 1—3 | | | | | | | |
| 2—1 | | | | | | | |
| 2—2 | | | | | | | |
| 2—3 | | | | | | | |
| 3—1 | | | | | | | |
| 3—2 | | | | | | | |
| 3—3 | | | | | | | |

### 3. 除尘效率

除尘效率按式(3-16-6)计算。数据记录于表 3-16-3 中。

**表 3-16-3  除尘器效率测定结果记录表**

| 测定次数 | 除尘器进口气体含尘浓度 | | | | | | 除尘器出口气体含尘浓度 | | | | | | 除尘器全效率/% |
| --- | --- | --- | --- | --- | --- | --- | --- | --- | --- | --- | --- | --- | --- |
| | 采样流量/(L/min) | 采样时间/min | 采样体积/L | 滤筒初质量/g | 滤筒总质量/g | 粉尘浓度/(mg/L) | 采样流量/(L/min) | 采样时间/min | 采样体积/L | 滤筒初质量/g | 滤筒总质量/g | 粉尘浓度/(mg/L) | |
| 1—1 | | | | | | | | | | | | | |
| 1—2 | | | | | | | | | | | | | |
| 1—3 | | | | | | | | | | | | | |
| 2—1 | | | | | | | | | | | | | |
| 2—2 | | | | | | | | | | | | | |
| 2—3 | | | | | | | | | | | | | |
| 3—1 | | | | | | | | | | | | | |
| 3—2 | | | | | | | | | | | | | |
| 3—3 | | | | | | | | | | | | | |

4. 压力损失、除尘效率和过滤速度的关系

整理 3 组不同 $v_F$ 下的 $\Delta p$ 和 $\eta$ 资料，绘制 $v_F$-$\Delta p$ 和 $v_F$-$\eta$ 实验性能曲线，分析过滤速度对袋式除尘器压力损失和除尘效率的影响。对每一组资料，分析在一次清灰周期中，压力损失、除少效率和过滤速度随过滤时间的变化情况。

**六、思考题**

1. 用动力法和静压法测得的气体流量是否相同，哪个更准确些？为什么？

2. 测定袋式除尘器压力损失，为什么要固定其清灰方法？为什么要在除尘器稳定运行状态下连续 5 次读数并取其平均值作为除尘器压力损失？

3. 试根据实验性能曲线 $v_F$-$\Delta p$ 和 $v_F$-$\eta$，分析过滤速度对袋式除尘器压力损失和除尘效率的影响。

4. 总结在一次清灰周期中，压力损失、除尘效率和过滤速度随过滤时间的变化规律。

# 实验十七　湿式文丘里除尘器性能的测定

**一、实验目的和意义**

1. 熟悉文丘里除尘器的结构形式和除尘机理；

2. 掌握文丘里除尘器主要性能指标的测定方法；

3. 掌握湿式除尘器动力消耗的测定方法；

4. 了解湿法除尘与干法除尘在除尘性能测定中的不同实验方法。

**二、实验原理**

湿式除尘器是使含尘气体与液体密切接触，利用水滴和颗粒的惯性碰撞及其他作用捕集粉尘或使粒径增大的装置。文丘里除尘器是一种高效的湿式除尘器，常用于高温烟气的降温和除尘。影响文丘里除尘器性能的因素较多，为了使其在合理的操作条件下达到高除尘效率，需要通过实验研究各因素影响其性能的规律。

文丘里除尘器性能（包括处理气体流量、压力损失、除尘效率及喉口速度、液气比、动力消耗等）与其结构形式和运行条件密切相关。本实验是在除尘器结构形式和运行条件已定的前提下，完成除尘器性能的测定。

1. 处理气体量和喉口速度的测定和计算

利用动压法测定文丘里除尘器处理气体量 $Q_G$（$m^3/s$），应同时测出除尘器进、出口的气体流量（$Q_{G1}$、$Q_{G2}$），取两者的平均值作为测量值：

$$Q_G = \frac{1}{2}(Q_{G1}+Q_{G2}) \tag{3-17-1}$$

式中，$Q_{G1}$、$Q_{G2}$ 分别为湿式除尘器进、出口连接管道中的气体流量，$m^3/s$。

（1）除尘器漏风率 $\delta$ 按下式计算：

$$\delta = \frac{(Q_{G1}-Q_{G2})}{Q_{G1}} \times 100\% \tag{3-17-2}$$

当实验系统漏风率小于 5% 时，还可采用静压法测定 $Q_G$，即根据测得的系统喇叭形入口均流管处平均静压（$|p_s|$），按下式计算：

$$Q_G = \varphi_V A \sqrt{2|p_s|\rho} \tag{3-17-3}$$

式中，$\varphi_V$ 为喇叭形入口均流管的流量系数；$A$ 为测定断面的面积，$m^2$；$\rho$ 为管道中气体密度，$kg/m^3$。

对于湿式文丘里除尘器来说，如果雾沫分离器的除雾效率不高，则除尘器出口管道中的残余液滴往往会干扰测定精度。而且，本实验在测定其他项目时，一般需要同时测定记录除尘器处理气体量（$Q_G$）。此时，采用静压法测定 $Q_G$ 就比动压法更为合适。

（2）喉口速度的测定和计算　若文丘里除尘器喉口断面积为 $A_r$，则其喉口平均气流速度（$v_r$）（m/s）为：

$$v_r = Q_G / A_r \qquad (3\text{-}17\text{-}4)$$

2. 压力损失的测定和计算

文丘里除尘器压力损失 $\Delta p_G$ 为除尘器进、出口气体平均全压差。实验装置中除尘器进、出口连接管道的断面积相等，故其压力损失可用除尘器进、出口管道中气体的平均静压差 $\Delta p_{s12}$ 表示，即：

$$\Delta p_G = \Delta p_{s12} - \sum \Delta p_i \qquad (3\text{-}17\text{-}5)$$

或

$$\Delta p_G = \Delta p_{s12} - (L R_L + \Delta p_m) \qquad (3\text{-}17\text{-}6)$$

式中，$\Delta p_G$ 为文丘里除尘器压力损失，Pa；$\Delta p_{s12}$ 为文丘里除尘器进、出口管道中气体的平均静压差，Pa；$\sum \Delta p_i$ 为文丘里除尘器进口测定断面 1 至除尘器进口和除尘器出口至除尘器出口测定断面 2 的管道系统压力损失之和，Pa；$L$ 为除尘器进口测定断面 1 至除尘器进口及除尘器除出口至除尘器出口测定断面 2 之间的管道长度，m；$R_L$ 为单位长度管道的摩擦阻力，Pa；$\Delta p_m$ 为除尘器进口测定断面 1 至除尘器进口及除尘器出口至除尘器出口测定断面 2 之间的管道局部阻力，Pa。

应该指出，除尘器压力损失随操作条件变化而改变，本实验的压力损失测定应在除尘器稳定运行（$v_r$、$L$ 保持不变）的条件下进行，并同时测定记录 $v_r$、$L$ 的数据。

3. 耗水量及液气比的测定和计算

文丘里除尘器的耗水量 $Q_L$，可通过设在除尘器进水管上的流量计 13 直接读得。在同时测得除尘器处理气体量（$Q_G$）后，即可由下式求出液气比（$L$）（L/m³）：

$$L = Q_L / Q_G \qquad (3\text{-}17\text{-}7)$$

4. 除尘效率的测定和计算

文丘里除尘器除尘效率 $\eta$ 的测定，亦应在除尘器稳定运行的条件下进行并同时记录 $v_r$、$L$ 等操作指标。

文丘里除尘器的除尘效率常用质量浓度法测定，即在除尘器进、出口测定断面上，用等速采样法同时测出气流含尘浓度，并按下式计算，

$$\eta = \left(1 - \frac{C_2 Q_{G2}}{C_1 Q_{G1}}\right) \times 100\% \qquad (3\text{-}17\text{-}8)$$

式中，$C_1$、$C_2$ 分别为文丘里除尘器进、出口气流含尘浓度，g/m³。

考虑到雾沫分离器不可能捕集全部液滴，文丘里除尘器出口气体中水分含量一般偏高。故在进、出口测定断面同时采样时，宜使用湿式冲击瓶作为集尘装置。

5. 除尘器动力消耗的测定和计算

文丘里除尘动力消耗 $E$（kW·h/1000m³）等于通过除尘器气体的动火消耗与加入液体的动力消耗之和，计算式如下：

$$E = \frac{1}{3600}\left(\Delta p_G + \Delta p_L \frac{Q_L}{Q_G}\right) \qquad (3\text{-}17\text{-}9)$$

式中，$\Delta p_G$ 为通过文丘里除尘器气体的压力损失，Pa [3600Pa=1（kW·h/1000m³）]；$\Delta p_L$ 为加入除尘器液体的压力损失，即供水压力，Pa；$Q_L$ 为文丘里除尘器耗水量，m³/s；$Q_G$ 为文丘里除尘器处理气体量，m³/s。

上式中所列的 $\Delta p_G$、$Q_L$、$Q_G$ 已在实验中测得，因此，只要在除尘器进水管上的压力

表上读得 $\Delta p_{\mathrm{L}}$，便可按式(3-17-9)计算除尘器动力消耗 $E$。

应当注意的是，由于操作指标 $v_{\mathrm{r}}$、$L$ 对动力消耗（$E$）影响很大，所以本实验所测得的动力消耗 $E$ 是针对某一操作状况而言的。

### 三、实验仪器与设备

#### 1. 实验仪器

干湿球温度计，1支；空盒式气压表，DYM-3 型，1个；钢卷尺，2个；U形管压差计，1个；倾斜式微压计，YYT-200 型，3台；皮托管，2支；烟尘采样管，2支；烟尘测试仪，SYC-1 型，2台；湿式冲击瓶，2个；旋片式真空泵，2XZ-1 型，2台；秒表，2个；光电分析天平，TC-328B 型，分度值 1/1000g，1台；托盘天平，分度值为 1g，1台；鼓风干燥箱，DF-206 型，1台；干燥器，2个；弹簧压力表，Y-60TQ 型，1台；转子流量计，LZB-50 型，1支。

#### 2. 实验流程

文丘里除尘器性能实验装置流程如图 3-17-1 所示。其主要由文丘里凝聚器6、旋风雾沫分离器7、粉尘定量供给装置1、粉尘分散装置2、通风机11、水泵12和管道及其附件所组成。

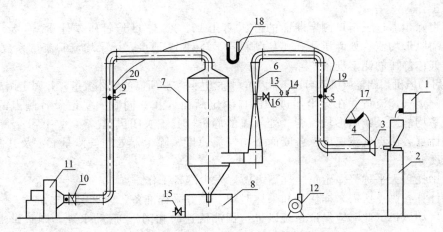

图 3-17-1　文丘里除尘器性能实验装置流程

1—粉尘定量供给装置；2—粉尘分散装置；3—喇叭形均流器；4—均流管处静压测孔；5—除尘器进口测定断面1；6—文丘里凝聚器；7—旋风雾沫分离器；8—水槽；9—除尘器出口测定断面2；10—调节阀；11—通风机；12—水泵；13—流量计；14—水压表；15—排污阀；16—供水调节阀；17—倾斜式微压计；18—U形管压差计；19—除尘器进口管道静压测孔；20—除尘器出口管道静压测孔

粉尘定量供给装置1，可采用 ZGP-$\phi$200 微量盘式给料机，粉尘流量调节主要通过改变刮板半径位置及圆盘转速而实现定量加料。

粉尘分散装置2，采用吹尘器或压缩空气作为动力，将装置1定量供给的粉尘试样分散成实验所需含尘浓度的气溶胶状态。

通风机11是实验系统的动力装置，由于文丘里除尘器压力损失较大，本实验宜选用9-27-12型高压离心通风机。水泵12是供水系统的动力装置，本实验可选 IS50-32-125A 型离心水泵。

实验系统入口喇叭形均流管3要求加工光滑，并预先测得其流量系数 $\varphi_{\mathrm{V}}$。在系统入口喇叭形均流管管壁上开有静压测孔4，可用来连续测量和监控除尘器入口气体流量。

文丘里除尘器由文丘里凝聚器6和旋风雾沫分离器7组成。过于目前尚无标准系列设计，可根据文丘里除尘器结构设计的一般规定以及实验的具体要求，自行设计、加工。

除尘器进、出口连接管道宜选择相同的管径，以便采用静压法测定气体流量。除尘器处理气体量是通过调整通风机入口调节阀10的开度而进行调节的。除尘器供水调节阀16为内螺纹暗杆闸阀（Z15T-10K），$D_g32$。水槽排污阀 15 为 Z44H-16 快速排污阀，$D_g50$。

湿式冲击瓶通常使用蒸馏水收集尘粒物质。冲击瓶管嘴直径为 2.3mm，管嘴末端向瓶底间的空隙约为 5mm。冲击瓶容积是 300mL，通常放入 75～125mL 蒸馏水，当含尘气流通过接近瓶底部的玻璃管时，可冲击到瓶底，形成许多小气泡，尘粒由于运动方向的改变及同液体的接触而被捕集下来。

气体温度、压力、含湿量、流速及其含尘浓度测定的实验装置可参看实验一、实验二。

**四、实验方法与步骤**

1. 准备工作

本实验中有关气体的温度、压力、含湿量、流速、流量及其含尘浓度的测定方法和具体操作步骤请参看实验二。

2. 测定

（1）测量记录室内空气的干球温度（即除尘系统中气体的温度）、湿球温度和相对湿度，计算空气中水蒸气体积分数（即除尘系统中气体的含湿量）。测量记录当地大气压力。测量记录文丘里除尘器进、出口测定断面直径和喉管直径。确定测定断面分环数和测点数，做好实验准备工作。

（2）将除尘器进、出口测定断面的静压测孔 19、20 与 U 形管压差计 18 连接。将除尘系统入口喇叭形均流管处静压测孔 4 与倾斜式微压计 17 连接，记录均流管流量系数 $\varphi_V$，做好各断面气体静压的测定准备。

（3）启动风机，调整风机入口调节阀 10，使之达到实验所需的气体流量，并固定调节阀 10。

（4）测量气体流量。在除尘器进、出口测定断面 5 和 9 同时测量记录各测点的气流动压、断面平均静压及喇叭形均流管 3 处气流的静压 $|p_s|$。关闭风机。

（5）计算各测点气流速度、各断面平均气流速度、除尘器处理气体量 $Q_G$ 及其漏风率 $\delta$ 和喉口速度 $v_r$。

（6）用托盘天平称好一定量尘样 $S$，做好发尘准备工作。

（7）计算各测点所需采样流量和采样时间，做好采样准备，详见实验二。

（8）启动风机（此时应保证系统风量与预测流速时相同）。启动水泵，调整供水调节阀 16 至液气比 $L$ 在 0.7～1.0L/m³ 范围为宜。启动发尘装置，调整发尘浓度至 3～10g/m³，并注意保持实验系统在此条件下稳定运行。

（9）测量记录下列参数：在 U 形管压差计 18 读取除尘器压力损失 $\Delta p_G$，在水压表 14 读取供水压力 $\Delta p_L$，在流量计 13 读取供水量 $Q_L$，在入口均流管静压测孔连接的倾斜式微压计 17 读取静压 $|p_s|$。

（10）参照实验二的要求，在除尘器进、出口测定断面 5 和 9 同时进行采样，并记录有关采样数据。

（11）重复步骤（9）、（10）两次，即连续采样三次。

（12）停止发尘，关闭水泵和风机。

（13）将采集的尘样放在鼓风干燥箱里烘干，再用天平称重，就可得到采集的尘量。

（14）整理好实验用的仪表和设备，计算整理实验数据并填写实验报告。

**五、实验数据记录与整理**

1. 室内空气环境参数测定

本实验中有关空气的温度、压力、含湿量等环境参数记录和整理参看实验二进行相应修改，并由学生自行设计记录表汇总。

2. 文丘里除尘器性能测定和计算

测定文丘里除尘器处理气体量、压力损失和除尘效率测定，将记录数据进行整理后，再与其他各项实验数据一起填入本实验记录表 3-17-1 与表 3-17-2 中。表中气体流量 $Q_G$ 按式

表 3-17-1　除尘器效率测定记录表（一）

| 大气压力 $p$/kPa | 室内空气参数 | | | 测定断面面积 | | 喉口面积 $A_r$/m² | 粉尘特性 | | 均流管流量系数 $\varphi_V$ |
|---|---|---|---|---|---|---|---|---|---|
| | 干球温度 /℃ | 湿球温度 /℃ | 相对湿度 /% | 进口 /m² | 出口 /m² | | 种类 | $d_{50}$ /μm | |
| | | | | | | | | | |
| | | | | | | | | | |

表 3-17-2　除尘器效率测定记录表（二）

| 序号 | 测定项目 | | | 符号 | 单位 | 测定数据 | | | |
|---|---|---|---|---|---|---|---|---|---|
| | | | | | | 1 | 2 | 3 | 平均 |
| 1 | 处理气体流量和喉口速度 | 进口气体 | 温度 | $t_1$ | ℃ | | | | |
| | | | 静压 | $p_{s1}$ | Pa | | | | |
| | | | 断面平均流速 | $v_1$ | m/s | | | | |
| | | | 流量 | $Q_{G1}$ | m³/s | | | | |
| | | 出口气体 | 温度 | $t_2$ | ℃ | | | | |
| | | | 静压 | $p_{s2}$ | Pa | | | | |
| | | | 断面平均流速 | $v_2$ | m/s | | | | |
| | | | 流量 | $Q_{G2}$ | m³/s | | | | |
| | | | 除尘器处理气体流量 | $Q_G$ | m³/s | | | | |
| | | | 除尘器喉口速度 | $v_r$ | m/s | | | | |
| 2 | | | 耗水量 | $Q_L$ | L/h | | | | |
| | | | 液气比 | $L$ | L/m³ | | | | |
| 3 | 压力损失及凝聚器内静压变化 | | 收缩管气体入口静压 | $p_{sA}$ | Pa | | | | |
| | | | 喉管内气体静压 | $p_{sRC}$ | Pa | | | | |
| | | | 扩散管气体出口静压 | $p_{sD}$ | Pa | | | | |
| | | | 文丘里凝聚器压力损失 | $\Delta p$ | Pa | | | | |
| | | | 除尘器进出口气体平均静压差 | $\Delta p_{s12}$ | Pa | | | | |
| | | | 除尘器进出口连接管道压损之和 | $\sum \Delta p_i$ | Pa | | | | |
| | | | 除尘器压力损失 | $\Delta p_G$ | Pa | | | | |
| 4 | 净化效率 | 进口 | 集尘量 | $\Delta G_1$ | mg | | | | |
| | | | 采气总体积 | $\sum V_{N\delta 1}$ | m³ | | | | |
| | | | 含尘浓度 | $C_1$ | g/m³ | | | | |
| | | 出口 | 集尘量 | $\Delta G_2$ | mg | | | | |
| | | | 采气总体积 | $\sum V_{N\delta 2}$ | m³ | | | | |
| | | | 含尘浓度 | $C_2$ | g/m³ | | | | |
| | | | 除尘器净化效率 | $\eta$ | % | | | | |
| 5 | 动力消耗 | | 除尘器供水压力 | $\Delta p_L$ | kPa | | | | |
| | | | 除尘器动力消耗 | $E$ | $\dfrac{kW \cdot h}{1000 m^3}$ | | | | |

（3-17-1）计算。喉口速度 $v_r$ 按式（3-17-4）计算，压力损失 $\Delta p_G$ 按式（3-17-5）计算，液气比 $L$ 按式（3-17-7）计算，除尘效率 $\eta$ 按式（3-17-8）计算，动力消耗 $E$ 按式（3-17-9）计算。应注意，$\Delta p_G$、$\Delta p_L$、$Q_L$、$Q_G$、$v_r$、$\eta$、$E$ 皆应取三组实验数据，并取其三次平均值作为实验结果。

3. 实验数据处理与分析

实验结果分析是在完成压力损失 $\Delta p_G$、除尘效率 $\eta$ 和喉口速度 $v_r$、液气比 $L$ 等性能参数测定后进行，应至少取得五组不同 $v_r$ 或 $L$ 下的 $\Delta p_G$ 和 $\eta$ 数据，再展开分析研究。

（1）压力损失、除尘效率和喉口速度的关系　分析 $\Delta p_G$、$\eta$ 与 $v_r$ 的相互关系，并绘制 $v_r$-$\Delta p_G$ 和 $v_r$-$\eta$ 实验性能曲线。

（2）压力损失和喉口速度、液气比的关系　根据取得的实验数据，分析 $\Delta p_G$ 与 $v_r$、$L$ 的相关关系，采用回归分析方法，建立 $\Delta p_G = f(v_r, L)$ 的计算模型。

**六、思考题**

1. 为什么文丘里防尘器性能实验应该在操作指标 $v_r$、$L$ 固定的运行状态下进行测定？
2. 根据实验结果，试分析影响文丘里除尘器除尘效率的主要因素。
3. 根据实验结果，试说明降低文丘里除尘器动力消耗的主要途径。
4. 试比较采用动压法和静压法测定文丘里除尘器处理气体量的差别，并分析其原因。

# 实验十八　电除尘器除尘效率的测定

**一、实验目的与要求**

1. 了解影响电除尘器除尘效率的主要因素；
2. 掌握电除尘器除尘效率的测定方法。

**二、实验原理**

1. 总除尘效率

实验中的总除尘效率仍以所捕集粉尘的质量占进入除尘器的粉尘质量的百分比为基准，即：

$$\eta = 1 - \frac{S_2}{S_1} \tag{3-18-1}$$

式中，$S_1$、$S_2$ 为除尘器进、出口的粉尘质量流量，g/s；$\eta$ 为电除尘器的总除尘效率，%。

2. 分级除尘效率

一般来讲，粉尘密度一定，尘粒愈大除尘效率愈高。因此，仅用总除尘效率来描述除尘器的捕集性能是不够的，应给出不同粒径粉尘的除尘效率才更为合理，即分级除尘效率，以 $\eta_i$ 表示。

若设除尘器进口、出口和捕集的粒径为 $d_{pi}$ 颗粒的质量流量分别为 $S_{1i}$、$S_{2i}$ 和 $S_{3i}$，则该除尘器对 $d_{pi}$ 颗粒的分级效率为：

$$\eta_i = \frac{S_{3i}}{S_{1i}} = 1 - \frac{S_{2i}}{S_{1i}} \tag{3-18-2}$$

若分别测出除尘器进口、出口和捕集的粉尘粒径频率分布 $g_{1i}$、$g_{2i}$ 和 $g_{3i}$ 中任意两组数，则可给出分级效率与总效率之间的关系：

$$\eta_i = \frac{\eta}{\eta + P g_{2i}/g_{3i}} \tag{3-18-3}$$

式中，$P$ 为总穿透率。

　　本实验中，按粉尘采样的要求，选择合适的测定位置，采用标准采样管，在电除尘器进、出口同步采样，然后通过称重可求出总除尘效率。将称重后的粉尘样进行粒径分布测定，可求出分级除尘效率。

### 三、实验仪器与设备

1. 仪器设备

（1）本实验仪器为烟气状态（温度、含湿量及压力）、烟气流速及流量的测定和烟气中含尘浓度的测定两个实验中使用的全部仪器设备。

（2）库尔特粒度分析仪及其配套设备。

2. 粉尘试样

实验中选用的粉尘主要有飞灰、石灰石和烧结机尾粉尘。

### 四、实验方法与步骤

1. 调整电除尘器的板间距、线间距，记录放电极和收尘极形式、板间距和线间距。

2. 仔细检查高压电源和进线箱等处的接线和接地装置，保证安全。

3. 打开高压电源控制柜上的电源开关，按下高压启动按钮，调节输出调整旋钮。

4. 根据板间距在表 3-18-1 中选择合适的二次电压值，调节输出调整旋钮至本实验所需电压值。

表 3-18-1　二次电压值的选择表

| 板间距/mm | 300 | | | 350 | | | 400 | | |
|---|---|---|---|---|---|---|---|---|---|
| 二次电压/kV | 50 | 55 | 60 | 60 | 65 | 70 | 70 | 75 | 80 |

5. 启动引风机，通过发尘装置向系统加入粉尘，保持发尘量一定。待发尘后几分钟，根据高压电源控制柜的显示值，记录二次电压和二次电流值。

6. 测定烟气温度、湿度和压力（方法及步骤详见实验二）。

7. 测定烟气流速，计算流量（方法及步骤详见实验二）。

8. 按照等动力采样的要求，在电除尘器进出口处的采样孔同时采样，测定烟气中含尘浓度。其中测点选择方法详见实验二，采样点控制流量确定方法以及烟气中含尘浓度的测定方法和步骤详见实验二。

9. 将步骤 8 中称重后的粉样，利用库尔特仪进行分散度测定（方法及步骤见实验十一）。

10. 利用步骤 8、9 中测得的数据，计算电除尘器总效率及分级效率。

11. 将高压电源控制柜上的输出调节旋钮调至表 3-18-1 中的另两种操作电压，重复步骤 8～10，测定不同操作条件下的总除尘效率和分级除尘效率。

12. 通过流量调节阀将烟气流量增大和减小各一次，重复步骤 4～10，测定不同流量下的总除尘效率和分级除尘效率（此时应注意发尘量需相应增减，以保持入口粉尘浓度一定）。

13. 根据测得的分级除尘效率数据，计算不同粒径粉尘的驱进速度。

14. 根据以上过程获得的数据，绘制操作电压与总除尘效率关系曲线比集尘面积（板面积/烟气流量）与总除尘效率关系曲线和粉尘驱进速度与分级除尘效率的关系曲线，由此分析操作条件、比集尘面积和驱进速度与效率的关系。

15. 当各项烟气参数的测定和粉尘采样工作结束后，按下高压电源控制柜上的高压停止按钮，关闭电源开关。

实验注意事项：

（1）实验中安全第一，要注意不要接触到高压电。如控制柜发生跳闸报警时，则关闭电源开关，检查电场内放电极是否短路，穿壁和拉线绝缘子部分是否有积灰或安装不合理处，排除故障后，再试运行。如不能再次开机，则控制柜内部空气开关掉闸，合闸后即可开机。

（2）为了避免静电伤人，要在送过高压后，调整放电极间距前，通过接地棒将放电极上的电荷放掉。

（3）为了保证前后实验结果的可比性，应在实验后将放电极、收尘极和灰斗中的粉尘清理干净。

### 五、实验数据记录与处理

数据记录于表 3-18-2 和表 3-18-3 中。

**表 3-18-2　总除尘效率测定记录表**

| 结 构 参 数 | |
|---|---|
| 放电极形式 | |
| 收尘极形式 | |
| 线间距/mm | |
| 板间距/mm | |
| 烟气参数 | |
| 烟气温度/℃ | |
| 湿度/(g/kg) | |
| 压力/Pa | |
| 平均流速/(m/s) | |
| 烟气流量/(m³/h) | |
| 粉尘种类 | |
| 运行条件 | 二次电压/二次电流 |

| 进口粉样称重/g | 滤筒号 | | | |
|---|---|---|---|---|
| | | | | |
| | | | | |
| 进口粉样称重/g | 滤筒号 | | | |
| | | | | |
| | | | | |
| 总除尘效率/% | | | | |

**表 3-18-3　分级除尘效率测定记录表**

二次电压：＿＿＿kV，二次电流：＿＿＿mA

| 进口粉尘样品总称重/g | |
|---|---|
| 出口粉尘样品总称重/g | |
| 粒径/μm | |
| 进口累积分布/% | |
| 出口累积分布/% | |
| 分级除尘效率/% | |

### 六、思考题

1. 根据分级除尘效率与总效率的关系，由实测的分组效率计算总除尘效率，并将计算结果与实测的总除尘效率对比分析。

2. 实验中要求发尘量随流量的增减而相应增减，试分析其原因。

3. 你认为实验中还有哪些需要改进的地方。

# 实验十九　电除尘器伏安特性测定

## 一、实验意义和目的

1. 熟悉模拟电极放电装置的装配、连线和测量。
2. 了解电除尘器的电极配置和高压供电线路的连接形式。
3. 掌握和理解电除尘器伏安特性实验方法。
4. 了解电晕放电、火花放电外观形态。

## 二、实验原理

工业电除尘器一般规模较大，内部放电现象不易观察，供电线路和电气仪表的连接不能一目了然。

电除尘器的伏安特性是指极间电压 $V$ 与电晕电流 $I$ 之间的关系，以及开始产生电晕放电的起始电晕电压 $V_0$ 和开始出现火花放电时的火花电压 $V_s$。这些特性取决于放电极和集尘极的几何形状及其间距，气体的温度、压力和化学成分等因素，通常可由实验进行测定。

## 三、实验仪器与设备

电除尘器按电极配置形式，大致可分为板式和管式两种。极板有 Z 形板、C 形板和波形板等，放电极有芒刺线、星形线和光圆线等。本实验采用板式电除尘器的模拟电板装置，并用两块平行金属平板模拟集尘电极，放电极采用直径为 1mm 的光圆线。

### 1. 供电设备

配合上述放电装置的高压供电设备，要求输出 0～100kV 的可调直流电压，允许最大电流 10mA，本实验采用 CGD 型尘源控制高压电源。它由控制器、高压变压器和高压硅整流器等组成。控制器装有调压器、过电流保护环节、电压表、电流表、信号灯和开关等。控制器接受 220V 50Hz 交流电压，经调压器输出 0～250V 可调交流电压。高压变压器将此电压升高，再经硅整流器输出直流高电压。

### 2. 实验仪表

交流电流表，85LI 型 ($A_1$)，1 只；交流电压表，85LI 型 ($V_1$)，1 只；直流毫安表，C46-mA 型或直流微安表 C46-$\mu$A 型 ($A_2$)，1 只；高压电压表，Q4-V 型静电电压表 ($V_2$)，1 只。

## 四、实验方法与步骤

### 1. 测试板式电除尘器模拟电极的伏安特性

(1) 在断电条件下安装、调节放电装置。拉下供电系统最前面的低压供电闸刀，实验人员进入安全屏护内安装、调节平板电极和放电极。

(2) 按照电路原理图连接高压引线、接地线及电压表、电流表等。

(3) 实验人员撤到安全屏护外，启动高压供电设备。启动顺序：闭合向控制器供电的 220V 交电的闸刀；转动控制器的电源开关到通的位置，低压绿色信号灯亮，将调压器手轮转到零位；按下高压启动电钮，这时高压红色信号灯亮，低压绿色信号灯灭，各个接通高压的部件均已带电。

(4) 转动调压器手轮，缓慢调高电压。当高压电压表读数到 5kV 左右时，打开保护开关 K，记录电压表 $V_2$ 和电流表 $A_2$ 的读数。闭合保护开关 K，继续调高电压。每次升高 5kV 左右时，记录一组电压表 $V_2$ 和电流表 $A_2$ 的读数。当电极间出现火花放电时，立即停止升压，记录火花电压 $V_s$。

(5) 转动调压器手轮，便电压下降到最低值。按下高压断开电钮，高压变压器的输入即被切断，高压红色信号灯灭，低压绿色信号灯亮。切断控制器的电源，低压绿色信号灯随之熄灭。拉下供电闸刀。

（6）断电后的一段时间内，与高压线相连的各部件仍有残留电荷。手持放电棒的绝缘柄使其金属尖端接触可能有残留电荷的部件，使之放电。

（7）将两平行平板的间距调到 300mm 和 400mm，仍挂 3 根电晕线。重复上述步骤，测定该两种几何参数下的伏安特性。

2. 当板间距和电压一定时电晕电流与放电线根数的关系

（1）断开电源，板间调到 300mm，两板中间挂一根电晕线。按照上述方法将高压调到 60kV，测出电晕电流，关断高压。

（2）保持板间距 300mm，依次挂放电线 3 根、5 根、7 根、9 根、11 根，在高压为 60kV 时，测量对应的电晕电流。

实验注意事项：

（1）本实验一些部件需加高电压，实验人员要切实注意安全。学生必须严格遵照指导教师的要求操作，人体离高压带电体的距离至少保持在 1.5m 以上，所有接地线必须牢固连接，高电压供电设备和通高电压的实验装置的外围必须装设安全屏护。

（2）调节平板和电极时可以改变的几何参数有平行平板间的距离和相邻放电极线间的距离。例如，若极板长 1m，两板间的距离可取 200mm、300mm 和 400mm 等。将选定 3 根放电线，可将平板按横向分成三个等长分区，在每个分区中心挂一根放电线。若装 4 根、5 根线时，也按同样原则布置。先选定板间距为 200mm，挂 3 根放电线。

### 五、实验数据记录与处理

1. 将实验数据记录在相应的实验数据记录表 3-19-1 中。

表 3-19-1 实验数据记录表

大气压力：_____Pa;空气干球温度：_____℃;空气湿球温度：_____℃

（一）板-线放电装置测定记录表

极板长：_____m;极板高：_____m;放电线直径：_____mm

1. 板间距 __200__ mm;放电线根数 __3__ 根

| $V_2/kV$ | | | | | | | | | | |
|---|---|---|---|---|---|---|---|---|---|---|
| $I_2/mA$ | | | | | | | | | | |

$V_c$:_____kV　　　　　　$V_s$:_____kV

2. 板间距 __300__ mm;放电线根数 __3__ 根

| $V_2/kV$ | | | | | | | | | | |
|---|---|---|---|---|---|---|---|---|---|---|
| $I_2/mA$ | | | | | | | | | | |

$V_c$:_____kV　　　　　　$V_s$:_____kV

3. 板间距 __400__ mm;放电线根数 __3__ 根

| $V_2/kV$ | | | | | | | | | | |
|---|---|---|---|---|---|---|---|---|---|---|
| $I_2/mA$ | | | | | | | | | | |

$V_c$:_____kV　　　　　　$V_s$:_____kV

（二）板间距和电压固定时电晕电流与放电线根数关系记录表

板间距 __300__ mm;电压_____kV

| 放电线根数 | | | | | | | | |
|---|---|---|---|---|---|---|---|---|
| $I_2/mA$ | | | | | | | | |

2. 绘制板间距分别为 200mm、300mm、400mm 时的板-线放电装置的伏安特性曲线。

3. 绘制板间距和电压固定时电晕电流与放电线根数的关系曲线。前一组曲线宜绘在单对数坐标纸上，电晕电流改变范围大，应取值于按对数划分的轴上。

绘出电晕电流与放电线根数的关系（板距 300mm，电压 60kV）曲线。

## 六、思考题

1. 电晕放电的电流-电压关系是否符合欧姆定律？
2. 板-线电极配置中，当线距、电压一定时，电流怎样随板距改变？
3. 电晕起始电压与板间距有什么样的关系？
4. 影响电晕起始电压和火花电压的主要因素是什么？

# 实验二十　交通源颗粒物排放因子的测定

## 一、实验目的与要求

1. 了解隧道实验法测定交通源颗粒物排放因子的方法；
2. 了解交通流量和道路边侧大气污染物浓度的相关性；
3. 掌握颗粒物滤膜采样的基本操作步骤。

## 二、实验原理

机动车污染排放特征调查和建立污染物排放清单，是开展机动车排放控制的一项基础工作。机动车排放因子的确定，是建立排放清单的关键。确定排放因子的方法有很多种，其中公路隧道实验法近年来得到了有效的应用。

在交通隧道内，通过监测过往隧道的机动车排入隧道内的污染物浓度分布和隧道内风速等环境和气象要素，经过计算可以得出在一定机动车组成和流量下污染物的污染状况和排放因子。

公路隧道实验中的调查和实验方法对取得有代表性的资料至关重要。首先需对隧道的自然条件进行详细调查。选取隧道的主要要求包括：隧道尽可能长，平坦且直，坡度和弯度较小，隧道内为单向通车，与外界连通的通风口尽可能少。其次，对机动车数量和类型的调查是另一个关键环节，机动车组成应具有代表性，其流量应尽可能大。但是，在不同的实验中，各种机动车所占比例的变化范围应该尽可能大，车速要有一定幅度的变化。选择可以反映交通源污染的污染物并进行监测，以便全面反映隧道内的污染状况和传输特征。此外，隧道内风速、温度、湿度等气象因素也会影响交通源污染物的污染状况和污染特性，因此也要进行相应的监测。而隧道中能见度的监测不仅能反映隧道本身的交通条件和状况，还能在一定程度上反映交通源污染对隧道内空气质量的影响。

计算机动车排放污染物的排放因子是隧道实验的关键和核心。为了准确计算排放因子，首先应对一定时间内进出隧道的污染物进行质量平衡计算。其基本原理是将隧道看成一个理想的圆柱状活塞，一定时间内活塞进出口的污染物浓度与通风量乘积之差等于通过隧道的机动车污染物的总排放质量：

$$M = \sum_i (\rho_2 \times V_2)_i - \sum_j (\rho_1 \times V_1)_j \tag{3-20-1}$$

式中，$M$ 为隧道内在一定时间内机动车排放某种污染物的总质量，g；$\rho_1$、$\rho_2$ 为隧道入口和出口处该污染物的浓度，$g/m^3$；$V_1$、$V_2$ 为隧道入口和出口空气的流通体积，$m^3$；$i$、$j$ 为隧道出口和入口的个数。

在一般情况下，隧道的入口和出口尽可能少，最好是只有一个入口和出口，即 $i$ 和 $j$ 均为 1。这样可以减少监测点的数目，并使计算结果准确。如果在进行实验期间隧道内通过风机换风，还必须记录风机的开启时间和通风量，同时应在风机的入口布设监测点，也就是说将风机当成一个出口，否则将对测定和计算造成偏差。对于所监测的污染物。通常情况下不考虑其沉降和发生化学变化造成的浓度差别。

在得到机动车排放污染物的总质量后，可以利用以下公式计算机动车的平均排放因子：

$$Q = M/(N \times L) \tag{3-20-2}$$

式中，$Q$ 为机动车排放污染物的排放因子，g/(km·辆)；$N$ 为计算时间内通过隧道的机动车总数量，辆；$L$ 为隧道的总长度，km。

本实验测定机动车的颗粒物排放因子，包括总悬浮颗粒物（TSP，粒径＜100μm）、可吸入颗粒物（PM$_{10}$，粒径＜10μm）和细粒子（PM$_{2.5}$，粒径＜2.5μm）。环境大气中 TSP、PM$_{10}$ 和 PM$_{2.5}$ 的采样和分析方法参见实验六。

### 三、仪器与实验装置

中流量大气颗粒物采集装置［采样器工作点流量为 0.10m³/min，采集 TSP 的采样器应符合《总悬浮颗粒物采样器技术要求（暂行）》（HYQ 1.1—89）的规定，采集 PM$_{10}$ 的采样器应符合《PM10 采样器技术要求及检测方法》（HJ/T 93—2003）的规定］，3 台；PM$_{2.5}$ 采集装置［采用美国环保署的标准 WINS（Well Impactor 96）冲出式采样头，或者美国 R&P 公司的旋风式切割头。工作流量为 16.7L/min］，3 套；采样滤膜［采集 TSP 和 PM$_{10}$ 玻璃纤维滤膜或 Teflon（聚四氟乙烯）膜，采集 PM$_{2.5}$ 用 Teflon 膜］，若干；计数器，若干；分析天平（置于恒温恒湿称重室内，分度值 0.001mg），1 台；气象仪（用来测定风速、温度、湿度等），3 套。

### 四、实验方法与步骤

#### 1. 准备工作

在进行隧道实验前，清扫隧道以减少交通扬尘对监测的影响，在实验期间，隧道内通风设备停止使用，以减少隧道内空气扰动对实验的影响。

#### 2. 监测布点

在隧道内和隧道外设置监测点和调查点。在隧道中设置 2 个监测点，其中在隧道内距离机动车入口 1/2 洞长处（指与隧道的入口处的距离占隧道总长度的 1/2）和 3/4 洞长处（指与隧道的入口处的距离占隧道总长度的 3/4）各设置一个监测点，以监测隧道内各种污染物的浓度，同时监测气象因子和能见度数据。在机动车入口的洞外另设立一个监测点，以监测各种污染物的环境本底浓度。

#### 3. 车流量观测

为了准确地掌握隧道内各种机动车的行驶流量和状况，必须对通过隧道的机动车进行类型划分。通常可划分为如下六种类型：轿车、轻列车、中型车、重型车、摩托车和其他车辆。用计数器进行车流量的观测，每小时的有效观测时间不得少于 20min。

#### 4. 颗粒物监测

使用中流量大气颗粒物采集装置分别采集 TSP、PM$_{10}$ 和 PM$_{2.5}$ 的滤膜样品。采集滤膜为 Teflon 膜，样品采集后通过精确称量得出质量差，根据采样体积计算出平均质量浓度。滤膜样品采集至称重的操作步骤同实验六中"区域环境空气中总悬浮颗粒物的测定"应相统一。

#### 5. 气象观测

观测期间测定主要观测地点的温度、湿度、气压、风向和风速，以进行气态污染物和大气颗粒物浓度计算时的体积校正。同时，以通过风速测定的结果，计算隧道内的换气量。用三台风向风速仪观测隧道内的风向和风速；用温度、湿度计测量隧道内的温度和湿度；用气压计测量气压。

### 五、实验数据记录与处理

1. 将实验获得的车流量观测数据记录在表 3-20-1 中，将气象观测结果记录在表 3-20-2 中，颗粒物观测结果记录在表 3-20-3 中。

**表 3-20-1　车流量观测结果记录表**

实验地点：_____　实验人员：_____　实验日期：____年____月____日

实验开始时间：_____　实验结束时间：_____

| 车　型 | 轿车 | 轻型车 | 中型车 | 重型车 | 摩托车 | 其他车辆 |
|---|---|---|---|---|---|---|
| 数　量 | | | | | | |

**表 3-20-2　气象观测结果记录表**

| 测试点 | 温度/℃ | 湿度/% | 气压/kPa | 风向/(°) | 风速/(m/s) |
|---|---|---|---|---|---|
| 隧道外 | | | | | |
| 1/2 洞长 | | | | | |
| 3/4 洞长 | | | | | |

**表 3-20-3　颗粒物监测结果记录表**

| 测试点 | 采样流量/(L/min) | 采样时间/min | TSP | | | $PM_{10}$ | | | $PM_{2.5}$ | | |
|---|---|---|---|---|---|---|---|---|---|---|---|
| | | | 采样前滤膜质量/g | 采样后滤膜质量/g | 颗粒物浓度/(mg/m³) | 采样前滤膜质量/g | 采样后滤膜质量/g | 颗粒物浓度/(mg/m³) | 采样前滤膜质量/g | 采样后滤膜质量/g | 颗粒物浓度/(mg/m³) |
| 隧道外 | | | | | | | | | | | |
| 1/2 洞长 | | | | | | | | | | | |
| 3/4 洞长 | | | | | | | | | | | |

2. 根据式(3-20-1) 计算通过隧道的机动污染物的总排放质量。

3. 根据式(3-20-2) 计算机动车的平均排放因子。

### 六、思考题

1. 根据实验数据计算排放因子？

2. 隧道法的适用范围是什么？

3. 你认为本实验还有哪些需要改进的地方？

# 第四章 气态污染物控制实验

## 实验二十一 奥氏气体分析仪测定烟气组分
### （CO₂、CO、O₂、N₂）

**一、实验目的与要求**

1. 了解奥氏气体分析仪结构和分析原理；
2. 熟悉奥氏气体分析仪测定步骤和计算结果；
3. 熟悉各种吸收液组成和吸收原理。

**二、实验原理**

奥氏气体分析仪主要用来对含有酸性气体、不饱和烃、氧、一氧化碳、氢、饱和烃及氮等多组分气体混合物进行全分析。分析原理是利用吸收法来测定酸性气体、不饱和烃、氧和一氧化碳，然后使氢在氧化铜上燃烧，使饱和烃在铂丝上与空气中的氧燃烧，最后完成全分析。因此，奥氏气体分析仪可以用来测定空气中污染物，如 $CO_2$、CO、烃等，尤其是烟气组成。

本实验利用奥氏气体分析仪采用不同的气体吸收液对烟气（模拟烟气样品）中的不同组分进行吸收，根据吸收前后烟气体积的变化，计算待测组分的含量。

1. 吸收原理

（1）$CO_2$  $CO_2$ 是酸性气体，可被碱（氢氧化钠或氢氧化钾）溶液吸收。通过测量吸收前后气体体积的差值，可测定 $CO_2$ 的含量。说明：如果烟气中存在 $NO_x$ 和 $SO_2$ 也能被碱性吸收剂吸收，应预先消除，以免干扰 $CO_2$ 的测定。用氢氧化钾（钠）溶液吸收样品中的二氧化碳。

$$CO_2 + 2KOH \Longrightarrow K_2CO_3 + H_2O \tag{4-21-1}$$
$$CO_2 + 2NaOH \Longrightarrow Na_2CO_3 + H_2O \tag{4-21-2}$$

（2）$O_2$  采用焦性没食子酸［邻苯三酚 $C_6H_3(OH)_3$］的碱性溶液可吸收氧气，生成六氧基联苯钾，据此测定样品中 $O_2$ 含量。首先焦性没食子酸在碱性溶液中生成焦性没食子酸钾。

$$C_6H_3(OH)_3 + 3KOH \Longrightarrow C_6H_3(OK)_3 + 3H_2O \tag{4-21-3}$$

焦性没食子酸钾与氧气发生反应，吸收氧气。其反应式如下：

$$4C_6H_3(OK)_3 + O_2 \Longrightarrow 2(OK)_3C_6H_2C_6H_2(OK)_3 + 2H_2O \tag{4-21-4}$$

（3）CO  用氨性氯化亚铜溶液来吸收样品中的一氧化碳。

$$Cu_2Cl_2 + 2CO \Longrightarrow Cu_2Cl_2 \cdot 2CO \tag{4-21-5}$$
$$Cu_2Cl_2 \cdot 2CO + 4NH_3 + 2H_2O \Longrightarrow 2NH_4Cl + Cu_2(COONH_4)_2 \tag{4-21-6}$$

（4）未吸收的剩余气体组分为 $N_2$。

（5）根据吸收前后样品体积的变化来计算各组分的含量。

奥氏气体分析仪具有仪器结构简单、测定范围广、能够同时连续测定多种污染物的含量、仪器价格便宜、维修方便等优点。

2. 奥氏气体分析仪存在的缺点

（1）完全手动操作，过程较烦琐，分析费时，精度低，速度慢，不能实现在线分析，适应不了生产发展的需要。

（2）梳形管容积对分析结果有影响，尤其是对爆炸法的影响比较大。

（3）进行动火分析测定时间长，场所存在一定局限性，而且还必须注意化学反应的完全程度，否则读数不准。

（4）焦性没食子酸的碱性液在 15～20℃时吸氧效能最好，吸收效果随温度下降而减弱，0℃时几乎完全丧失吸收能力，故吸收液液温不得低于 15℃。

### 三、试剂和实验仪器

1. 试剂

KOH，分析纯；$C_6H_3(OH)_3$，分析纯；$NH_4Cl$，分析纯；$Cu_2Cl_2$，分析纯；NaCl，分析纯；HCl，分析纯；$H_2SO_4$，分析纯；氨水，30%；石蜡，工业级；铜丝，99.9%；$CO_2$，99.9%；$O_2$，99.9%；CO，99.9%；$N_2$，99.9%；甲基橙，分析纯。

（1）$CO_2$ 吸收液：0.5g/mL KOH 溶液 400mL。

（2）$O_2$ 吸收液：称取 28.0g 焦性没食子酸，溶解于 50mL 温水中，冷却后，加入 0.5g/mL 氢氧化钾溶液 150mL。为了使溶液与空气隔绝，防止氧化，在缓冲瓶中加入少量液体石蜡。

（3）CO 吸收液：称取 250g 氯化铵，溶解于 750mL 水中，过滤到有铜丝或铜片的 1000mL 细口瓶中，再加 200g 氯化亚铜，将瓶口封严，放数日至溶液褪色。使用时，量取此液 140mL，加浓氨水 60mL，混匀。

（4）$NH_3$ 吸收液：10%（体积分数）$H_2SO_4$ 溶液。

（5）封闭液：含 5% 盐酸的氯化钠饱和溶液，每 200mL 加 1mL 甲基橙指示液。

（6）混合气：含 10% $CO_2$、5% $O_2$、1% CO、84% $N_2$。

以上吸收液和混合气实验前由实验人员事先配制备用或灌装于仪器中。

2. 装置

奥氏气体分析仪一套；混合气钢瓶 1 个；采样袋 1 个。

奥氏气体分析仪结构如图 4-21-1，每套包括下列零件：①气体吸收瓶 4 只；②气量管 1 套；③梳形活塞排 1 只；④250mL 水准瓶 1 只；⑤U 形干燥管 1 支；⑥弯形接管 3 支；⑦木箱及其他配件 1 套。

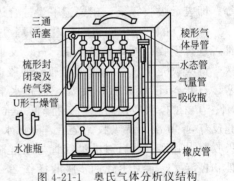

图 4-21-1　奥氏气体分析仪结构

### 四、实验内容和步骤

1. 仪器气密性检查

吸收瓶Ⅰ、Ⅱ、Ⅲ、Ⅳ分别灌装 $CO_2$ 吸收液、$O_2$ 吸收液、CO 吸收液和 10% $H_2SO_4$ 溶液。

（1）吸收瓶气密性检查　逐次升、降水准瓶，使各吸收瓶中吸收液液面升到旋塞的标线处，关闭旋塞，升、降水准瓶，每次操作各停 2～3min，各吸收瓶中的吸收液液面不下降达到气密性良好，系统不漏气。

（2）量气管气密性检查　将三通旋塞联通大气，升、降水准瓶，使量气管液面位于 50mL 标线处，关闭三通旋塞，升、降水准瓶，量气管液位不发生变化，停留 2～3min 量气管液面不下降达到气密性良好，系统不漏气。

2. 样品测定

（1）取样　采集气样的储气袋（采样袋）从混合气瓶中采集气体样品约 400mL，备用。

将三通旋塞连通大气，升高水准瓶，使量气管液面升至 100mL 标线处，然后将采集气样的储气袋（采样袋）接到进气管上，将三通旋塞连通采样袋，使气样进入取样系统，降低水准瓶，使量气管液面降至零标线处，然后，将三通旋塞再次连通大气，抬高水准瓶，通过三通旋塞排出系统气体，以上操作作为洗气一次。重复以上洗气操作 2~3 次，冲洗整个系统。最后一次将气样通过三通旋塞送入量气管，使量气管液面和水准瓶液面对准量气管零刻度标线处，以保持量气管内外的压力平衡，迅速关闭三通旋塞，取样完毕。如果气样温度高，要冷却 2~3min，再对准零刻度标线，然后再关闭三通旋塞。记录样品体积数 $V_0$（通常取 100mL）。

（2）测定　样品组分分析按照 $CO_2$、$O_2$、$CO$ 顺序分析，不能搞乱。

① $CO_2$ 的测定　打开二氧化碳吸收瓶 I 旋塞，升高水准瓶，使气样全部进入吸收瓶 I，进行吸收；再降低水准瓶，气样又回到量气管；这样操作为吸收一次。如此反复 4~5 次，待吸收完全后，降低水准瓶，使吸收瓶液面重新回到旋塞下标线处，关闭吸收瓶 I 旋塞，对准量气管与水准瓶液面，读数，记录体积数 $V_1$。再打开吸收瓶 I 旋塞，使量气管中气样再次通过二氧化碳吸收液，重复吸收操作 2~3 次，再次读数，记录体积数 $V_1$。如果两次读数相等，即表示吸收完全，正式记下量气管体积数 $V_1$。

② $O_2$ 的测定　打开氧气吸收瓶 II 旋塞，升高水准瓶，使剩余气样全部进入吸收瓶 II，进行吸收；再降低水准瓶，气样又回到量气管；这样操作为吸收一次。如此反复 4~5 次，待吸收完全后，降低水准瓶，使吸收瓶液面重新回到旋塞下标线处，关闭吸收瓶 II 旋塞，对准量气管与水准瓶液面，读数，记录体积数 $V_2$。再打开吸收瓶 II 旋塞，使量气管中气样再次通过氧气吸收液，重复吸收操作 2~3 次，再次读数，记录体积数 $V_2$。如果两次读数相等，即表示吸收完全，正式记下量气管体积数 $V_2$。

③ $CO$ 的测定　打开一氧化碳吸收瓶 III 旋塞，升高水准瓶，使剩余气样全部进入吸收瓶 III，进行吸收；再降低水准瓶，气样又回到量气管；这样操作为吸收一次。如此反复 4~5 次，待吸收完全后，降低水准瓶，使吸收瓶液面重新回到旋塞下标线处，关闭吸收瓶 III 旋塞。打开 $NH_3$ 吸收瓶 IV 旋塞，升高水准瓶，使剩余气样全部进入吸收瓶 IV，吸收气样中 $NH_3$（由 $CO$ 吸收液带出），气样又回到量气管；这样操作为吸收一次。如此反复 4~5 次，待吸收完全后，降低水准瓶，使吸收瓶液面重新回到旋塞下标线处，关闭吸收瓶 IV 旋塞。然后对准量气管与水准瓶液面，读数，记录体积数 $V_4$。再分别打开吸收瓶 III 和 IV 旋塞，重复上述两步吸收操作 2~3 次，再次读数，记录体积数 $V_4$。如果两次读数相等，即表示吸收完全，正式记下量气管体积数 $V_4$。

按上述操作，依次分析和测定 $CO_2$、$O_2$、$CO$ 含量，剩余气体为 $N_2$。

重新取样 2 次，重复上述分析和测定步骤，依次记录 $CO_2$、$O_2$、$CO$ 含量的体积读数。

3. 实验注意事项

① 由于氧的吸收液即能吸收氧也能吸收二氧化碳。因此，必须按二氧化碳、氧、一氧化碳的顺序吸收操作。

② 在吸收过程中，要特别注意勿使吸收液和封闭液窜入梳形管中。

③ 各旋塞和三通旋塞用时要涂少量凡士林，以保持润滑和严密。二氧化碳、氧气等吸收液为强碱性溶液，不使用时，旋塞和管口要用纸条隔开。

④ 当烟气中一氧化碳含量低于 0.5% 时，不宜用此法。

⑤ 水准瓶的升降不宜太快，以防止量筒中的盐水冲出或防止吸收瓶中的吸收剂被抽出。

⑥ 测量读数时必须把水准瓶液位与量筒液位对齐，这样才能保持量筒内试液在大气压

下，使测量准确。

⑦ 测量程序必须是吸收瓶Ⅰ，Ⅱ，Ⅲ，Ⅳ不能任意颠倒。

⑧ 所有连接部位和旋塞、管路都必须严密，一旦发生漏气应立即堵漏，并重新开始实验。

⑨ 分析样品应与环境温度接近，最高不超过 $40 \sim 50℃$。

⑩ 吸收剂药液不能直接与皮肤或衣服接触。

⑪ 奥氏气体分析仪置于通风柜内，务必保持通风良好，预防一氧化碳中毒。

### 五、实验数据记录和处理

将所得读数数据填写在表 4-21-1 中，并进行浓度计算。

1. $CO_2$ 含量

$$\varphi_{CO_2} = \frac{V_0 - V_1}{V_0} \times 100\% \tag{4-21-7}$$

2. $O_2$ 含量

$$\varphi_{O_2} = \frac{V_1 - V_2}{V_0} \times 100\% \tag{4-21-8}$$

3. $CO$ 含量

$$\varphi_{CO} = \frac{V_2 - V_3}{V_0} \times 100\% \tag{4-21-9}$$

4. $N_2$ 含量

$$\varphi_{N_2} = 100\% - CO_2\% - O_2\% - CO\% \tag{4-21-10}$$

**表 4-21-1　数据记录表**

| No. | $V_0$ /mL | $V_1$ /mL | $V_0 - V_1$ /mL | $V_0 - V_1 - V_2$ /mL | $\varphi_{CO_2}$ /% | $\varphi_{O_2}$ /% | $\varphi_{CO}$ /% | $\varphi_{N_2}$ /% |
|---|---|---|---|---|---|---|---|---|
| 1 | | | | | | | | |
| 2 | | | | | | | | |
| 3 | | | | | | | | |

### 六、思考题

1. 奥氏气体分析仪可以分析哪些气体组分？

2. 封闭液为什么要加甲基橙指示液？

3. 10% $H_2SO_4$ 溶液是用来做什么的？

4. 你认为本实验有哪些可以改进的地方？

# 实验二十二　填料塔反应器回收烟气中 $CO_2$

### 一、实验目的与要求

1. 了解用填料塔吸收回收 $CO_2$ 的方法；

2. 了解填料塔结构，塔内气液接触状况和吸收过程的基本原理；

3. 熟悉用吸收法净化烟气的原理和效果；

4. 改变气流速度，观察填料塔内气液接触状况和液泛现象；

5. 掌握测定填料吸收塔的吸收效率。

### 二、实验原理

烟气是复杂的混合气体，其中含有 10%～25% $CO_2$，$CO_2$ 是主要的温室气体，由温室气体引起的温室效应是引起全球气候变化的主要原因之一。因此，回收烟气中的$CO_2$可以减少大气中的温室气体含量，减轻温室效应。填料塔化学吸收法回收烟气中$CO_2$是工业上最常用的方法之一。化学吸收剂可采用各种无机碱和有机碱，如$NaOH$、$KOH$、$Na_2CO_3$、$K_2CO_3$和有机醇胺化合物等。本实验采用有机醇胺化合物MEA（一乙醇胺）溶液作吸收剂，吸收过程发生的主要化学反应为：

$$H_2O \Longleftrightarrow H^+ + OH^- \tag{4-22-1}$$

$$CO_2 + H_2O \Longleftrightarrow HCO_3^- + H^+ \tag{4-22-2}$$

$$CO_2 + OH^- \Longleftrightarrow HCO_3^- \tag{4-22-3}$$

$$RNH_2 + H^+ \Longleftrightarrow RNH_3^+ \tag{4-22-4}$$

$$RNH_2 + HCO_3^- \Longleftrightarrow RNHCOO^- + H_2O \tag{4-22-5}$$

总反应方程式：

$$CO_2 + 2RNH_2 \Longleftrightarrow RNH_3^+ + RNHCOO^- \tag{4-22-6}$$

实验过程中，通过测定填料吸收塔进出口烟气中$CO_2$气体的含量，即可计算出吸收塔的平均回收效率以及解吸效果。气体中$CO_2$含量的测定采用奥氏气体分析仪，液相$CO_2$的含量采用酸解体积法，溶液总碱度采用标准酸碱滴定法。

实验中通过测出填料塔进出口气体的全压，即可计算出填料塔的压降；若填料塔的进出口管道直径相等，用U形管压差计测出其静压差即可求出压降。

### 三、试剂、仪器和实验装置

1. 试剂

MEA（一乙醇胺），99.5%；KOH，分析纯；$H_2SO_4$，分析纯；$CO_2$，99.9%；$N_2$，99.9%；甲基橙，分析纯。

① 吸收液：30%MEA溶液。

② 混合气（模拟烟气）：15%$CO_2$、85%$N_2$。

③ 气相组成分析液：40% KOH。

④ 液相组成酸解液：40% $H_2SO_4$。

2. 仪器

配气系统1套；混合气钢瓶1个；转子流量计2个；蠕动泵2台；吸收塔1个；再生塔1个；冷却器2个；气液分离器1个；伏特电控仪1个；溶液储槽1个；U形管压力计；奥氏气体分析仪；酸解体积分析仪。

3. 实验装置

填料塔反应器实验装置采用吸收-常压再生流程，见图4-22-1。填料为陶瓷拉西环，散装方式填装，柱设备和管道外部均有保温材料包裹保温。溶液循环由两台计量蠕动泵完成，输送溶液进吸收塔的泵为贫液泵，输送溶液进再生塔的泵为富液泵。再生塔和再生塔均由一段填料层组成，再生热来自电加热器，通过调节电压控制再生温度。另外，流量计预先校正。

### 四、实验方法和步骤

① 在配气系统上，按实验要求预先将混合气（模拟烟气，$N_2$/$CO_2$）进行配制：15%$CO_2$、85%$N_2$。

② 在溶液储槽，按实验要求预先将吸收剂MEA溶液进行配制：30%MEA溶液。

③ 启动贫液泵，使溶液在吸收塔中建立液位。

④ 启动富液泵，使溶液在再生塔中建立液位；并使溶液在系统中循环。

⑤ 启动电源，调节伏特电控仪，电压控制在210～240V，使再生塔升温，再生温度控制在110～118℃。

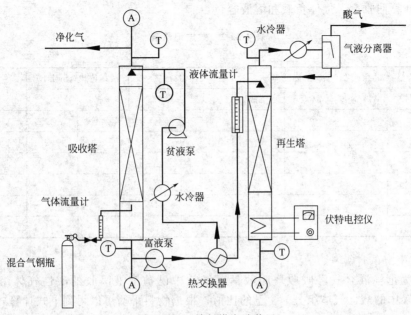

图 4-22-1　填料塔实验装置

⑥ 调节钢瓶减压阀和吸收塔进口阀，使流量达到实验要求的指标。

⑦ 混合气从吸收塔塔底进入吸收塔，在填料层与从塔顶流下的溶液逆向接触，气相中的酸性气体被吸收剂吸收，吸收后的气流（净化气）由塔顶排出。

⑧ 吸收酸性气体后的富液从吸收塔塔底流出，由富液泵送至再生塔塔顶。

⑨ 富液在再生塔填料层被蒸气加热再生，富液释放出酸性气体，形成再生气，富液转化为贫液。

⑩ 再生气从再生塔塔顶排出，经冷却器冷却和气液分离器分离，酸性气体排出系统，冷凝液回流再生塔。

再生蒸气由电加热器加热再生塔塔底的溶液产生；再生塔塔底的贫液流出再生塔，在热交换器与富液进行热交换，再由贫液泵送至吸收塔塔顶，水冷却器可以控制进入吸收塔塔顶贫液的温度。溶液在系统内得到循环。操作系统达到稳定状态约需 0.5h，气液相分析样品由各取样点取得。

⑪ 设置实验操作条件（见表 4-22-1），按照上述操作步骤进行实验，分别记录气体流量和液体流量数据、贫液和富液温度，分别对气体和液体取样点取样分析，记录分析数据。

表 4-22-1　实验操作条件和分析取样点

| 气体流量/(L/min) | 液体流量/(L/min) | 取样分析 | 备　　注 |
|---|---|---|---|
| | 0.5 | 气样、液样 | 分析进出口气液样 $CO_2$ 含量 |
| 5 | 1.0 | 气样、液样 | 分析进出口气液样 $CO_2$ 含量 |
| | 1.5 | 气样、液样 | 分析进出口气液样 $CO_2$ 含量 |
| 2.0 | | 气样、液样 | 分析进出口气液样 $CO_2$ 含量 |
| 4.0 | 1.0 | 气样、液样 | 分析进出口气液样 $CO_2$ 含量 |
| 6.0 | | 气样、液样 | 分析进出口气液样 $CO_2$ 含量 |

## 五、实验数据记录与处理

实验记录气体流量和液体流量、贫液和富液温度，分析数据，将获得的数据填入表

4-22-2，并计算回收率、气体负载和溶液容量。

**表 4-22-2　数据记录表**

大气压力：＿＿＿MPa　　　　　　　　　室温：＿＿＿℃

| No. | 流量/(m³/s) | | 温度/℃ | | 气体组分/% | | 液相负载/(mol/L) | | $\beta$ | $\eta$ |
|---|---|---|---|---|---|---|---|---|---|---|
| | 气体 | 液体 | 贫液 | 富液 | $y_{in}$ | $y_{out}$ | $\alpha_{in}$ | $\alpha_{out}$ | | |
| 1 | | | | | | | | | | |
| 2 | | | | | | | | | | |
| 3 | | | | | | | | | | |
| 4 | | | | | | | | | | |
| 5 | | | | | | | | | | |
| 6 | | | | | | | | | | |

**1. 回收率 $\eta$ 的计算**

回收率为烟气混合气经吸收塔吸收后，气相中已被溶液吸收的酸性气体组分 $i$（$i=CO_2$）与烟气中的酸性气体组分 $i$ 含量的比值，根据物料平衡可以得到下式计算式：

$$\eta=\left[1-\left(\frac{y_{i,out}}{1-y_{i,out}}\right)\left(\frac{1-y_{i,in}}{y_{i,in}}\right)\right]\times100\% \qquad (4\text{-}22\text{-}7)$$

或：

$$\eta=\left(1-\frac{y_{i,out}}{y_{i,in}}\right)\times100\% \qquad (4\text{-}22\text{-}8)$$

式中，$y_{i,out}$ 和 $y_{i,in}$ 分别为吸收塔出口和进口气相组分 $i=CO_2$ 的摩尔分数，$y$ 值由分析数据获得。

**2. 酸性气体负载 $\alpha$ 的计算**

溶液的酸性气体负载是指酸性气体 $i=CO_2$ 溶解在溶液中物理溶解量和化学吸收量的和。其表达为单位溶液体积含酸性气体的量（L/L 或 mol/L），或溶液单位有机胺浓度下的酸性气体的量（mol/mol）。负载表明了吸收剂在某一操作条件下吸收酸性气体的能力，由分析数据获得。

**3. 溶液容量 $\beta$ 的计算**

溶液的容量为在某一操作条件下溶液吸收酸性气体组分 $i$ 在吸收塔出口溶液负载与进口溶液负载之差。

$$\beta=\alpha_{out}-\alpha_{in} \qquad (4\text{-}22\text{-}9)$$

**六、思考题**

1. 有机醇胺化合物的结构有何特征，其吸收 $CO_2$ 的原理是什么？
2. 气液分离器的作用是什么？
3. 除了本实验设置的操作条件外，本实验装置还能测定什么工艺参数？
4. 从实验结果你可以得出哪些结论？

# 实验二十三　膜吸收法捕集烟气中 $CO_2$

**一、实验目的与要求**

1. 熟悉膜接触器结构、性能；

2. 掌握膜接触器分离原理；

3. 了解膜接触器操作过程及相关的计算。

**二、实验原理**

膜接触器装置是膜分离技术与气体吸收技术相耦合的新型分离过程。其特点是：比表面积大，分离效果高，膜组件体积小，能耗低，操作简单，不会产生传统气液反应器（如填料塔等）出现的液泛和雾沫夹带等现象。膜接触器装置在分离领域具有广泛的应用前景。

1. 膜接触器结构

目前已开发出多种结构的组件应用于各种目的的用途，膜组件可分成三类：平板式组件（flat modules）、螺旋式组件（spiral wound modules）和中空纤维膜组件（hollow fiber modules）。中空纤维膜组件具有能够提供高填充密度，耐压性能好，大的比表面面积，结构紧凑，制作方便等优点。因此，应用性高于其他组件，在气体分离领域 80% 的组件是中空纤维膜组件。中空纤维膜组件根据流体流动的形式分为平流式和错流式。平流式特点是气液两相的流动方向是平行的，分为并流和逆流，这种组件制造方便，可实验室自行组装，价格较低，缺点是填充的中空纤维分布密度不均匀，影响壳程流体的均匀分布。错流式特点是气液两相的流动方向是交叉的，交叉流的获得可采用直接错流形式或折流板强制形式，错流式中空纤维膜组件的优点是中空纤维分布较均匀，错流使流体流动方向与纤维表面垂直，从而加强了传质效率，其缺点是组装困难，造价较高。

采用管壳式膜接触器的结构按流体运动的方向可分为平行逆流式和错流式（见图 4-23-1）。其主要区别在于错流式膜接触器在膜组件中设置挡板，使流体流向成交叉状。在传质过程由膜或管程边界层阻力控制的情况下，通常采用平行逆流式的效果较好；当壳程边界层阻力大时，则采用错流式。错流式的缺点是增加的挡板会增加组件的压降，并给制造带来难度。

在膜气体吸收 $CO_2$ 的膜接触器中，常用的膜是疏水性微孔高分子膜，这些高分子膜有聚四氟乙烯（PTFE）、聚偏二氟乙烯（PVDF）、聚丙烯（PP）和聚乙烯（PE）等。聚丙烯是一种通用的高分子材料，具有价格低廉、疏水性强、化学和热稳定性好、机械强度高、毒性低等特点，通过拉伸法合成的聚丙烯膜具有孔隙率高、微孔大小均匀致密等优良性能。

2. 膜接触器分离原理

当传质过程处于稳定状态时，在微孔膜的表面分别形成了气相边界层和液相边界层（见图 4-23-2），其传质过程主要经历四个过程：①气相中的物质在气相边界层中的扩散过程；②膜微孔中物质的传递过程；③气液两相界面的物质溶解-吸收过程；④液相界面的物质向

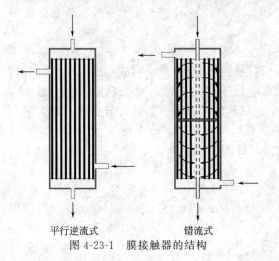

平行逆流式　　错流式
图 4-23-1　膜接触器的结构

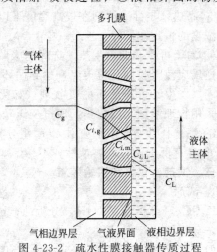

图 4-23-2　疏水性膜接触器传质过程

液相主体扩散过程。在采用疏水膜时，膜孔内充满气体，为防止气泡渗入液相，操作时必须保持气相压力略低于液相压力，但气液相压差不能超过膜润湿压力，否则液相会润湿膜孔，溶液渗入膜孔，造成膜相阻力增大和液体渗漏至膜另一侧。

膜气体吸收传质过程可用双膜理论来描述，当传质过程处于稳定状态时，在膜两侧分别形成气相边界层和液相边界层，气相组分 $i$ 在驱动力（浓度差）作用下，从气相主体扩散至气相边界层，到达膜壁，再通过膜孔扩散至液相边界层，与吸收剂发生化学反应，进入液相主体。传质过程经历了气相边界阻力层（$1/k_g$）、膜相阻力层（$1/k_M$）和液相边界阻力层 $[1/(mk_L)]$，传质通量可表达为：

$$J_i = k_g(C_{i,g} - C_{i,g,mem})$$
$$J_i = k_M(C_{i,g,mem} - C_{i,g,int})$$
$$J_i = mk_L(C_{i,L,int} - C_{i,L})$$
$$J_i = K_{ov}(C_{i,g} - C_{i,L}) \tag{4-23-1}$$

总阻力方程描述如下：

$$1/K_{ov} = 1/k_g + 1/k_M + 1/(mk_L) \tag{4-23-2}$$

伴随化学吸收时，$k_L = Ek_L^\circ$，$m = C_{i,L}/C_{i,g}$。

3. 吸收剂的选择

各种吸收 $CO_2$ 吸收剂都可用于膜吸收工艺中，这些吸收剂有水（$H_2O$）、无机碱（$KOH$、$NaOH$）、可溶性无机盐（$K_2CO_3$、$Na_2CO_3$）、氨基酸盐、有机烷醇胺、多乙烯多胺等，这些溶剂除水以外均为化学溶剂，已在研究和应用中。目前包括一些物理溶剂（如碳酸丙烯酯 PC）也已开始在膜吸收研究中应用。以下条件可以作为选择吸收剂的参考依据。

① 与 $CO_2$ 具有高反应活性或在溶剂相具有高分配系数。高反应活性带来高化学增强因子，高分配系数使 $CO_2$ 在溶剂中具有高溶解度和高吸收容量，从而带来高吸收速率和高通量。

② 高表面张力和低黏度。吸收剂的表面张力会影响溶液进入疏水性膜孔的临界突破压力，表面张力越高临界突破压力越大，操作易于在膜孔全充气状态下进行，可获得最小传质阻力。低黏度的溶液使 $CO_2$ 获得高扩散系数，改善吸收剂在设备中的流动状况。

③ 低蒸气压。溶剂的蒸气压影响溶剂的挥发性，溶剂的蒸气压越高，其挥发性越大，溶剂的损失量越大，从而影响操作成本。

④ 与膜的化学兼容性（即匹配性）。高分子膜材料通常容易与有机溶剂发生化学反应，吸收剂采用有机溶剂时，会侵蚀膜，使膜发生溶胀，导致膜结构形态发生变化，从而影响膜接触器的操作稳定性和膜的寿命。因此，通常将有机溶剂配成较低浓度的水溶液。

⑤ 高热稳定性。溶剂在较高温度下以及在 $CO_2$ 负载的影响下不发生降解，从而保证吸收剂浓度的恒定和活性。

⑥ 易于再生和低再生热。选择的吸收剂能在某一条件下发生吸收反应，在另一条件下发生逆反应使吸收剂获得再生，达到循环使用，可逆反应的反应热小可获得低再生热，有利于节能。发生不可逆反应的吸收剂（如无机碱）应用于研究工作，对工业实际应用意义不大。采用物理溶剂无反应热，通过变压获得再生，仅从能耗方面讲，是最节能的一类。

⑦ 高选择性，吸收剂应对 $CO_2$ 组分具有高活性，而对其他组分惰性。

⑧ 具有低毒性，低腐蚀性，不易燃，不发泡等性能。

**三、试剂、仪器和实验装置**

1. 试剂

$K_2CO_3$，分析纯；$KOH$，分析纯；$H_2SO_4$，分析纯；$CO_2$，99.9%；$N_2$，99.9%；甲基橙，分析纯。

（1）吸收液：1mol/L；2 mol/L $K_2CO_3$ 溶液。

（2）混合气（模拟烟气）：$15\%CO_2$、$85\%N_2$；

（3）气相组成分析液：$40\%$ KOH；

（4）液相组成酸解液：$40\%$ $H_2SO_4$。

**2. 仪器**

钢瓶1个；转子流量计1个；蠕动泵1台；膜组件1个；再生塔1个；冷却器2个；气液分离器1个；伏特控制器1个；配气系统1套；溶液储槽2个；压力计1个；奥氏气体分析仪；酸解体积分析仪。

**3. 实验装置**

膜接触器实验装置如图4-23-3所示，膜接触器采用聚丙烯中空纤维膜，实验可分别采用气体在中空纤维膜丝内（管程）流动，吸收剂在壳程流动；或者气体在壳程流动，吸收剂在管程流动。在膜组件中，气相与液相逆流通过膜组件。膜组件结构参数见表4-23-1。

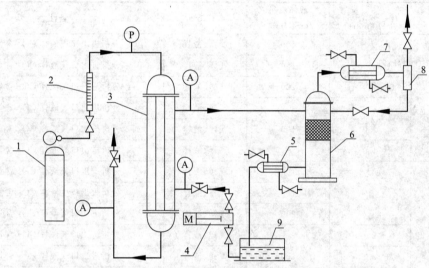

图 4-23-3　膜基-气体吸收耦合实验装置

1—混合气钢瓶；2—流量计；3—膜接触器；4—泵；5,7—冷却器；6—再生器；
8—气液分离器；9—溶液储槽；P—压力计；A—取样点；M—蠕动泵

**表 4-23-1　多孔聚丙烯中空纤维膜组件特性参数**

| 组件 | 壳内径 /mm | 壳外径 /mm | 膜根数 | 有效长度 /mm | 膜外径 /μm | 膜壁厚 /μm | 平均孔径 /μm | 孔隙率 /% |
|---|---|---|---|---|---|---|---|---|
| A | 60 | 65 | 4000 | 200 | 400 | 40～45 | 0.02 | 45 |
| B | 32 | 40 | 1200 | 300 | 500 | 100 | 0.05 | 60 |

## 四、实验方法和步骤

① 在配气系统上，按实验要求预先将混合气（模拟烟气，$N_2/CO_2$）进行配制：$15\%$ $CO_2$、$85\%N_2$。

② 在溶液储槽，按实验要求预先将吸收液液分别进行配制：1mol/L、2 mol/L $K_2CO_3$ 溶液。

③ 启动蠕动泵，使溶液在系统中循环。

④ 调节流量，使溶液在再生塔中建立液位。

⑤ 启动电源，调节伏特控制器，使再生塔升温。

⑥ 调节钢瓶减压阀和进口阀，使气体流量达到实验要求的指标。

⑦ 烟气从膜组件底部进入膜接触器，与溶液逆向流动，气相中的 $CO_2$ 气体扩散穿过膜

孔，并被吸收剂吸收。

⑧ 吸收 $CO_2$ 气体后的富液从膜接触器顶部流出，送至再生柱柱顶。

⑨ 富液在再生柱填料部分被蒸汽加热再生，富液释放出酸性气体，形成再生气，富液转化为贫液。

⑩ 再生气从再生柱柱顶排出，经冷却器冷却和气液分离器分离，酸性气体排出系统，冷凝液回流储液槽。溶液在系统内得到循环。操作系统达到稳定状态约需 20min，气液相分析样品由各取样点取得。

⑪ 设置实验操作条件（见表 4-23-2），按照上述操作步骤进行实验，分别记录气体流量和液体流量数据、贫液和富液温度、吸收液浓度，分别对气体和液体取样点取样分析，记录分析数据。

**表 4-23-2　实验操作条件和分析取样点**

| 吸收液浓度/(mol/L) | 气体流量/(L/min) | 液体流量/(mL/min) | 取样分析 | 备注 |
|---|---|---|---|---|
| 1 | 1 | 100 | 气样、液样 | 分析进出口气液样 $CO_2$ 含量 |
| | | 150 | 气样、液样 | 分析进出口气液样 $CO_2$ 含量 |
| | | 200 | 气样、液样 | 分析进出口气液样 $CO_2$ 含量 |
| | 2.0 | 100 | 气样、液样 | 分析进出口气液样 $CO_2$ 含量 |
| | 3.0 | | 气样、液样 | 分析进出口气液样 $CO_2$ 含量 |
| | 4.0 | | 气样、液样 | 分析进出口气液样 $CO_2$ 含量 |
| 2 | 1 | 100 | 气样、液样 | 分析进出口气液样 $CO_2$ 含量 |
| | | 150 | 气样、液样 | 分析进出口气液样 $CO_2$ 含量 |
| | | 200 | 气样、液样 | 分析进出口气液样 $CO_2$ 含量 |
| | 2.0 | 100 | 气样、液样 | 分析进出口气液样 $CO_2$ 含量 |
| | 3.0 | | 气样、液样 | 分析进出口气液样 $CO_2$ 含量 |
| | 4.0 | | 气样、液样 | 分析进出口气液样 $CO_2$ 含量 |

### 五、实验数据记录与处理

膜接触器的传质性能用总体积传质系数 $K_{Ga}$ 及捕集率 $\eta$ 作为评价指标，根据传质速率方程和物料衡算关系，得出下列等式：

$$F(C_{g,in}-C_{g,out})=AlK_{Ga}\Delta C_m=AlK_{Ga}\frac{(C_{g,in}-C_{g,in}^*)-(C_{g,out}-C_{g,out}^*)}{\ln[(C_{g,in}-C_{g,in}^*)/(C_{g,out}-C_{g,out}^*)]} \quad (4\text{-}23\text{-}3)$$

式中，$A$ 为膜组件截面积，$m^2$；$C$ 为浓度，$mol/L$，in 和 out 分别表示进口和出口，* 表示平衡时浓度；$F$ 为气体流量，$m^3/s$；$K_{Ga}$ 为总体积传质系数，$s^{-1}$；$l$ 为膜组件有效长度，$m$；$\Delta C_m$ 为浓度对数平均值。

对该反应体系，如果反应为快速反应，平衡浓度 $C_{g,in}^*$ 与 $C_{g,out}^*$ 很低，可近似认为等于零，则上式可简化为：

$$K_{Ga}=\frac{F}{Al}\ln\frac{C_{g,in}}{C_{g,out}} \quad (4\text{-}23\text{-}4)$$

捕集率可由下式表示：

$$\eta=\frac{C_{g,in}-C_{g,out}}{C_{g,in}}\times100\%=\left(1-\frac{C_{g,out}}{C_{g,in}}\right)\times100\% \quad (4\text{-}23\text{-}5)$$

将实验数据和处理结果填写在表 4-23-3 中。

表 4-23-3　数据记录表

大气压力：_____MPa　　　　　　　　　　　　　室温：_____℃

| No. | 吸收液浓度 mol/L | 温度/℃ | | 流量/(m³/s) | | 气体组/% | | 液相负载/(mol/L) | | $K_{Ga}$ /s⁻¹ | $\eta$ /% |
| --- | --- | --- | --- | --- | --- | --- | --- | --- | --- | --- | --- |
| | | 贫液 | 富液 | 气体 | 液体 | $y_{in}$ | $y_{out}$ | $\alpha_{in}$ | $\alpha_{out}$ | | |
| 1 | | | | | | | | | | | |
| 2 | | | | | | | | | | | |
| 3 | | | | | | | | | | | |
| 4 | | | | | | | | | | | |
| 5 | | | | | | | | | | | |
| 6 | | | | | | | | | | | |

## 六、思考题

1. 实验中流经膜组件的流体流动模式是怎样的？为什么采用这样的模式？
2. 膜接触器中常用的膜材料有哪些？它们有什么特征？
3. 膜吸收过程中传质过程主要经历哪四个过程？
4. 讨论不同的气液速率对传质性能的影响。

# 实验二十四　湿壁柱吸收空气中 $CO_2$

## 一、实验目的与要求

1. 了解实验室湿壁柱吸收装置的流程、设备结构和操作方法；
2. 熟悉气液传质原理；
3. 了解湿壁柱实验室装置在大气污染控制工程中的应用；
4. 掌握湿壁柱反应器吸收混合气中 $CO_2$。

## 二、实验原理

$CO_2$ 是主要的温室气体之一，是导致温室效应和全球气候变暖主要原因之一。现代工业的迅猛发展，尤其是天然矿物燃料（如煤、石油、天然气等）的大规模使用是大气中 $CO_2$ 增加的主要原因。寻求各种分离和捕集 $CO_2$ 技术受到高度重视。湿壁柱装置是实验室用来测定气液传质性能的实验装置，在湿壁柱装置中，气液相直接接触，气体组分从气相传递至液相并进入液相主体，在液相中进行物理吸收或化学吸收，传质的理论模型有 Whitman 双膜理论、Higbie 渗透理论、Danckwerts 表面更新理论等。

早在 1923 年 Whitman 提出气液传质的双膜理论，该理论假定在气液相界面两侧各存在一个厚度分别为 $\delta_L$ 和 $\delta_g$ 的静止的液膜和气膜（见图 4-24-1），物质的传递通过分子扩散完成，扩散速率取决于液膜和气膜的阻力。

非稳态传质速率方程可表达为：

$$\frac{\partial C_i}{\partial t} = D_L \frac{\partial^2 C_i}{\partial x^2} \tag{4-24-1}$$

当组分 $i$（$i = CO_2$，$H_2S$）在膜中的浓度分布可看作是线性时，上式简化为：

$$D_L \frac{\partial^2 C_i}{\partial x^2} = 0 \tag{4-24-2}$$

在边界条件：

$$x = 0，C_{g,i} = C_{g,int}；x = \delta_L，C_{L,i} = C_{L,int}$$

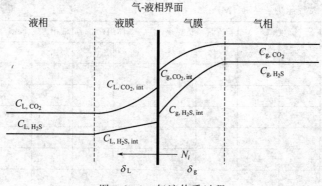

图 4-24-1　气液传质过程

上式的解为：

$$C_i = C_{L,\text{int}} + \frac{x}{\delta_L}(C_{L,i} - C_{L,\text{int}})　\qquad (4\text{-}24\text{-}3)$$

传质通量表达为：

$$N_i = D_L \frac{C_{L,\text{int}} - C_{L,i}}{\delta_L} = k_L(C_{L,\text{int}} - C_{L,i})$$

$$= D_g \frac{C_{g,i} - C_{g,\text{int}}}{\delta_g} = k_g(C_{g,i} - C_{g,\text{int}}) = K_G(C_{g,i} - C_{L,i})　\qquad (4\text{-}24\text{-}4)$$

在界面处：

$$C_{L,\text{in}} = HP_{\text{int}}　\qquad (4\text{-}24\text{-}5)$$

总阻力方程为：

$$\frac{1}{K_G} = \frac{1}{k_g} + \frac{1}{Hk_L}　\qquad (4\text{-}24\text{-}6)$$

伴有较强化学反应时，引入增强因子 $E$：

$$\frac{1}{K_G} = \frac{1}{k_g} + \frac{1}{HEk_L}　\qquad (4\text{-}24\text{-}7)$$

双膜理论为伴有复杂化学反应的传质过程得出了一个简单的处理方法，因而得到了广泛应用。虽然双膜模型能反映传质在相间滞流层的分子扩散行为，但是绝对静止的边界膜层很少存在，因此此理论有其局限性。

### 三、试剂、仪器和实验装置

**1. 试剂**

MEA（一乙醇胺），99.5%；NaOH，分析纯；KOH，分析纯；$H_2SO_4$，分析纯；$CO_2$，99.9%；$N_2$，99.9%；甲基橙，分析纯。

① 吸收液：1mol/L NaOH 溶液；1mol/L MEA 溶液；

② 混合气（模拟空气）：0.5% $CO_2$、95% $N_2$；

③ 气相组成分析液：40% KOH；

④ 液相组成酸解液：40% $H_2SO_4$。

**2. 仪器**

气体钢瓶 1 个；转子流量计 1 个；蠕动泵 1 台；湿壁柱 1 个；配气系统 1 套；溶液储槽 2 个；压力计 1 个；奥氏气体分析仪；酸解体积分析仪。

**3. 实验装置**

实验装置流程见图 4-24-2，湿壁柱湿壁面积为 0.02m²。

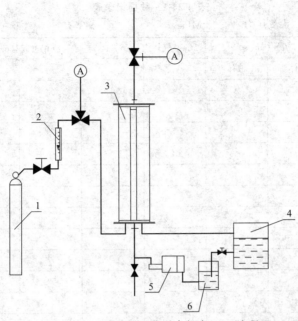

图 4-24-2　湿壁柱吸收混合气中 $CO_2$ 流程
1—混合气钢瓶；2—气体流量计；3—湿壁柱反应器；4,6—溶液储槽；5—蠕动泵；A—气相取样点

**四、实验方法和步骤**

混合气钢瓶 1 中的混合气（模拟空气）事先在配气系统中按气体组成的要求配制，并进行气体组成分析。为了得到精确的实验数据，气体流量计 2 事先进行校正。

① 将 1mol/L NaOH 溶液 1000mL 装入溶液储槽 6 中，启动蠕动泵 5，溶液被打入湿壁柱反应器 3，经湿壁柱面，流动至湿壁柱底，溶液收集于溶液储槽 4 中。调节蠕动泵流速，使溶液流速至 100mL/min，溶液溶液稳定流动 1min。

② 启动气瓶减压阀，压力控制在稍高于常压，启动调节阀和气体流量计 2，调节气体流速至 100mL/min，气体稳定流动 1min，混合气与溶液在湿壁柱中逆流接触，混合气中的 $CO_2$ 通过扩散至溶液表面，与 NaOH 发生化学反应，生成 $Na_2CO_3$，进入溶液主体中，吸收后的气体（净化气）从湿壁柱顶部放空。吸收 $CO_2$ 的溶液（负载液）进入溶液储槽 4。

③ 系统气液流动稳定以后，每隔 5min 取气体样 1 次，采用奥氏气体分析仪的分析方法进行分析，测定净化气组成。每隔 10min 从溶液储槽 4 中取液体样 1 次，采用化学分析法（酸解体积分析仪）分析溶液中 $CO_2$ 负载 [$CO_2$mol/mL（溶液）]。

④ 分别记录气液流速、净化气组成和溶液负载。

⑤ 固定气体流速 100mL/min 不变，调节溶液流速分别为 200mL/min 和 250mL/min，重复上述过程。

⑥ 固定溶液流速 100mL/min 不变，调节气体流速分别为 120mL/min 和 150mL/min，重复上述过程。

⑦ 将溶液更换为 1mol/L MEA（一乙醇胺）溶液，分别调节气液流速，重复上述过程。

操作注意点：

① 吸收过程为常压操作，开减压阀时压力不可过高，放空阀开至最大处；

② 运行过程中溶液不够及时增补，负载液及时移走。

**五、实验数据记录与处理**

根据实验记录数据，计算下列参数并记录在表 4-24-1。

**表 4-24-1　数据记录表**

大气压力：_____MPa　　　　　　　　　　室温：_____℃

| No. | 溶液组分 | 流量/(m³/s) | | 气体组分/% | | 液相负载/(mol/L) | | $N_i$ | $\eta$ |
|---|---|---|---|---|---|---|---|---|---|
| | | 气体 | 液体 | $y_{in}$ | $y_{out}$ | $\alpha_{in}$ | $\alpha_{out}$ | | |
| 1 | | | | | | | | | |
| 2 | NaOH | | | | | | | | |
| 3 | | | | | | | | | |
| 1 | | | | | | | | | |
| 2 | MEA | | | | | | | | |
| 3 | | | | | | | | | |
| 1 | | | | | | | | | |
| 2 | NaOH | | | | | | | | |
| 3 | | | | | | | | | |
| 1 | | | | | | | | | |
| 2 | MEA | | | | | | | | |
| 3 | | | | | | | | | |

1. 吸收速率

$$N_i = \frac{C_{in} - C_{out}}{A \Delta t} \tag{4-24-8}$$

式中，$N_i$ 为吸收速率，$mol/(m^2 \cdot s)$；$C_{in}$ 为气相进口浓度，$kmol/m^3$；$C_{out}$ 为气相出口浓度，$kmol/m^3$；$A$ 为传质面积（湿壁柱湿壁面积），$m^2$；$\Delta t$ 为运行时间，s。

2. $CO_2$ 脱除率可由下式计算：

$$\eta = \frac{C_{g,in} - C_{g,out}}{C_{g,in}} \times 100\% = \left(1 - \frac{C_{g,out}}{C_{g,in}}\right) \times 100\% \tag{4-24-9}$$

**六、思考题**

1. 气液传质理论模型有哪些？双膜理论模型有哪些优缺点？
2. 对两种吸收溶液 NaOH 和 MEA 吸收性能进行比较。
3. 讨论不同的气液速率对传质性能的影响。
4. 什么情况下脱除率最好？

# 实验二十五　鼓泡反应器吸收空气中 $CO_2$

**一、实验目的与要求**

1. 了解鼓泡反应器的种类、基本结构、装置的流程、设备构造和操作方法；
2. 熟悉鼓泡反应器工作原理；
3. 了解鼓泡反应器在大气污染控制工程中的应用；
4. 掌握鼓泡反应器吸收混合气中 $CO_2$。

**二、实验原理**

鼓泡反应器反应过程属于非均相反应过程，气相中的组分进入液相中进行反应，气相中的组分被液相吸收，气液相反应需要进行相间传递。鼓泡反应器具有容量大、液体为连续相、气体为分散相、气液两相接触面积大等特点，适用动力学控制的气液相反应过程，也可应用于扩散控制过程。又因其气体空塔速度具有较宽广的范围，当采用较高气体空塔速度时，可以强化反应过程传质和传热。在鼓泡反应器中，气体是通过分布器的小孔形成气泡鼓入液体层中，因此气体在床层中的空塔速度决定了单位反应器床层的相界面积、含气率和返混程度等，这些因素影响反应系统的传质和传热过程，导致不同的反应效果。气体的空塔速度小于 0.05m/s 时，气体通过分布器几乎呈分散的有次序的鼓泡，气泡大小均匀，规则地浮升，液体由轻微湍动过渡到有明显湍动。气体空塔速度大于 0.08m/s 时，由于气泡不断地分裂、合并，产生激烈的无定向运动，部分上升的气泡群产生水平和沟流向下运动，而使塔内液体扰动激烈，气泡已无明显界面。

在鼓泡反应器中，稳流区气泡相关参数如下所述。

1. 气泡体积

$$V_b = \frac{\pi}{6} d_b^3 = \frac{\pi d_0 \sigma_L}{(\rho_L - \rho_G) g} \tag{4-25-1}$$

2. 气泡直径

$$d_b = 1.82 \left[ \frac{d_0 \sigma_L}{(\rho_L - \rho_G) g} \right]^{1/3} \tag{4-25-2}$$

3. 发泡频率

$$f = \frac{V_0}{V_b} = \frac{V(\rho_L - \rho_G) g}{\pi d_0 \sigma_L} \tag{4-25-3}$$

4. 气含率

$$\varepsilon_G = \frac{V_G}{V_{GL}} = \frac{H_{GL} - H_L}{H_{GL}} \tag{4-25-4}$$

5. 气泡浮升速度

$$u_t = \left( \frac{2\sigma_L}{d_{vs} \rho_L} + g \frac{d_{vs}}{2} \right)^{0.5} \tag{4-25-5}$$

6. 气体压降

$$\Delta p = \frac{10^{-3}}{C^2} \frac{u_0^2 \rho_G}{2} + H_{GL} g \rho_{GL} \tag{4-25-6}$$

7. 比相界面积

$$a = \frac{6\varepsilon_G}{d_{vs}} \tag{4-25-7}$$

一般工业鼓泡反应器中气泡直径小于 0.005m，影响这些参数的主要因素有设备结构、物性参数、操作条件等。

鼓泡反应器类型有简单鼓泡塔、气体升液式鼓泡塔、填料鼓泡塔等。其类型简图如图 4-25-1、图 4-25-2、图 4-25-3 所示。

鼓泡反应器在大气污染物控制中得到了广泛应用。

### 三、试剂、仪器和实验装置

**1. 试剂**

MEA（一乙醇胺），99.5%；NaOH，分析纯；KOH，分析纯；$H_2SO_4$，分析纯；$CO_2$，99.9%；$N_2$，99.9%；甲基橙，分析纯。

① 吸收液：1mol/L NaOH 溶液；1mol/L MEA 溶液。

② 混合气（模拟空气）：0.5% $CO_2$、95% $N_2$。

③ 气相组成分析液：40% KOH。

④ 液相组成酸解液：40% $H_2SO_4$。

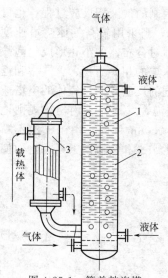

图 4-25-1　简单鼓泡塔
1—塔体；2—塔件；3—热交换器

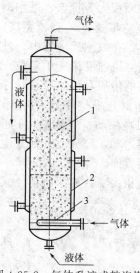

图 4-25-2　气体升液式鼓泡塔
1—塔体；2—塔件；3—进气管

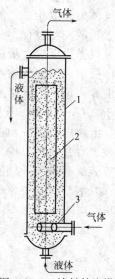

图 4-25-3　填料鼓泡塔
1—塔体；2—塔件；3—进气管

2. 仪器

钢瓶 1 个；转子流量计 1 个；湿式流量计，1 个；鼓泡塔 1 个；配气系统 1 套；溶液储槽 1 个；压力计 1 个；奥氏分析仪；酸解体积分析仪。

3. 实验装置

实验装置流程见图 4-25-4，鼓泡反应器 3 结构为 $\phi 25mm \times 2.5mm$，长 400mm，不锈钢材质的柱体。外套为管式电炉，外面用绝热材料保温，设计热负载 1200W，温度由温控仪 5 控制，恒温精度 $\pm 0.5℃$。吸收反应器内设有一层 $4mm \times 4mm$ 拉西瓷环填料，高度 300mm。

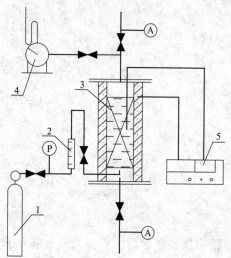

图 4-25-4　鼓泡反应器吸收 $CO_2$ 实验装置
1—钢瓶；2—气体流量计；3—鼓泡反应器；
4—湿式流量计；5—温控仪；
P—压力计；A—取样点

四、实验方法和步骤

钢瓶 1 中的混合气（模拟空气）事先在配气系统中按气体组成的要求配制，并进行气体组成分析。为了得到精确的实验数据，气体流量计 2 事先进行校正，湿式流量计 4 记录气体总体积，可用于进行物料衡算。

① 将按实验要求配制的 1mol/L NaOH 溶液装入鼓泡反应器 3 中。

② 开启温控仪 5 使温度控制在实验温度 30℃上，并稳定 20min（恒温期间输出电压保持在 100～120V）。

③ 开启钢瓶 1 减压阀和进气阀，调节鼓泡反应器 3 前后的进气阀和出气阀控制气体流量，压力由压力表 P 读取，压力控制在稍高于常压。

④ 调节气体流量计 2，气体流速控制在 50mL/min，气体稳定流动 1min，混合气流进入鼓泡反应器 3，经填料层分散后与溶液接触，混合气与溶液在反应器中逆流接触，混合气中的 $CO_2$ 通过扩散至溶液表面，与 NaOH 发生化学反应，生成 $Na_2CO_3$，进入溶液主体中，吸收后的气相（尾气或称净化气）通过湿式流量计 4 计量后排空，气体流速由气体流量计 2 读取。

⑤ 通过鼓泡反应器 3 底部取样点 A 取样，分析液相组分，顶部取样点 A 分析净化气中 $CO_2$ 气体的含量。

⑥ 系统流动稳定以后，每隔 5min 取气体样 1 次，采用奥氏分析仪分析方法进行分析，测定净化气组成。每隔 10min 取液体样 1 次，采用化学分析法（酸解体积分析仪）分析溶液中 $CO_2$ 负载［$CO_2$ mol/mL（溶液）］。

⑦ 分别记录气体流速、反应温度、净化气组成和溶液负载。

⑧ 固定温度 30℃不变，调节气体流速分别为 100mL/min 和 150mL/min，重复上述过程。

⑨ 固定气体流速 100mL/min 不变，调节反应温度分别为 40℃和 50℃，重复上述过程。

⑩ 将溶液更换为 1mol/LMEA（一乙醇胺）溶液，分别调节气体流速和反应温度，重复上述过程。

操作注意点：

① 反应压力一旦确定，不要随意改变系统压力，压力变化会造成数据不稳定。调节时只能微调动各阀门，不应大起大落地调节。

② 当实验完成后，放出所有反应液，用清水充满鼓泡器，清洗干净，以防腐蚀生锈。

## 五、实验数据记录与处理

根据实验记录数据，计算下列参数并记录在表 4-25-1 中。

**表 4-25-1 数据记录表**

大气压力：_____MPa 室温：_____℃

| No. | 溶液组分 | 反应温度 /℃ | 气体流量 /(m³/s) | 气体组分/% | | 液相负载/(mol/L) | | $N_i$ | $\eta$ |
|---|---|---|---|---|---|---|---|---|---|
| | | | | $y_{in}$ | $y_{out}$ | $\alpha_{in}$ | $\alpha_{out}$ | | |
| 1 | | | | | | | | | |
| 2 | NaOH | | | | | | | | |
| 3 | | | | | | | | | |
| 1 | | | | | | | | | |
| 2 | MEA | | | | | | | | |
| 3 | | | | | | | | | |
| 1 | | | | | | | | | |
| 2 | NaOH | | | | | | | | |
| 3 | | | | | | | | | |
| 1 | | | | | | | | | |
| 2 | MEA | | | | | | | | |
| 3 | | | | | | | | | |

（1）吸收速率

$$N_i = \frac{C_{in} - C_{out}}{A \Delta t} \tag{4-25-8}$$

式中，$N_i$ 为吸收速率，mol/(m² · s)；$C_{in}$ 为气相进口浓度，kmol/m³；$C_{out}$ 为气相出口浓度，kmol/m³；$A$ 为传质面积（湿壁柱湿壁面积），m²；$\Delta t$ 为运行时间，s。

（2）$CO_2$ 脱除率可由下式计算：

$$\eta = \frac{C_{g,in} - C_{g,out}}{C_{g,in}} \times 100\% = \left(1 - \frac{C_{g,out}}{C_{g,in}}\right) \times 100\% \tag{4-25-9}$$

## 六、思考题

1. 鼓泡反应器类型有哪几种？

2. 鼓泡反应器是如何进行传质的？

3. 对两种吸收溶液 NaOH 和 MEA 的吸收性能进行比较。

4. 讨论反应温度对传质影响。

# 实验二十六　大气环境中 $SO_2$ 浓度的测定

## 一、实验目的与要求

1. 掌握盐酸副玫瑰苯胺法测定大气环境中 $SO_2$ 浓度的方法；
2. 了解监测区域的环境空气质量；
3. 熟悉大气环境质量控制和保证的概念。

## 二、实验原理

大气环境中 $SO_2$ 是最常见的污染物，是形成酸雨的主因之一，目前已发展成为全球面临的主要环境问题之一，与全球变暖和臭氧层破坏一样，受到人们的普遍关注。大气中可能形成的含硫化合物有 $SO_2$、$SO_3$、$H_2S$、$(CH_3)_2S$（二甲基硫，DMS）、$(CH_3)_2S_2$（二甲基二硫，DMDS）、羰基硫（COS）、$CS_2$、$CH_3SH$、硫酸盐和硫酸，其污染源多来自煤和矿物油的燃烧等，通常认为主要的酸基质是 $SO_2$。它们对人体健康、植被生态和能见度等都有非常重要的直接和间接影响。因此，对 $SO_2$ 污染物的浓度监测是环境监测中一项重要的工作。在环境监测中，对 $SO_2$ 的测定最具有代表性。

盐酸副玫瑰苯胺法系国际上普遍采用的标准方法，其灵敏度高，适用于瞬时采样，样品采集后较稳定。缺点是使用的四氯汞钾溶液毒性较大。该法有两种操作方法：方法一，测定中使用含磷酸量少的盐酸副玫瑰苯胺溶液，最后溶液的 pH 为（$1.6 \pm 0.1$），其灵敏度较高，但试剂空白值高；方法二，测定中使用含磷酸量多的盐酸副玫瑰苯胺溶液，最后溶液的 pH 为（$1.2 \pm 0.1$），其灵敏度较低，但试剂空白值低。方法一的溶液呈红紫色，最大吸收峰在 548nm 处；方法二的溶液呈蓝紫色，最大吸收峰在 575nm 处。目前我国多采用方法二。

二氧化硫被四氯汞钾溶液吸收形成稳定的配合物，再与甲醛及副玫瑰苯胺作用，生成玫瑰紫色化合物。在波长为 548nm 处（方法一）或 575nm 处（方法二）测定，根据颜色深浅比色定量。反应式如下：

$$[HgCl_4]^{2-} + SO_2 + H_2O \Longrightarrow [HgCl_2SO_3]^{2-} + 2Cl^- + 2H^+ \tag{4-26-1}$$
二氯亚硫酸汞配离子

$$[HgCl_2SO_3]^{2-} + HCHO + 2H^+ \Longrightarrow HgCl_2 + HOCH_2SO_3H \tag{4-26-2}$$
羟基甲磺酸

盐酸副玫瑰苯胺（对品红）

$$[H_2N \text{—} \bigcirc \text{—} C \text{—} \bigcirc \text{—} NH_2]Cl + H_2O + 3HCl \tag{4-26-3}$$

紫红色配合物

最低检出限：

方法一，采样体积为 30L 时，最低检出浓度为 $0.025\mu g/m^3$；

方法二，采样体积为 10L 时，最低检出浓度为 $0.04mg/m^3$。

### 三、试剂、仪器

#### 1. 试剂

$Hg_2Cl_2$，分析纯；KCl，分析纯；EDTA，分析纯；HCHO（甲醛），分析纯；氨基碳酸铵，分析纯；盐酸副玫瑰苯胺，分析纯；盐酸，分析纯；磷酸，分析纯；碘，分析纯；淀粉，分析纯；碘酸钾，分析纯；硫代硫酸钠，分析纯；亚硫酸钠，分析纯。

① 0.04mol/L 四氯汞钾（TCM）吸收液：称取 10.9g $HgCl$、6.0g KCl 和 0.070g $Na_2EDTA$ 溶解于水，转移至 1000mL 容量瓶，稀释至刻度，在密闭容器中储存，可稳定 6 个月，如发现有沉淀，不可再用。

② 2.0g/L 甲醛溶液（新配制）。

③ 6.0g/L 氨基碳酸铵溶液（新配制）。

④ 2 g/L 盐酸副玫瑰苯胺（PRA，即对品红）储备液：称取 0.20g 经提纯的对品红，溶解于 100mL，浓度为 1.0mol/L 的盐酸溶液中。

⑤ 0.016%对品红使用液：吸取对品红储备液 20.00mL 于 250mL 容量瓶中，加 3mol/L 磷酸溶液 25mL。用水稀释至标线，至少放置 24h 方可使用。存于暗处，可稳定 9 个月。

⑥ 0.010mol/L 碘储备液。

⑦ 0.010mol/L 碘溶液。

⑧ 3g/L 淀粉指示剂。

⑨ 3.0g/L 碘酸钾标准溶液：用优级纯 $KIO_4$ 于 110℃烘干 2h 后配制。

⑩ 1.2mol/L 盐酸溶液。

⑪ 0.1mol/L 硫代硫酸钠溶液：用碘量法标定其准确浓度。

⑫ 0.01mol/L 硫化硫酸钠标准溶液。

⑬ 亚硫酸钠标准溶液：称取 0.20g $Na_2SO_3$ 及 0.20g $Na_2EDTA$，溶解于 200mL 新煮沸并已冷却的水中，轻轻摇匀，放置 2~3h 后标定，此溶液相当于每毫升含 320~400$\mu g$ 的 $SO_2$。

#### 2. 仪器

多孔玻板吸收管，10 个，用于短时间采样，10mL；或多孔板吸收瓶，10 个，用于 24h 采样，75~125mL；空气采样器，1 台，流量 0~1L/min；分光光度计，1 台；具塞比色管，10mL，10 支；容量瓶，25mL，10 个；移液管，若干。

### 四、实验方法和步骤

#### 1. 采样

短时间采样：20 min~1h，采用多孔玻板吸收管，内装 10mL（方法一）或 5mL（方法二）四氯汞钾吸收液，流量为 0.5L/min，采样体积依气中 $SO_2$ 浓度增减。本法可测 25~1000$\mu g/m^3$ 范围的 $SO_2$。如采用方法二，一般避光采样 10~20L。

长时间采样：24h，采用 125mL 多孔玻板吸收瓶，内装 50mL 四氯汞钾吸收液，采样流量为 0.2~0.3L/min。

采样、运输和储存过程中应避免阳光直接照射样品溶液，当气温高于 30℃时，采样如不当天测定，可将样品溶液储于冰箱。

#### 2. 测定

标准曲线的绘制：配制 0.10%亚硫酸钠水溶液，用碘量法标定其浓度，用四氯汞钾溶液稀释，配成 2.0$\mu g/mL$ 的 $SO_2$ 标准溶液，用于绘制标准曲线。方法一、方法二的标准曲线浓度范围分别为：以 25mL 计，为 1~20$\mu g$；以 7.5mL 计为 1.2~5.4$\mu g$。斜率分别为（0.030±0.002）及

（0.077±0.005）。试剂空白值，方法一不应大于 0.170 吸光度，方法二不应大于 0.050 吸光度。

3. 样品的测定

方法一：采样后将样品放置 20min。取 10.00mL 样品移入 25mL 容量瓶。加入 1.00mL 0.6％氨基磺酸铵溶液，放置 10min。再加 2.00mL 0.2％甲醛溶液及 5.00mL 0.016％对品红溶液，用水稀释至标线。于 20℃显色 30min，生成紫红色化合物，用 1cm 比色皿，在波长 548nm 处，以水为参比，测定吸光度。

方法二：采样后将样品放置 20min。取 5mL 样品移入 10m 比色管，加入 0.50mL 0.6％氨基磺酸铵溶液，放置 10min 后，再加 0.50mL 0.2％甲醛溶液及 1.50mL 0.016％对品红使用液，摇匀。于 20℃显色 20min，生成蓝紫色化合物，用 1cm 比色皿，于波长 575nm 处，以水作参比，测定吸光度。

在测定每批样品时，至少要加入一个已加浓度的 $SO_2$ 控制样，同时测定，以保证计算因子（标准曲线斜率的倒数）的可靠性。样品中如有浑浊物，应离心分离除去。

4. 实验注意事项

（1）温度对显色有影响，温度越高，空白值越大，温度高时发色快，褪色也快，最好使用恒温水浴控制显色温度。样品测定的温度和绘制标准曲线的温度之差不应超过±2℃。

（2）对品红试剂必须提纯后方可使用，否则其中所含杂质会引起试剂空白值增高，使方法灵敏度降低。0.2％对品红溶液现已有经提纯合格的产品出售，可直接购买使用。

（3）四氯汞钾溶液为剧毒试剂，使用时应小心。如溅到皮肤上，应立即用水冲洗。使用过的废液要集中回收处理，以免污染环境。含四氯汞钾废液的处理方法：在每升废液中加约 10g 磷酸钠至中性，再加 10g 锌粒，于黑布罩下搅拌 24h 后，将上层清液倒入玻璃缸内，滴加饱和硫化钠溶液，至不再产生沉淀为止。弃去溶液，将沉淀物转入适当的容器内储存汇总处理。此法可除去废水中 99％的汞。

（4）对本法有干扰的物质还有氮氧化物、臭氧、锰、铁、铅等。采样后放置 20min 使臭氧自行分解，加入氨基磺酸铵可消除氮氧化物的干扰，加入磷酸和乙二胺四乙酸二钠盐可以消除或减小某些重金属的干扰。

（5）采样时应注意检查采样系统的气密性、流量、温度，及时更换干燥剂，用皂膜流量计校准流量，做好采样记录。

**五、实验数据记录与处理**

1. 实验结果计算

气体中 $SO_2$ 浓度由下式计算：

$$\rho = \frac{(A - A_0)B_N}{V_N} \tag{4-26-4}$$

式中，$\rho$ 为 $SO_2$ 浓度，$mg/m^3$；$A$ 为样品显色池吸光度；$A_0$ 为试剂空白液吸光度；$B_N$ 为计算因子，$\mu g/$吸光度；$V_N$ 为换算成标准状态下的采样体积，L。

2. 实验记录和结果

数据记录于表 4-26-1 中。

**表 4-26-1　$SO_2$ 浓度测定记录表**

气压：＿＿＿＿ MPa　　　　　　　　　气温：＿＿＿＿℃

| 测定次数 | 采样流量 /(L/min) | 采样时间 /min | 采样体积 $V_N$/L | 样品 吸光度 | 空白液 吸光度 | $SO_2$ 浓度 /(mg/m³) |
|---|---|---|---|---|---|---|
| 1 | | | | | | |
| 2 | | | | | | |
| 3 | | | | | | |

注：中流量采样时间单位为 min，大流量采样时间单位则为 h。

### 六、思考题
1. 实验过程中存在哪些干扰？应如何消除？
2. 多孔玻板吸收管的作用是什么？

# 实验二十七　大气环境中氮氧化物浓度的测定

## 一、实验目的与要求
1. 掌握盐酸萘乙二胺分光光度法测定大气环境中 $NO_x$ 浓度的方法；
2. 了解监测区域的环境空气质量；
3. 熟悉大气环境质量控制和保证的概念。

## 二、实验原理
大气环境中 $NO_x$ 是最常见的污染物，是形成酸雨的主因之一，目前已发展成为全球面临的主要环境问题之一，与全球变暖和臭氧层破坏一样，受到人们的普遍关注。氮氧化物的种类很多，如亚硝酸、硝酸、一氧化二氮、一氧化氮、二氧化氮、三氧化氮、四氧化二氮、五氧化二氮等。其中二氧化氮（$NO_2$）和一氧化氮（NO）是大气中的主要污染物质。通常所指的氮氧化物即为一氧化氮和二氧化氮的混合物（$NO_x$）。它们对人体健康、植被生态和能见度等都有非常重要的直接和间接影响。因此，对 $NO_x$ 污染物的浓度监测是环境监测中一项重要的工作。

测定大气环境中氮氧化物常用的化学分析法为盐酸萘乙二胺分光光度法，其采样与显色同时进行，操作简便，方法灵敏，目前被国内外普遍采用。

盐酸萘乙二胺分光光度法有两种采样方法：方法一吸收液用量少，适用于短时间采样，测定空气中氮氧化物的短时间浓度；方法二吸收液用量大，适用于24h连续采样，测定空气中氮氧化物的日平均浓度。在测定氮氧化物时，应先用三氧化铬将一氧化氮氧化成二氧化氮，然后测定二氧化氮的浓度。二氧化氮被吸收液吸收后，生成亚硝酸和硝酸。其中亚硝酸与对氨基苯磺酸起重氮化反应，再与盐酸萘乙二胺偶合，呈玫瑰红色偶氮染料，根据颜色深浅，于波长 540 nm 处用分光光度法比色测定。反应方程式如下：

$$2NO_2 + H_2O \longrightarrow HNO_2 + HNO_3 \tag{4-27-1}$$

$$HO_3S{-}\langle\rangle{-}NH_2 + HNO_2 + CH_3COOH \longrightarrow [HO_3S{-}\langle\rangle{-}N^+{\equiv}N]CH_3COO^- + H_2O \tag{4-27-2}$$

$$[HO_3S{-}\langle\rangle{-}N^+{\equiv}N]CH_3COO^- + \langle\rangle{-}NHCH_2CH_2NH_2 \cdot 2HCl \longrightarrow$$

$$HO_3S{-}\langle\rangle{-}N{=}N{-}\langle\rangle{-}NHCH_2CH_2NH_2 \cdot 2HCl + CH_3COOH \tag{4-27-3}$$

玫瑰红色

最低检出限：

方法一，短时间采样，采样体积为6L时，最低检出浓度为 $0.01\mu g/m^3$。

方法二，24h采样，采样体积为288L时，50mL吸收液，最低检出浓度为 $0.02mg/m^3$。

空气中二氧化硫浓度为氮氧化物浓度的10倍时，对氮氧化物的测定无干扰；30倍时，使颜色有少许减退，在城市环境空气中，很少发生这种情况。臭氧浓度为氮氧化物浓度的5倍时，对氮氧化物的测定略有干扰，在采样后3h，使试液呈现微红色，对测定影响较大。

过氧乙酸硝酸酯（PAN）对氮氧化物的测定产生正干扰，但一般环境空气中 PAN 浓度较低，不会导致显著的误差。

### 三、试剂、仪器

**1. 试剂**

对氨基苯磺酸，分析纯；冰醋酸，分析纯；盐酸萘乙二胺，分析纯；三氧化铬，分析纯；盐酸，分析纯；亚硝酸钠，分析纯；海砂，20～40 目。

（1）吸收原液　称取 5.0g 对氨基苯磺酸，通过玻璃小漏斗直接加入 1000mL 容量瓶中，加入 50mL 冰醋酸和 900mL 水的混合溶液，盖塞振摇使其溶解，待对氨基苯磺酸完全溶解后，加入 0.050g 盐酸萘乙二胺，溶解后，用水稀释至标线。此为吸收原液，储于棕色瓶中，在冰箱中可保存两个月。保存时，可用聚四氟乙烯生胶带密封瓶口，以防止空气与吸收液接触。

（2）采样用吸收液　按 4 份吸收原液和 1 份水的比例混合。

（3）三氧化铬-海砂（或河砂）混合物：筛取 20～40 目海砂（或河砂），用盐酸溶液（1∶2）浸泡一夜，再用水洗至中性，烘干。把三氧化铬及海砂（或河砂）按质量比 1∶20 混合。加少量水调匀，放在红外灯下或烘箱里于 105℃烘干，烘干过程中应搅拌几次。制备好的三氧化铬-海砂混合物是松散的，若粘在一起，说明三氧化铬比例太大，可适当增加一些砂子，重新制备。

称取约 8g 三氧化铬-海砂混合物装入双球玻璃管（氧化管）中，两端用少量脱脂棉塞好，并用乳胶管或用塑料管制的小帽将其密封，使用时氧化管与吸收管之间用一小段乳胶管连接，采集的气体尽可能少和乳胶管接触，以防氮氧化物被吸附。

（4）亚硝酸钠标准储备液　称取 0.1500g 粒状亚硝酸钠（$NaNO_2$），预先在干燥器内放置 24h 以上，溶解于水，移入 1000mL 容量瓶中，用水稀释至标线。此溶液每毫升含 100.0$\mu$g 亚硝酸根（$NO_2^-$），储于棕色瓶保存于冰箱中，可稳定 3 个月。

（5）亚硝酸钠标准溶液　临用前，吸取储备液 5.00mL 于 100mL 容量瓶中，用水稀释至标线。此溶液每毫升含 5.0g 亚硝酸根（$NO_2^-$）。

所用试剂均用不饱和亚硝酸根的重蒸蒸馏水配制，所配的吸收液的吸光度不超过 0.005。

**2. 仪器**

多孔玻板吸收管，10 支，用于短时间采样，10mL；多孔玻板吸收瓶，10 个，用于 24h 采样，75mL；双球玻璃管，10 支；恒温自动连续空气采样器，1 台，流量范围 0～1L/min；分光光度计，1 台；具塞比色管，10 支，用于短时间采样，10mL；具塞比色管，10 支，用于 24h 采样，25mL；容量瓶，10 个，用于 24h 采样，50mL；移液管，若干。

### 四、实验方法和步骤

**1. 采样（短时间采样）**

将一支内装 5.00mL 吸收液的多孔玻板吸收管进气口与氧化管连接，并使氧化管稍微向下倾斜，以免当湿空气将氧化剂（$CrO_3$）弄湿时，污染后面的吸收液。以 0.2～0.3L/min 流量，避光采样至吸收液呈微红色为止，记下采样时间。密封好采样管，带回实验室，当日测定。采样时，若吸收液不变色，采样量应不少于 6L。

**2. 测定**

（1）标准曲线的绘制　分别取 7 支 10mL 或 25mL 具塞比色管，按表 4-27-1 配制短时间采样标准系列。

表 4-27-1　亚硝酸钠标准系列（短时间采样）

| 管号 | 0 | 1 | 2 | 3 | 4 | 5 | 6 |
|---|---|---|---|---|---|---|---|
| 亚硝酸钠标准溶液/mL | 0 | 0.10 | 0.20 | 0.30 | 0.40 | 0.50 | 0.60 |
| 吸收原液/mL | 4.00 | 4.00 | 4.00 | 4.00 | 4.00 | 4.00 | 4.00 |
| 水/mL | 1.00 | 0.90 | 0.80 | 0.70 | 0.60 | 0.50 | 0.40 |
| 亚硝酸根含量/μg | 0 | 0.5 | 1.0 | 1.5 | 2.0 | 2.5 | 3.0 |

各管摇匀后，避开直射阳光，放置 15min，在波长 540nm 处，用 1cm 比色皿，以水为参比，测定吸光度。以吸光度对亚硝酸根含量（μg），绘制标准曲线。

（2）样品的测定　对短时间采样，采样后，放置 15min，将样品溶液移入 1cm 比色皿中，用绘制标准曲线的方法测定试剂空白液和样品溶液的吸光度。若样品溶液的吸光度超过标准曲线的测定上限，可用吸收液稀释后再测定吸光度，计算结果时应乘以稀释倍数。

3. 实验注意事项

（1）吸收液应避光，并避免长时间暴露于空气中，以防止光照使吸收液显色或吸收空气中的氮氧化物而使试剂空白值偏高。

（2）氧化管适于在相对湿度为 30%～70% 时使用，当空气中相对湿度大于 70% 时，应勤换氧化管；小于 30% 时，则在使用前用潮湿空气通过氧化管平衡 1h。在使用过程中，应注意氧化管是否吸湿引起板结或变绿。若板结，会使采样系统阻力增大，影响流量；若变绿则表示氧化管已失效。各氧化管的阻力差别不大于 1.33kPa（即 10mmHg）。

（3）亚硝酸钠（固体）应妥善保存，可分装成小瓶使用，试剂瓶及小瓶的瓶口要密封，防止空气及湿气侵入。氧化成硝酸钠或呈粉末状的试剂都不适于用直接法配制标准溶液。若无颗粒状亚硝酸钠试剂，可用高锰酸钾容量法标定出亚硝酸钠储备溶液的准确浓度后，再稀释成每毫升含 5.0μg 亚硝酸根的标准溶液。

（4）在 20℃ 时，以 5mL 样品计，其标准曲线的斜率 $b$ 为 $(0.190\pm0.003)\times10^5$ 吸光度/g，要求截距的绝对值 $|a|\leqslant0.008$。如果斜率达不到要求，应检查亚硝酸钠试剂的质量及标准溶液的配制，重新配制标准溶液；如果截距达不到要求，应检查蒸馏水及试剂质量，重新配制吸收液，性能好的分光光度计的灵敏度高，斜率略高于 0.193。

在 20℃ 时，以 25mL 样品计，其回归方程的斜率 $b$ 为 $(0.038\pm0.002)\times10^6$ 吸光度/μg，截距的绝对值 $|a|\leqslant0.008$。当温度低于 20℃ 时，标准曲线的斜率会降低。例如，在 10℃ 时，以 5mL 计，其斜率约为 $0.175\times10^5$ 吸光度/g。

（5）吸收液若受三氧化铬污染，溶液呈黄棕色，该样品应报废。

**五、实验数据记录与处理**

1. 实验结果计算

$$\rho_{NO_2}=\frac{k\times(A-A_0)\times B_x}{0.76V_N}\times\frac{V_b}{V_a} \tag{4-27-4}$$

或

$$\rho_{NO_2}=\frac{k\times[(A-A_0)-a]}{0.76V_N\times b}\times\frac{V_b}{V_a} \tag{4-27-5}$$

式中，$\rho_{NO_2}$ 为空气中 $NO_2$ 的含量，mg/m³；$A$ 为样品溶液吸光度；$A_0$ 为试剂空白液吸光度；$B_x$ 为校正因子（$1/b$）；0.76 为 $NO_2$（气）换为 $NO_2^-$（液）的系数；$b$ 为回归方程的斜率；$V_b$ 为样品溶液总体积，mL；$V_a$ 为测定时所取样品溶液体积，mL；$V_N$ 为标准状态下的采样体积，L；$k$ 为采样时溶液的体积与绘制标准曲线时溶液体积的比值，短时间采样为 1。

2. 实验记录和结果

数据记录在表 4-27-2 中。

**表 4-27-2　NO$_x$ 浓度测定记录表**

气温：_____℃　　　　气压：_____MPa

| 测定次数 | 采样流量<br>/(L/min) | 采样时间<br>/min | 采样体积 $V_N$<br>/L | 样品<br>吸光度 | 空白液<br>吸光度 | NO$_x$ 浓度<br>/(mg/m³) |
|---|---|---|---|---|---|---|
| 1 | | | | | | |
| 2 | | | | | | |
| 3 | | | | | | |

### 六、思考题

1. 氧化管中石英砂的作用是什么？
2. 为什么氧化管变成绿色就失效了？
3. 氧化管为何做成双球形？
4. 双球形氧化管有何优点？

# 实验二十八　烟气中二氧化硫污染物的净化

### 一、实验目的与要求

1. 了解燃煤烟气的特性和污染物 $SO_2$ 的危害；
2. 熟悉污染物 $SO_2$ 净化方法；
3. 掌握填料吸收塔净化 $SO_2$ 的方法和原理；
4. 掌握测定填料吸收塔化学吸收体系的体积吸收系数。

### 二、实验原理

我国城市空气二氧化硫污染严重，以煤炭为主的能源消耗结构是引起我国二氧化硫污染日趋严重的最重要原因。燃煤电站是煤炭消耗的主体，其排放的二氧化硫占排放总量的 50％以上。这一特点决定了控制燃煤排放的二氧化硫是我国二氧化硫污染控制的重点。燃煤烟气主要含有 CO、$CO_2$、$SO_2$、$NO_x$ 及粉尘和 Hg 等化合物。

含有 $SO_2$ 的烟气在达标之前不能排放，必须经处理回收或净化烟气中的 $SO_2$，达标后才能排放。化学吸收方法是去除和净化烟气中 $SO_2$ 的主要方法之一，吸收 $SO_2$ 吸收剂种类较多，常采用碱液吸收 $SO_2$。本实验采用 NaOH 或 $Na_2CO_3$ 溶液作吸收剂，吸收反应器采用填料塔（$\phi 60 \times 800$，$\phi 6mm$ 瓷环填料），吸收过程发生的主要化学反应为：

$$2NaOH + SO_2 \longrightarrow Na_2SO_3 + H_2O \tag{4-28-1}$$
$$Na_2CO_3 + SO_2 \longrightarrow Na_2SO_3 + CO_2 \tag{4-28-2}$$
$$Na_2SO_3 + SO_2 + H_2O \longrightarrow 2NaHSO_3 \tag{4-28-3}$$

实验过程中通过测定填料吸收塔进出口气体中 $SO_2$ 的含量，可得出吸收塔的平均净化速率，确定吸收效果。通过测出填料塔进出口气体的压力，可计算出填料塔的压降，也可采用 U 形管压差计测出其静压差，可得到压降。对于碱液吸收 $SO_2$ 的化学吸收体系，通过实验可测出体积吸收系数。

气体中 $SO_2$ 含量采用碘量法分析测定。

（1）硫代硫酸钠溶液标定　将碘酸钾（优级纯）于 $120 \sim 140$℃ 干燥 1.5h，在干燥器中冷却至室温。称取 1.0g（准确至 0.1mg）溶于水，移入 250mL 容量瓶中，稀释至标线，摇匀。吸取 25mL 此溶液，于 250mL 碘量瓶中，加 2g 碘化钾，溶解后，加 2mol/L 盐酸溶液 10mL，轻轻摇匀。于暗处放置 5min，加 75mL 水，以 0.1mol/L 硫代硫酸钠溶液滴定。至溶液为淡黄色后，加 5mL 淀粉溶液，继续用硫代硫酸钠溶液滴定至蓝色恰好消失为止，记下消耗量（V）。另外取 25mL 蒸馏水，以同样的条件进行空白滴定，记下消耗量（$V_0$）。

硫代硫酸钠溶液浓度可用下式计算：

$$C_{Na_2S_2O_3} = \frac{W \times \frac{25.00}{250}}{(V-V_0) \times \frac{35.67}{1000}} = \frac{W \times 100}{(V-V_0) \times 35.67} \quad (4\text{-}28\text{-}4)$$

式中，$W$ 为碘酸钾的质量，g；$V$ 为滴定碘消耗的硫代硫酸钠溶液体积，mL；$V_0$ 为滴定空白溶液消耗的硫代硫酸钠溶液的体积，mL。

（2）碘储备液的标定 准确吸取 25mL 碘储备液，以 0.1mol/L 硫代硫酸钠溶液滴定，溶液由红棕色变为淡黄色后，加 5mL 0.5%淀粉溶液，继续用硫代硫酸钠溶液滴定至蓝色恰好消失为止，记下滴定用量 $V$(mL)，则：

$$C_{I_2} = \frac{C_{Na_2S_2O_3}V}{25} \quad (4\text{-}28\text{-}5)$$

### 三、试剂、仪器和实验装置

**1. 试剂**

NaOH，分析纯；$Na_2CO_3$，分析纯；$(NH_4)_2SO_4$，分析纯；氨基磺酸铵，分析纯；$H_2SO_4$，分析纯；氨水，30%；$I_2$，分析纯；KI，优级纯；$Na_2S_2O_3 \cdot 5H_2O$，分析纯；HCl，分析纯；NaCl，分析纯；淀粉，分析纯；$N_2$，99.9%；$SO_2$，99%。

（1）采样吸收液 取 11g 氨基磺酸铵，7g 硫酸铵，加入少量水，搅拌使其溶解，继续加水至 1000mL，以 0.1mol/L 硫酸和 0.1mol/L 氨水调节 pH 至 5.4。

（2）0.1mol/L 碘储备液 称取 12.7g 碘放入烧杯中，加入 40g 碘化钾，加 25mL 水，搅拌至全部溶解后，用水稀释至 1L，储于棕色试剂瓶中。用硫代硫酸钠溶液标定，标定步骤见实验原理部分。

（3）0.1mol/L 碘溶液 准确吸取 100mL 碘储备液于 1000mL 容量瓶中，用水稀释至标线，摇匀，储存于棕色瓶内，保存于暗处。

（4）0.1mol/L 硫代硫酸钠溶液 取 26g 硫代硫酸钠（$Na_2S_2O_3 \cdot 5H_2O$）和 0.2g 无水碳酸钠溶于 1000mL 蒸馏水中，加 10mL 异戊醇，充分混匀，储存于棕色瓶内放置 2～3 天。用碘酸钾进行标定，标定步骤见实验原理部分。

（5）0.5%淀粉溶液 取 0.5g 可溶性淀粉，用少量水调成糊状，倒入 100mL 饱和氯化钠溶液中，煮沸直至溶液澄清。

（6）$SO_2$ 吸收液 10%NaOH 溶液、10%$Na_2CO_3$ 溶液。

**2. 仪器**

空压机，1 台；$SO_2$ 钢瓶，1 瓶；填料塔，1 台；泵，1 台；缓冲罐，2 个；高位槽，1 个；受液槽，1 个；转子流量计，2 个；U 形管压力计，1 个；压力表，1 只；温度计，2 支；筛板吸收瓶，25 个；烟气采样仪，2 台；pH 计 1 台。

**3. 实验装置与流程**

实验装置与流程如图 4-28-1 所示。吸收液从高位槽由填料塔上部经喷淋装置进入塔内，流经填料表面，由塔下部排出，进入溶液储槽。空气由空压机经缓冲罐后，通过转子流量计进入混合气缓冲罐，并与 $SO_2$ 气体相混合，配制成一定浓度的混合气，$SO_2$ 来自钢瓶。含

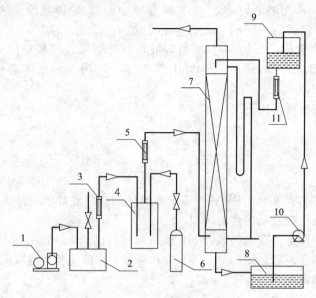

图 4-28-1　烟气 $SO_2$ 净化实验装置
1—空压机；2—缓冲罐；3,5,11—流量计；4—混合气缓冲罐；6—$SO_2$ 气瓶；
7—吸收塔；8—溶液储槽；9—高位槽；10—液泵

$SO_2$ 的混合空气从塔底进气口进入填料塔内，通过填料层 $SO_2$ 被吸收后，尾气由塔顶排出。系统设进气和排气两个取样口，为玻璃三通考克，其中一端为外套橡皮胶，用医用注射器可以直接插入取样。

**四、实验方法和步骤**

（1）关严吸收塔的进气阀，打开缓冲罐上的放空阀，并向高位液槽中注入配制好的 10％的碱溶液。在玻璃筛板吸收瓶内装入 50mL 采样用的吸收液。

（2）打开吸收塔的进液阀，并调节液体流量，使液体均匀喷布，并沿填料表面缓慢流下，当液体由塔底流出后，将液体流量调至 400mL/h 左右。

（3）开启空压机，逐渐关小放空阀，并逐渐打开吸收塔的进气阀。调节空气流量，使塔内出现液泛，记录下液泛时的气速。逐渐减小气体流量，消除液泛现象。在吸收塔能正常工作时，开启 $SO_2$ 气瓶，并调节其流量，使空气中 $SO_2$ 的含量为 0.1％～0.5％（体积含量）。

（4）经数分钟后，待塔内操作完全稳定后，按表 4-28-1 的要求开始测量并记录有关数据。

（5）在塔的上下取样口用烟气采样器同时采样，以 50mL/min 的采样流量采样 10min，取样 2～3 次。

（6）在液体流量不变，并保持空气中 $SO_2$ 浓度相同的情况下，改变空气的流量，按上述操作步骤，测取 6 组数据。

（7）实验完毕后，关闭 $SO_2$ 气瓶，待 5min 后再停止供液，最后停止鼓入空气。

（8）样品分析：将采过样的吸收瓶内的吸收液倒入锥形瓶中，并用 20mL 吸收液洗涤吸收瓶 2 次，洗涤液并入锥形瓶中，加 5mL 淀粉溶液，以碘溶液滴定至蓝色，记下消耗量（$V$）。另取相同体积的吸收液，进行空白滴定，记下消耗量（$V_0$），并将结果填入表 4-28-2 中。

（9）按表 4-28-1 要求的项目进行有关计算。

注意事项：

用烟气采样仪时，需将吸收瓶与烟气采样仪固定，吸收瓶上两个接口分别和玻璃筛板相连的取样口相连和与烟气采样仪的进气口相连，不能接反。

实验室通风必须良好。

**五、实验数据的记录和处理**

数据记录于表 4-28-1 和表 4-28-2 中，由样品分析数据进行实验数据的相关处理。

**表 4-28-1　实验测定结果记录表**

大气压力：＿＿＿＿kPa　　　　室温：＿＿＿℃　　　液泛气速：＿＿＿＿m/s

| No. | 液 体 流 量 /(mL/min) | 空气流量 /(mL/min) | SO$_2$ 浓度 /(mg/m$^3$) | 填料层高度 h /m | 塔截面积 A /m$^2$ | 压降 Δp /Pa |
|-----|------|------|------|------|------|------|
|  |  |  |  |  |  |  |
|  |  |  |  |  |  |  |
|  |  |  |  |  |  |  |

**表 4-28-2　实验结果记录表**

| No. | 空速 /(m/s) | 吸收前 | | | | 吸收后 | | | | 净化效率 η /% | $K_{Ga}$ | $p_{SO_2}$ |
|-----|------|------|------|------|------|------|------|------|------|------|------|------|
|  |  | 采样体积 $V_N$ /L | 耗碘液 V /mL | 空白耗碘液 V /mL | SO$_2$ 浓度 $C_1$ /(mg/m$^3$) | 采样体积 $V_N$ /L | 耗碘液 V /mL | 空白耗碘液 V /mL | SO$_2$ 浓度 $C_2$ /(mg/m$^3$) |  |  |  |
|  |  |  |  |  |  |  |  |  |  |  |  |  |
|  |  |  |  |  |  |  |  |  |  |  |  |  |
|  |  |  |  |  |  |  |  |  |  |  |  |  |
|  |  |  |  |  |  |  |  |  |  |  |  |  |

1. 气体中 SO$_2$ 的浓度（$C_{SO_2}$）计算

$$C_{SO_2} = \frac{(V - V_0)C_{I_2} \times 32}{V_N} \times 1000 (\text{mg/m}^3) \tag{4-28-6}$$

式中，$V$ 为滴定样品消耗碘溶液的体积，mL；$V_0$ 为滴定空白消耗碘溶液的体积，mL；$V_N$ 为标准状态下的采样体积，可用下式计算。

$$V_N = 1.58 q'_m \tau \sqrt{\frac{p_m + B_a}{T_m}} (\text{L}) \tag{4-28-7}$$

式中，$q'_m$ 为采样流量，L/min；$\tau$ 为采样时间，min；$T_m$ 为流量计前气体的绝对温度，K；$p_m$ 为流量计前气体的压力，kPa；$B_a$ 为大气压力，kPa。

2. 吸收塔净化效率（$\eta$）的计算

$$\eta = \left(1 - \frac{C_2}{C_1}\right) \times 100\% \tag{4-28-8}$$

式中，$C_1$ 为吸收塔入口处气体中 SO$_2$ 的浓度，mg/m$^3$；$C_2$ 为吸收塔出口处气体中 SO$_2$ 的浓度，mg/m$^3$。

3. 吸收塔压降（$\Delta p$）的计算

$$\Delta p = p_1 - p_2 \tag{4-28-9}$$

式中，$p_1$ 为吸收塔入口处气体的全压或静压，Pa；$p_2$ 为吸收塔出口处气体的全压或静压，Pa；

4. 气体中 $SO_2$ 的分压（$p_{SO_2}$）的计算

$$p_{SO_2} = \frac{C \times 10^{-3}/32}{1000/22.4} \times p \tag{4-28-10}$$

式中，$C$ 为气体中 $SO_2$ 的浓度，$mg/m^3$；$p$ 为气体的总压，Pa。

5. 体积吸收系数（$K_{Ga}$）的计算

体积吸收系数［$K_{Ga}$ 单位为 $kmol/(m^3 \cdot h)$］的计算式可由以浓度差为推动力的体积吸收系数计算公式推导出来。

$$K_{Ga} = \frac{Q(y_1 - y_2)}{hA\Delta y_m} \tag{4-28-11}$$

式中，$Q$ 为通过填料塔的空气量，$kmol/h$；$h$ 为填料层高度，m；$A$ 为填料塔的截面积，$m^2$；$y_1$、$y_2$ 为进出填料塔气体中 $SO_2$ 的比摩尔分率；$\Delta y_m$ 为对数平均推动力，可用下式计算。

$$\Delta y_m = \frac{(y_1 - y_1^*) - (y_2 - y_2^*)}{\ln \dfrac{y_1 - y_1^*}{y_2 - y_2^*}} \tag{4-28-12}$$

对于碱吸收 $SO_2$ 系统，其吸收反应为极快不可逆反应，吸收液面上 $SO_2$ 的平衡浓度 $y^*$ 可看作为零。则对数平均推动力（$\Delta y_m$）可表示为：

$$\Delta y_m = \frac{y_1 - y_2}{\ln \dfrac{y_1}{y_2}} \tag{4-28-13}$$

由于实验气体中 $SO_2$ 浓度较低，则比摩尔分率 $y_1$、$y_2$ 可用下式表示：

$$y_1 = \frac{p_{A_1}}{p}; \quad y_2 = \frac{p_{A_2}}{p} \tag{4-28-14}$$

式中，$p_{A_1}$、$p_{A_2}$ 为进出填料塔气体中 $SO_2$ 的分压力，Pa；$p$ 为吸收塔气体的平均压力，Pa。

由上述等式，可得到以分压差为推动力的体积吸收系数［$K_{Ga}$，单位为 $kmol/(m^3 \cdot h \cdot Pa)$］的计算式：

$$K_{Ga} = \frac{Q}{pAh} \ln \frac{p_{A_1}}{p_{A_2}} \tag{4-28-15}$$

式中，各参数意义同上。

**六、思考题**

1. 简述燃煤烟气的特性和污染物 $SO_2$ 的危害。
2. 如何判断系统运行已稳定？
3. 讨论气速对填料塔传质的影响。
4. 分析在什么操作条件下，填料塔具有良好的净化效率？

# 实验二十九　吸收法净化烟气中氮氧化物

**一、实验目的与要求**

1. 了解燃煤烟气的特性和污染物 $NO_x$ 的危害；

2. 熟悉硫化钠碱液吸收氮氧化物 $NO_x$ 反应机理；

3. 深入了解用吸收还原法净化 $NO_x$ 的基本原理、方法和效果；

4. 加深理解填料塔内气液传质状况，掌握填料吸收塔的吸收效率、吸收系数和压降的测定方法。

## 二、实验原理

我国是以煤炭为主的能源消耗结构的国家，燃煤烟气是引起我国氮氧化物污染日趋严重的最重要原因。燃煤电站是煤炭消耗的主体，其排放的氮氧化物是城市氮氧化物污染物的主要来源。控制燃煤排放的氮氧化物是我国氮氧化物污染控制的重点。燃煤烟气主要含有 $CO$、$CO_2$、$SO_2$、$NO_x$ 及粉尘和 $Hg$ 等化合物。

含有氮氧化物的烟气在未达标之前不能排放，必须经处理回收或净化烟气中的氮氧化物，达标后才能排放。对含 $NO_2$ 烟气的净化，常常采用化学吸收，其吸收剂的种类较多。本实验采用（$Na_2S + NaOH$）溶液作吸收剂，在吸收过程中将 $NO_2$ 还原为无害的 $N_2$ 气，溶液中 $NaOH$ 的存在也可防止 $Na_2S$ 的水解。主要反应机理：

$$2Na_2S + 6NO_2 \Longrightarrow 4NaNO_2 + 2SO_2 + N_2 \tag{4-29-1}$$

$$SO_2 + 2NaOH \Longrightarrow Na_2SO_3 + H_2O \tag{4-29-2}$$

## 三、实验装置、仪器设备和试剂

### 1. 试剂

$NaOH$，分析纯；$Na_2S$，分析纯；对氨基苯磺酸，分析纯；$H_2SO_4$，分析纯；冰醋酸，分析纯；$HC$，分析纯；亚硝酸钠，分析纯；盐酸萘乙二胺，分析纯；$N_2$，99.9%；$NO_2$，99%。

（1）采样吸收液　将 5.0g 对氨基苯磺酸放于 200mL 烧杯中，用 50mL 冰醋酸与 200mL 水混合成的溶液，分数次倒入烧杯中，同时进行搅拌并迅速移入 1000mL 棕色容量瓶中，待其完全溶解后，加入 0.050g 盐酸萘乙二胺，溶解后，用水稀释至标线，摇匀。放在冰箱中保存。使用时，以 4 份上述溶液和 1 份蒸馏水的比例稀释，作为采样用吸收液。

（2）亚硝酸钠标准溶液　准确称取干燥的粒状亚硝酸钠 0.1500g，溶于水，并移入 1000mL 容量瓶，用水稀释至标线摇匀，保存在冰箱中。使用时，用蒸馏水准确稀释成 $20\mu g/mL$ 的亚硝酸钠标准溶液。

（3）2% 硫化钠碱液　称取工业用 $Na_2S$ 1.5kg，$NaOH$ 0.5kg，溶于 $0.1m^3$ 蒸馏水中，作为 $NO_2$ 吸收液。

### 2. 仪器

空压机，1 台；$NO_2$ 钢瓶，1 瓶；填料塔，1 台；泵，1 台；缓冲罐，2 个；高位槽，1 个；受液槽，1 个；转子流量计，2 个；U 形管压力计，1 个；压力表，1 只；温度计，2 支；筛板吸收瓶，25 个；烟气采样仪，2 台；分光光度计，1 台。

### 3. 实验装置与流程

实验装置与流程如图 4-29-1 所示。吸收液从高位槽由填料塔上部经喷淋装置进入塔内，流经填料表面，由塔下部排出，进入溶液储槽。空气由空压机经缓冲罐后，通过转子流量计进入混合气缓冲罐，并与 $NO_2$ 气体相混合，配制成一定浓度的混合气，$NO_2$ 来自钢瓶。含 $NO_2$ 的混合空气从塔底进气口进入填料塔内，通过填料层 $NO_2$ 被吸收后，尾气由塔顶排出。系统设进气和排气两个取样口，为玻璃三通考克，其中一端为外套橡皮胶，用医用注射器可以直接插入取样。

## 四、实验方法和步骤

（1）绘制 $NO_2^-$ 含量标准曲线。在 5 只 25mL 容量瓶中分别准确加入 0.25mL、

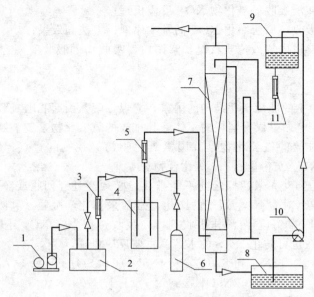

图 4-29-1　烟气 $NO_2$ 净化实验装置

1—空压机；2—缓冲罐；3,5,11—流量计；4—混合气缓冲罐；6—$NO_2$ 气瓶；
7—吸收塔；8—溶液储槽；9—高位槽；10—液泵

0.50mL、0.75mL、1.00mL、1.50mL 亚硝酸钠标准溶液，然后用采样吸收液稀释至刻度，摇匀，放置 15min，于 540nm 处，用 0.5cm 比色皿，吸收液为参比，测定吸光度。根据测定结果，绘制吸光度对 $NO_2^-$ 含量的标准曲线。

（2）关严吸收塔的进气阀，打开缓冲罐上的放空阀，并在高位液槽中注入配制好的吸收液。

（3）打开吸收塔的进液阀，并调节液体流量，使液体均匀喷布，并沿填料表面缓慢流下，以充分润湿填料表面，当液体由塔底流出后，将液体流量调至 400mL/min。

（4）开启空压机，逐渐关小放空阀，并逐渐打开吸收塔的进气阀。调节空气流量，使塔内出现液泛。仔细观察并记录下液泛时的气速。

（5）逐渐减小气体流量，消除液泛现象。在吸收塔能正常工作时，开启 $NO_2$ 气瓶，并调节其流量，使空气中 $NO_2$ 的含量为 0.05%～0.1%（体积分数）。

（6）经 5min 后，待塔内操作完全稳定后，按表 4-29-1 的要求开始测量并记录有关数据。

（7）在塔的上、下取样口，用注射器分别取样 20mL 和 40mL，然后将针头插入溶气瓶中液体内缓慢注射到溶气瓶中，并不断摇动溶气瓶。注射完样气后，继续摇动 2～3min，取样 2～3 次。

（8）将采过样的溶气瓶放置 20min 后，采用分光光度计，用 0.5cm 比色皿，吸收液浓为参比，于波长 540nm 处，测定吸光度，并在标准曲线上查出相应的 $NO_2^-$ 含量。将测定结果填入表 4-29-2～表 4-29-4 中。

（9）保持液体流量不变和空气中 $NO_2$ 浓度相同，改变空气流量，按上述操作方法，测取 3 次数据。

（10）实验完毕后，关掉 $NO_2$ 气瓶，待 3min 后再停止供液，最后停止鼓入空气。

（11）进行相关计算，完成数据记录。

**五、实验数据的记录和处理**

数据记录于表 4-29-1～表 4-29-4 中，由样品分析数据进行实验数据的相关处理。

### 表 4-29-1　气体浓度测定记录表

大气压力：_____kPa　　　　　　　　　　室温：____℃

| No. | 气速 /(m/s) | 吸收前 | | | | | | 吸收后 | | | | | | 净化效率 η |
|-----|-----|-----|-----|-----|-----|-----|-----|-----|-----|-----|-----|-----|-----|-----|
| | | 吸光度 | $NO_2$ 含量 $w$ /μg | 样品总体积 $V$ /mL | 分析取样品体积 $V_1$ /mL | 采样体积 $V_N$ /mL | $NO_2$ 浓度 $C_1$ /(mg/m³) | 吸光度 | $NO_2$ 含量 $W$ /μg | 样品总体积 $V$ /mL | 分析取样品体积 $V_1$ /mL | 采样体积 $V_N$ /mL | $NO_2$ 浓度 $C_2$ /(mg/m³) | |
| 1 | | | | | | | | | | | | | | |
| 2 | | | | | | | | | | | | | | |
| 3 | | | | | | | | | | | | | | |
| 4 | | | | | | | | | | | | | | |
| 5 | | | | | | | | | | | | | | |
| 6 | | | | | | | | | | | | | | |

### 表 4-29-2　实验操作系统测定结果记录表

大气压力：_____kPa　　　室温：____℃　　　液泛气速：_____m/s

| No. | 液体流量 /(L/min) | 空气流量 | | 气体状态 | | | |
|-----|-----|-----|-----|-----|-----|-----|-----|
| | | 体积流量 /(L/min) | 摩尔流量 /(kmol/h) | 吸收前 | | 吸收后 | |
| | | | | 温度 $t_1$ /℃ | 压力 $p_1$ /Pa | 温度 $t_2$ /℃ | 压力 $p_2$ /Pa |
| 1 | | | | | | | |
| 2 | | | | | | | |
| 3 | | | | | | | |
| 4 | | | | | | | |
| 5 | | | | | | | |
| 6 | | | | | | | |

### 表 4-29-3　实验操作系统测定结果记录表

大气压力：_____kPa　　　室温：____℃　　　液泛气速：_____m/s

| No. | 气体中 $NO_2$ 浓度 | | | | 填料层高度 $h$/m | 塔横截面积 $A$/m² | 压降 $\Delta p$ /Pa |
|-----|-----|-----|-----|-----|-----|-----|-----|
| | 吸收前 | | 吸收后 | | | | |
| | 质量浓度 $C_1$ /(mg/m³) | 分压力 $p_{A1}$ /Pa | 质量浓度 $C_2$ /(mg/m³) | 分压力 $p_{A2}$ /Pa | | | |
| 1 | | | | | | | |
| 2 | | | | | | | |
| 3 | | | | | | | |
| 4 | | | | | | | |
| 5 | | | | | | | |
| 6 | | | | | | | |

### 表 4-29-4　实验操作系统测定结果记录表

大气压力：_____kPa　　　室温：____℃　　　液泛气速：_____m/s

| No. | 液体流量 /(kmol/h) | 气体流量 /(kmol/h) | 液气比 | 塔内气体压力 /Pa | $K_{Ga}$ | η | $\Delta p$ |
|-----|-----|-----|-----|-----|-----|-----|-----|
| 1 | | | | | | | |
| 2 | | | | | | | |
| 3 | | | | | | | |
| 4 | | | | | | | |
| 5 | | | | | | | |
| 6 | | | | | | | |

1. 气体中 $NO_2$ 浓度的计算

$$C_{NO_2} = \frac{W \times V_t}{V_N \times V_1 \times 0.76} \tag{4-29-3}$$

式中，$W$ 为样品溶液中 $NO_2^-$ 的含量，$\mu g$；$V_1$ 为样品溶液的总体积，mL；$V_t$ 为分析时所取样品溶液的体积，mL；$V_N$ 为标准状况下的采样体积，用下式计算。

$$V_N = V_f \times \frac{273}{273 + t_f} \times \frac{p}{101.3} \tag{4-29-4}$$

式中，$V_f$ 为注射器采样体积，L；$t_f$ 为空气温度，℃；$p$ 为大气压力，kPa。

2. 吸收塔净化效率（$\eta$）

$$\eta = \left(1 - \frac{C_2}{C_1}\right) \times 100\% \tag{4-29-5}$$

式中，$C_1$ 为吸收塔入口处气体中 $NO_2$ 的浓度，$mg/m^3$；$C_2$ 为吸收塔出口处气体中 $NO_2$ 的浓度，$mg/m^3$。

3. 吸收塔压降（$\Delta p$）的计算

$$\Delta p = p_1 - p_2 \tag{4-29-6}$$

式中，$p_1$ 为吸收塔入口处气体的全压或静压，Pa；$p_2$ 为吸收塔出口处气体的全压或静压，Pa。

4. 气体中 $NO_2$ 的分压（$p_A$）的计算

$$p_A = \frac{C \times 10^{-3}/46}{1000/22.4} \times p \tag{4-29-7}$$

式中，$C$ 为气体中 $NO_2$ 的浓度，$mg/m^3$；$p$ 为气体的总压，Pa。

5. 体积吸收系数（$K_{Ga}$）的计算

体积吸收系数（$K_{Ga}$）的计算式可由以浓度差为推动力的体积吸收系数计算公式推导出来。

$$K_{Ga} = \frac{Q(y_1 - y_2)}{hA\Delta y_m} \tag{4-29-8}$$

式中，$Q$ 为通过填料塔的空气量，kmol/h；$h$ 为填料层高度，m；$A$ 为填料塔的截面积，$m^2$；$y_1$、$y_2$ 为进出填料塔气体中 $NO_2$ 的比摩尔分率；$\Delta y_m$ 为对数平均推动力，可由下式求得。

$$\Delta y_m = \frac{(y_1 - y_1^*) - (y_2 - y_2^*)}{\ln \dfrac{y_1 - y_1^*}{y_2 - y_2^*}} \tag{4-29-9}$$

对于碱吸收 $NO_2$ 系统，其吸收反应为极快不可逆反应，吸收液面上 $NO_2$ 的平衡浓度 $y^*$ 可看作为零。则对数平均推动力（$\Delta y_m$）可表示为：

$$\Delta y_m = \frac{y_1 - y_2}{\ln \dfrac{y_1}{y_2}} \tag{4-29-10}$$

由于实验气体中 $NO_2$ 浓度较低，则比摩尔分率 $y_1$、$y_2$ 可用下式表示：

$$y_1 = \frac{p_{A_1}}{p} \; ; \quad y_2 = \frac{p_{A_2}}{p} \tag{4-29-11}$$

式中，$p_{A_1}$、$p_{A_2}$ 为进出塔气体中 $NO_2$ 的分压力，Pa；$p$ 为吸收塔气体的平均压力，Pa。

由上述等式，可得到以分压差为推动力的体积吸收系数（$K_{Ga}$）的计算式：

$$K_{Ga} = \frac{Q}{pAh} \ln \frac{p_{A_1}}{p_{A_2}} \left[kmol/(m^3 \cdot h \cdot Pa)\right] \tag{4-29-12}$$

式中，参数意义同上。

### 六、思考题

1. 根据实验结果，以气速为横坐标，分别以吸收速率和压降为纵坐标，标绘出实验曲线。

2. 通过实验，你有什么体会？对实验有何改进意见？

3. 从实验结果标绘出的曲线，你可以得出哪些结论？

4. 讨论气速对填料塔传质的影响。

5. 吸收液中 NaOH 的作用是什么？

# 实验三十　吸附法净化气体中的氮氧化物

### 一、实验目的与要求

1. 了解吸附法净化有害废气的原理和特点；

2. 熟悉活性炭吸附剂的特性和在尾气净化方面应用；

3. 掌握吸附法操作过程中吸附、解吸、样品分析和数据处理方法；

4. 掌握吸附等温线概念和测定方法。

### 二、实验原理

当流体与多孔固体接触时，流体中某一组分或多个组分在多孔固体表面产生积累，此现象称为吸附。吸附属于一种传质过程，物质内部的分子和周围分子具有互相吸引的能力，内部的分子由于受力平衡，相互抵消，但物质表面的分子，其中相对物质外部的作用力没有抵消，所以液体或固体物质的表面可以吸附其他的液体或气体，尤其是表面面积很大的情况下，这种吸附力能产生很大的作用，工业上经常利用大面积的物质进行吸附，如活性炭、氧化铝等。吸附操作是催化、脱色、脱臭、防毒等工业应用中必不可少的单元操作。

当液体或气体混合物与吸附剂长时间充分接触后，系统达到平衡，吸附质的平衡吸附量，即单位质量吸附剂在达到吸附平衡时所吸附的吸附质量，首先取决于吸附剂的化学组成和物理结构，同时与系统的温度和压力以及该组分和其他组分的浓度或分压有关。对于只含一种吸附质的混合物，在一定温度下吸附质的平衡吸附量与其浓度或分压间的函数关系（曲线图），称为吸附等温线。对于压力不太高的气体混合物，惰性组分对吸附等温线基本无影响。同一体系的吸附等温线随温度而改变，温度愈高，平衡吸附量愈小。当混合物中含有几种吸附质时，各组分的平衡吸附量不同，被吸附的各组分浓度之比，一般不同于原混合物组成，即分离因子不等于 1。吸附剂的选择性愈好，愈有利于吸附分离。

吸附剂一般有以下特点：

① 大的比表面积、适宜的孔结构及表面结构；

② 对吸附质有强烈的吸附能力；

③ 一般不与介质发生化学反应；

④ 制造方便，容易再生；

⑤ 有良好的机械强度等。

吸附剂可按孔径大小、颗粒形状、化学成分、表面极性等分类，如粗孔和细孔吸附剂，粉状、粒状、条状吸附剂，碳质和氧化物吸附剂，极性和非极性吸附剂等。

吸附设备有以下类型：

a. 吸附槽。用于吸附操作的搅拌槽，如在吸附槽中用活性白土精制油品或糖液。

b. 固定床吸附设备。用于吸附操作的固定床传质设备，应用最广。

c. 流化床吸附设备。吸附剂于流态化状态下进行吸附，如用流化床从硝酸厂尾气中脱除氮的氧化物。当要求吸附质回收率较高时，可采用多层流态化设备。流化床吸附容易连续操作，但物料返混及吸附剂磨损严重。

d. 移动床吸附柱。又称超吸附柱，主要是移动床传质设备。

吸附操作中，吸附质在流体中的平衡浓度通常很小，吸附分离可以进行得完全。但由于固体吸附剂在输送、计量和控制等方面比较困难，所以仅宜于用来分离吸附质浓度很低的流体混合物。此外，也可以作为其他传质分离操作的补充，以达到组分完全分离的目的。对于组分挥发度很接近的料液，当精馏难以实现分离时，用吸附分离可能更经济。

活性炭吸附剂是将木炭、果壳、煤等含碳原料经炭化、活化后制成的。活性炭含有很多毛细孔构造、较大的比表面积（可高达 $1000 m^2/g$）和较高的物理吸附性，具有优异的吸附能力，因而它用途遍及水处理、脱色、气体吸附等各个方面。

分离只含一种吸附质的混合物时，过程最为简单。当原料中吸附质含量很低，而平衡吸附量又相当大时，混合物与吸附剂一次接触就可使吸附质完全被吸附。吸附剂经脱附再生后循环使用，并同时得到吸附质产品。采用吸附法净化氮氧化物尾气是一种简便、有效的方法。通过吸附剂的物理吸附性能和大的比表面将尾气中的污染气体分子吸附在吸附剂上，经过一段时间，吸附达到饱和。然后解吸使吸附质解吸下来达到净化回收的目的，吸附剂解吸后重复使用。

本实验采用玻璃夹套管作为固定床吸附器，用活性炭作为吸附剂，吸附净化模拟尾气中 $NO_2$，在一定温度和压力下达到吸附平衡，而在高温、减压下被吸附的氮氧化物又被解吸出来，活性炭得到再生，从而得出吸附净化效率等数据。通过实验明确吸附净化尾气系统的影响因素、操作条件、方法经济性等。

1. 空塔线速

$$\omega = \frac{气体体积流量(Q)}{床层横截面积(F)} \tag{4-30-1}$$

2. 吸附速率式及有关参数

根据吸附动力学原理，吸附速率方程为：

$$q = K(y - y^*) \tag{4-30-2}$$

式中，$q$ 为吸附速率；$y$ 为吸附质在气相混合物中的浓度；$y^*$ 为吸附质在气相中的平衡浓度；$K$ 为吸附速度常数。

$K$ 值与许多因素有关，目前 $K$ 值的计算主要是依靠一些经验公式，如威尔基（Wilke）和霍根（Hougen）提出的计算公式：

$$K = 1.82U\left(-\frac{d_p U_E \rho}{\mu}\right)^{-0.51} \cdot \left(\frac{\mu}{\rho D_i}\right)^{-0.07} \tag{4-30-3}$$

式中，$U$ 为流体的平均线速度，m/s；$U_E$ 为流体的最大线速度，m/s；$\mu$ 为流体的黏度，Pa·s；$\rho$ 为流体的密度，$kg/m^3$；$d_p$ 为固体粒子有效直径，m；$D_i$ 为溶质在流体中的扩散系数。

由上式可知，因吸附速率 $q$ 随 $K$ 值呈线性变化，故而也随空塔线速变化。于是可进一步推出下列关系式：

$$G = \int_0^\tau q \, d\tau = q\tau \tag{4-30-4}$$

$$G = \omega F(C_进 - C_出)\tau \tag{4-30-5}$$

$$\eta = \frac{C_进 - C_出}{C_进} \times 100\% \tag{4-30-6}$$

$$\omega = Q/F$$

式中，$G$ 为吸附容量，$kg/m^3$；$\tau$ 为吸附时间，s；$\omega$ 为空塔线速，m/s；$F$ 为吸附床层截面，$m^2$；$C_{进}$ 为气体吸附质的初始浓度，$kg/m^3$；$C_{出}$ 为逸出气体吸附质的浓度，$kg/m^3$；$Q$ 为气体流量，$m^3/s$；$\eta$ 为吸附效率，%。

从以上各式参数的关联中不难看出，只要测出气体的流量，进出口气体吸附质的浓度，就可以算出 $\eta$、$\omega$、$q$、$G$ 以及 $\eta C_{进}$、$\eta\omega$ 等变化规律。

**3. 压力降-阻力损失**

当气流通过吸附剂床层空隙时，随着流速的增大，气体压力降也显著增大。计算压力降的公式很多，欧刚（Ergun）提出的计算式为

$$\Delta p = 150H_0 \frac{(1-\varepsilon)^2}{e^3} \cdot \frac{\mu\omega}{(\phi_s d_p)^2} + 1.75H_0 \frac{(1-\varepsilon)\rho_g \omega^2}{\varepsilon^2 \phi_s d_p} \tag{4-30-7}$$

式中，$H_0$ 为床层高度，m；$\varepsilon$ 为床层空隙率；$\mu$ 为气体黏度，$Pa \cdot s$；$\omega$ 为空塔线速，m/s；$\phi_s$ 为颗粒形状系数，球形 $\phi_s = 1$；$d_p$ 为颗粒平均直径，m；$\rho_g$ 为气体密度，$kg/m^3$。

通过实验可找出 $\Delta p$-$\omega$ 的变化关系，又根据所需的净化效率（$\eta$），选择适宜的 $\omega$，进而可确定压力降 $\Delta p$。根据 $Q$、$\Delta p$ 选择风机型号。

**三、试剂、仪器和实验装置**

**1. 试剂**

活性炭，果壳型，粒径 200 目；对氨基苯磺酸，分析纯；$H_2SO_4$，分析纯；冰醋酸，分析纯；HCl，分析纯；亚硝酸钠，分析纯；盐酸萘乙二胺，分析纯；$N_2$，99.9%；$NO_2$，99%。

（1）采样吸收液　将 5.0g 对氨基苯磺酸放于 200mL 烧杯中，用 50mL 冰醋酸与 200mL 水混合成溶液，分数次倒入烧杯中，同时进行搅拌并迅速移入 1000mL 棕色容量瓶中，待其完全溶解后，加入 0.050g 盐酸萘乙二胺，溶解后，用水稀释至标线，摇匀。放在冰箱中保存。使用时，以 4 份上述溶液和 1 份蒸馏水的比例稀释，作为采样用吸收液。

（2）亚硝酸钠标准溶液　准确称取干燥的粒状亚硝酸钠 0.1500g，溶于水，并移入 1000mL 容量瓶，用水稀释至标线摇匀，保存在冰箱中。使用时，用蒸馏水准确稀释成 $20\mu g/mL$ 的亚硝酸钠标准溶液。

**2. 仪器**

硬质玻璃吸附器，1 个；稳压阀，1 个；蒸汽瓶，1 只；冷凝器，1 只；加热套，1 个；流量计，2 个；缓冲罐，2 个；调压器，1 台；气瓶，1 个；压力计，2 个；医用注射器，1 只；分光光度计，1 台。

**3. 实验装置与流程**

实验装置及流程如图 4-30-1 所示，实验采用一硬质玻璃夹套管吸附器，夹套为保温层，吸附器内填装活性炭。实验装置有两部分组成。①配气部分。气体压缩机，缓冲罐，转子流量计，气体混合器。气体经流量计计量后分成两股，一股进入混合器，与来自气瓶的 $NO_2$ 气体混合；另一股不经混合器直接通过，混合气浓度是通过调节两股气的流量比例来控制。②吸附部分。混合气体经压差计测压后进入吸附器，吸附器中装有活性炭，吸附后气体经取样后排空。在吸附器前后设置两个取样点，在实验时按需要分析取出的样品，以测定吸附柱进出口气体之含 $NO_2$ 浓度。

**四、实验方法和步骤**

**1. 吸附剂活性炭装量**

准确称取 10g（±0.1）活性炭，将其装入吸附器。

**2. 系统气密性检查**

关闭吸附器出口阀、缓冲罐放空阀，开启空压机，调节缓冲罐进气阀使系统增压至

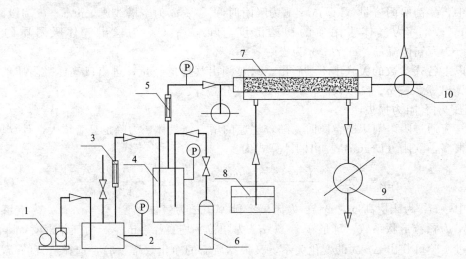

图 4-30-1　吸附法净化气体中的氮氧化物装置流程
1—空压机；2—缓冲罐；3、5—流量计；4—混合气缓冲罐；6—NO₂气瓶；7—吸附器；
8—蒸汽发生器；9—水冷器；10—取样阀

0.15MPa，关闭缓冲罐进气阀，使系统密封。观察压力计，若压力在 10min 内保持不变（不下降），则系统气密性良好。

3. 气体流量的确定

开启空压机，调节缓冲罐进气阀使系统压力在 0.11～0.12MPa，开启吸附器出气口阀和放空阀，调节气体流量在 48～50L/h，并稳定在 50L/h。

4. 气体浓度的确定

缓慢开启 NO₂ 气瓶气阀，使气体进入混合气缓冲罐，在吸附器进气口取样阀取样，分析混合气中 NO₂ 浓度，在浓度达到 2300～2500μL/L 时稳定气瓶气阀。

5. 开始记录吸附时间，运行 10min 后，在吸附器出气口取样阀取样分析，此后每 30min 取一次样，每次取三个平行样。

6. 当吸附净化效率低于 80% 时，关闭缓冲罐进气阀，停止吸附操作。

7. 关闭缓冲罐出气阀，开启蒸汽发生器（事先处于备用状态）进出阀，使缓冲罐处于解吸状态，打开冷却水管开关，向吸附器及其保温夹层通入水蒸气进行解吸和保温。通入水蒸气对活性炭加热，使吸附在活性炭上的氮氧化物解吸出来，经冷凝器后，NO₂ 和水蒸气一起被冷凝成稀硝酸和亚硝酸混合液。

8. 测定解吸液 pH 值，当 pH 值小于 6 时，停止解吸，待活性炭干燥以后再停止对吸附器保温夹层通蒸气，最后关闭蒸汽发生器进出阀门。注意解吸完成以后停止向吸附器通水蒸气，并继续对保温加热套通水蒸气加热干燥活性炭，以便为下一个实验操作过程做好准备。

9. 样品分析采用盐酸萘乙二胺比色法，采用分光光度计测定。

10. 分别改变气体流速和气体浓度，重复上述过程 5～9 操作步骤。

**五、实验数据的记录和整理**

1. 氮氧化物净化效率

$$\eta = \left(1 - \frac{C_2}{C_1}\right) \times 100\% \qquad (4\text{-}30\text{-}8)$$

式中，$C_1$ 为吸附器入口处气体中 NO₂ 的浓度，mg/m³；$C_2$ 为吸附器出口处气体中 NO₂ 的浓度，mg/m³。

2. 实验数据记录

数据记录于表 4-30-1 中。

**表 4-30-1　吸附数据记录表**

| 吸附时间 | 吸光度 | | | 1 号净化率/% | 2 号净化率/% | 3 号净化率/% | 平均净化率/% |
|---|---|---|---|---|---|---|---|
| | 1 号 | 2 号 | 3 号 | | | | |
| 1 | | | | | | | |
| 2 | | | | | | | |
| 3 | | | | | | | |
| 4 | | | | | | | |
| 5 | | | | | | | |

吸附器：直径 $d=$ _____ mm;　　　高度 $H=$ _____ mm;

活性炭：种类 _____;　　　　　　粒径 $d=$ _____ mm;

　　　　装填高度 = _____ mm;　　装填量 = _____ g;

操作条件：气体浓度 = _____ $\mu L/L$;　室温 = _____ ℃;

　　　　　气体流量 = _____ L/h;　　气压 = _____ kPa;

3. 根据实验结果绘出净化效率随吸附操作时间的变化曲线。

**六、思考题**

1. 活性炭吸附氮氧化物随时间的增加吸附净化效率逐渐降低，试从吸附原理出发分析活性炭的吸附容量及操作时间。

2. 随吸附温度的变化，吸附量也发生变化，根据等温吸附原理简单分析吸附温度对吸附效率的影响，解释解吸过程的理论依据。

3. 通常吸附操作空速为多少？本实验实际采用的空速为多少？

4. 你通过本实验得到什么启发？

# 实验三十一　活性炭吸附含苯有机废气

**一、实验目的与要求**

1. 熟悉活性炭吸附剂的特性和在有机废气净化方面应用；

2. 掌握活性炭吸附法的流程和实验过程中各参数的控制方法；

3. 了解主要参数变化对吸附效率的影响；

4. 掌握吸附等温线概念和测定方法。

**二、实验原理**

在石油、化工、印刷、喷漆及军工等行业的生产过程中，常排放含有不同浓度的苯及二甲苯等有机废气。苯类化合物不仅是对人体健康造成危害，是一类极为严重的有机污染物，而且也是很有用的有机溶剂，应当加以回收利用。活性炭吸附法治理含苯有机废气是工业上较为常用的方法，这种方法通常用来治理低浓度的含苯废气，对于高浓度含苯废气的治理，需要考虑活性炭吸附剂的容量及其再生循环使用的经济效果，通常高浓度有机废气的治理采用燃烧法。

吸附是利用气体混合物通过多孔性固体时，混合气中的一种或数种组分富集于固体表面上，达到和气体中其他组分分离的目的。产生吸附作用的力一般有两种，分子间的引力或者表面分子与气体分子间的化学键力，前者称为物理吸附，后者称为化学吸附。在用吸附法净化有机废气时，在多数情况下发生的是物理吸附。吸附了有机组分的吸附剂，在温度、压力等条件改变时，被吸附组分可以脱离吸附剂表面。利用这一点，吸附剂可以重复或循环使用。

本实验的实验原理同实验三十。

**三、试剂、仪器和实验装置**

1. 试剂

活性炭，果壳型，粒径 200 目或 GHC-18；苯，分析纯。

2. 仪器

硬质玻璃吸附器，1个；稳压阀，1个；蒸汽瓶，1只；冷凝器，1只；加热套，1个；流量计，2个；缓冲罐，1个；气体发生器，1个；调压器，1台；医用注射器，1只；气相色谱仪，1台。

3. 实验装置与流程

实验装置及流程如图 4-31-1 所示，实验采用一硬质玻璃夹套管吸附器，夹套为保温层，吸附器内填装活性炭。实验装置由两部分组成。①配气部分。气体压缩机，缓冲罐，转子流量计，气体发生器。气体经流量计计量后分成两股，一股进入装有苯的气体发生器，将发生器中挥发的苯带出；另一股不经气体发生器直接通过。两股气体在进入吸附器前混合，混合气的含苯浓度是通过调节两股气的流量比例来控制。②吸附部分。混合气体经压差计测压后进入吸附器，吸附器中装有活性炭，吸附后气体经取样后排空。在吸附器前后设置两个取样点，在实验时按需要分别与色谱仪相连（或用针筒取样，再用色谱仪分析取出的样品），以测定吸附柱进出口气体之含苯浓度。

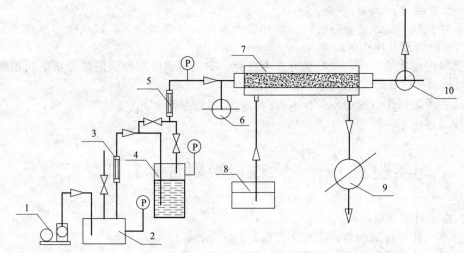

图 4-31-1　吸附法净化含苯有机废气装置流程

1—空压机；2—缓冲罐；3,5—流量计；4—混合气发生器；7—吸附器；8—蒸汽发生器；
9—水冷器；6,10—取样阀

**四、实验方法和步骤**

1. 吸附剂活性炭装量

分别称取 10g 和 15g（±0.1）活性炭，同时称量吸附器中两个吸附管空管的质量，将其分别装入吸附器中两个吸附管；再分别准确称量吸附管的质量（±0.0001g），同时测量炭层高度。将其中的一根吸附管安装在流程上，另一根管备用。

2. 系统气密性检查

关闭吸附器出口阀、缓冲罐放空阀，开启空压机，调节缓冲罐进气阀使系统增压至 0.15MPa，关闭缓冲罐进气阀，使系统密封。观察压力计，若压力在 10min 内保持不变（不下降），则系统气密性良好。

3. 气体流量的确定

开启空压机，调节缓冲罐进气阀使系统压力在 0.11～0.12MPa，开启吸附器出气口阀和放空阀，调节气体流量在 48～50L/h，并稳定在 50L/h。

4. 气体浓度的确定

调节气体发生器出口阀和空气气阀，使两股气体在进入吸附器前混合，在吸附器进气口取样阀取样，分析混合气中苯浓度，在浓度达到 280 mg/m³ 时稳定气瓶气阀，确定混合气含苯浓度为 280mg/m³。

5. 开始记录吸附时间，运行 10min 后，在吸附器出气口取样阀取样分析，此后每 10min 取一次样，每次取三个平行样。

6. 当吸附器出口浓度不等于零（出口出现苯）时，关闭缓冲罐进气阀，停止吸附操作。

7. 将吸附管从流程上卸下，准确称重，并记录质量。

8. 将另一根吸附管装入流程，重复 3～7 的操作，在操作中保持相同的实验条件。

9. 关闭缓冲罐出气阀，开启蒸汽发生器（事先处于备用状态）进出阀，使缓冲罐处于解吸状态，打开冷却水管开关，向吸附器及其保温夹层通入水蒸气进行解吸和保温。通入水蒸气对活性炭加热，使吸附在活性炭上的苯解吸出来，经冷凝器后，苯和水蒸气一起被冷凝成稀混合液。

10. 将活性炭放入烘箱中，在 100℃ 以下烘 1～2h，过筛为下次实验备用。

11. 实验完毕后，关闭压缩机，切断电源，清洗、整理仪器药品。

**五、实验数据的记录和整理**

1. 有机废气净化效率

$$\eta = \left(1 - \frac{C_2}{C_1}\right) \times 100\% \tag{4-31-1}$$

式中，$C_1$ 为吸附器入口处气体中苯的浓度，mg/m³；$C_2$ 为吸附器出口处气体中苯的浓度，mg/m³。

2. 吸附容量

$$Q = \frac{W_2 - W_1}{V} \tag{4-31-2}$$

式中，$W_1$ 和 $W_2$ 分别为吸附前后的吸附剂质量；$V$ 为吸附剂体积。

3. 依据所得实验结果，通过绘图确定希洛夫公式中 $K$、$\tau_0$ 值。

$$\tau = KL - \tau_0 \tag{4-31-3}$$

式中，$\tau$ 为保护作用时间；$L$ 为炭层高度。

4. 实验数据记录

实验数据记录在表 4-31-1 中。

**表 4-31-1　实验数据记录表**

| 管　号 | I | II | 备　注 |
|---|---|---|---|
| 炭层高度 | | | |
| 吸附管体积 | | | |
| 气体流量 | | | |
| 进气浓度 | | | |
| 出气浓度 | | | |
| 保护作用时间 | | | |
| 活性炭质量 | | | |
| 苯吸附量 | | | |
| 净化效率 | | | |
| 希洛夫公式($K/\tau_0$) | | | |

吸附器：直径 $d=$ _____ mm；高度 $H=$ _____ mm。

活性炭：种类 _____；粒径 $d=$ _____ mm；装填高度 = _____ mm；装填量 = _____ g。

操作条件：气体浓度 = _____ mg/m³；室温 = _____ ℃；气体流量 = _____ L/h；气压 = _____ kPa。

5. 根据实验结果绘出净化效率随吸附操作时间的变化曲线。

**六、思考题**

1. 影响吸附容量的因素有哪些？
2. 在实验中气速和浓度值的变化，将会对吸附容量值产生什么影响？
3. 根据实验结果，设计一个炭层高度为 1.0m 的吸附床层，它的保护作用时间为多少？

# 实验三十二　高浓度有机废气的净化（冷凝法）

## 一、实验目的与要求

1. 了解高浓度有机废气的特点和一般回收治理方法；
2. 掌握冷凝过程原理；
3. 掌握高浓度有机废气净化实验装置；
4. 掌握实验操作过程和参数控制方法。

## 二、实验原理

有机废气是大气污染物中对环境造成危害的重要的一类污染物，石油化工、印刷、粘接和涂料等行业排出的废气中含有烃、醇、醛、酮、醚、酯、胺羧酸、芳香烃、酚类等各种有机化合物，这些化合物均需加以回收利用或进行无害化处理。有机废气的治理可以采用吸收法、燃烧法、吸附法和冷凝法等回收工艺。回收治理所采用的工艺根据所要处理的气体情况而定，在实际排出的废气中，有机物的浓度差异很大，对于高浓度有机废气，可以采用燃烧法和冷凝法等工艺进行净化和回收。

冷凝法是通过降温，将气体混合物中的有机物组分冷凝为液体，从而回收废气中的有机物，使废气得到净化。有机物在不同的温度和压力下，具有不同的饱和蒸气压。对于废气中有害物质的饱和蒸气压下的温度，称为该混合气体的露点温度。也就是说，在一定压力下，某气体物质开始冷凝出现第一个液滴时的温度，即为露点温度，简称为露点。因此，混合气体中有害物质的温度必须低于露点，才能冷凝下来。在一定温度和压力下，气液两相达到平衡时，任意组分 $i$ 在气相中的分子分数 $y_i$ 与在液相中的分子数 $x_i$ 之比存在如下关系：

$$m = \frac{y_i}{x_i} \tag{4-32-1}$$

式中，$m$ 为相平衡常数。常压下可视为理想系统，有：

$$m = \frac{p_i}{p} \tag{4-32-2}$$

理想系统的相平衡常数仅与温度、压力有关，而与溶液的组成无关。在压力为 $p$、温度为 $t$ 时，有机物在图 4-32-1 所示的冷凝系统中，进料中 $i$ 组分的摩尔分率为 $z_i$，可计算液化率 $f$、冷凝后气液组成 $x_i$、$y_i$。

物料平衡方程：
$$F = B + D \tag{4-32-3}$$

式中，$D$ 为馏出液的量。

液化率 $f$，指冷凝后冷凝液的量（$B$）占进料有机物量（$F$）的摩尔分数：

$$f = \frac{B}{F} \tag{4-32-4}$$

对 $i$ 组分作物料平衡：

$$Fz_i = (1-f)Fy_i + fFx_i \tag{4-32-5}$$

结合等式(4-32-1)得到：

$$x_i = \frac{z_i}{(1-f)m + f} \tag{4-32-6}$$

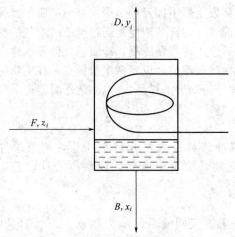

图 4-32-1　冷凝系统物料分配

$$y_i = \frac{z_i}{(1-f)m + f/m} \tag{4-32-7}$$

### 三、试剂、仪器和实验装置

**1. 试剂**

苯，分析纯。

**2. 仪器**

稳压阀，1个；列管式冷凝器，1只；流量计，2个；缓冲罐，1个；气体发生器，1个；蠕动泵，1台；医用注射器，1只；气相色谱仪，1台。

**3. 实验装置与流程**

实验装置及流程如图 4-32-2 所示，实验采用一列管式冷凝器，夹套为保温层，冷凝器外接冷凝系统，冷凝液采用冰水混合液，由蠕动泵传送。实验装置有两部分组成：①配气部分。气体压缩机，缓冲罐，转子流量计，气体发生器。气体经流量计计量后分成两股，一股

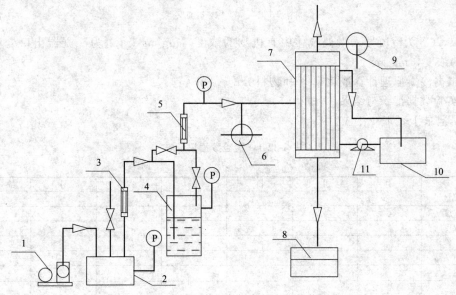

图 4-32-2　冷凝法净化废气中的有机物装置流程

1—空压机；2—缓冲罐；3,5—流量计；4—混合气发生器；7—列管式冷凝器；8—冷凝液接收器；
6,9—取样阀；10—冰水冷凝液储槽；11—蠕动泵

进入装有苯的气体发生器，将发生器中挥发的苯带出；另一股不经气体发生器直接通过。两股气体在进入冷凝器前混合，混合气的含苯浓度是通过调节两股气的流量比例来控制。②冷凝部分。混合气体经压差计测压后进入冷凝器冷凝，冷凝后气体经取样后经排空装置排空，冷凝液接受在一个接收器中回收。在冷凝器前后设置两个取样点，在实验时按需要分别与色谱仪相连（或用针筒取样，再用色谱仪分析取出的样品），以测定冷凝器进出口气体之含苯浓度。

### 四、实验方法和步骤

**1. 系统气密性检查**

关闭冷凝器出口阀、缓冲罐放空阀，开启空压机，调节缓冲罐进气阀使系统增压至 0.15MPa，关闭缓冲罐进气阀，使系统密封。观察压力计，若压力在 10min 内保持不变（不下降），则系统气密性良好。

**2. 气体流量的确定**

开启空压机，调节缓冲罐进气阀使系统压力在 0.11～0.12MPa，开启冷凝器出气口阀和放空阀，调节气体流量在 10～15L/h，并稳定在 15L/h。

**3. 气体浓度的确定**

调节气体发生器出口阀和空气气阀，使两股气体在进入冷凝器前混合，在冷凝器进气口取样阀取样，分析混合气中苯浓度，在浓度达到 5000 mg/m³ 时稳定气瓶气阀，确定混合气含苯浓度为 5000mg/m³。样品中苯由气相色谱仪分析。

4. 开启冷凝液出口阀，启动蠕动泵，转速稳定在 200mL/min。

5. 开始冷凝实验，记录时间，运行 10min 后，在冷凝器出气口取样阀取样分析，并接收冷凝液，此后每 10min 取一次样，每次取三个平行样。

6. 运行 60min 后，关闭缓冲罐进气阀，停止进气操作，移去冷凝液接收器，更换一个新的接收器，冷凝系统继续冷凝，直至无冷凝液滴出。

7. 将冷凝器准确称重，并记录质量。

8. 实验完毕后，关闭压缩机，切断电源，清洗、整理仪器药品。

### 五、实验数据的记录和整理

**1. 有机废气净化效率**

$$\eta = \left(1 - \frac{C_2}{C_1}\right) \times 100\% \qquad (4\text{-}32\text{-}8)$$

式中，$C_1$ 为冷凝器入口处气体中有机物的浓度，mg/m³；$C_2$ 为冷凝器出口处气体中有机物的浓度，mg/m³。

**2. 根据冷凝原理计算液化率 $f$ 和物料分配 $x_i$ 和 $y_i$。**

**3. 实验数据记录与结果**

数据记录于表 4-32-1 中。

**表 4-32-1　实验数据记录表**

室温：_____℃　　　气压：____MPa

| 取样号 | Ⅰ | Ⅱ | Ⅲ | Ⅳ | Ⅴ | Ⅵ | 备注 |
|---|---|---|---|---|---|---|---|
| 气体流量 | | | | | | | |
| 进气浓度 | | | | | | | |
| 出气浓度 | | | | | | | |
| $F$ | | | | | | | |
| $B$ | | | | | | | |
| $D$ | | | | | | | |
| $f$ | | | | | | | |
| $y_i$ | | | | | | | |
| $x_i$ | | | | | | | |
| 净化效率 | | | | | | | |

## 六、思考题

1. 室温的高低对实验结果产生什么影响？
2. 根据本实验的实际情况，通入气速的大小将会受到哪些因素的限制？
3. 实验中出现了哪些问题，是如何解决的？

# 实验三十三　高浓度有机废气的净化（冷凝-吸收组合法）

## 一、实验目的与要求

1. 了解高浓度有机废气的特点和净化工艺；
2. 熟悉组合工艺的特点和应用；
3. 掌握组合法净化高浓度有机废气实验装置；
4. 掌握实验操作过程和参数控制方法。

## 二、实验原理

对于高浓度有机废气采用冷凝法处理后，尾气（净化气）中常常还含有一定量的有机物，有时还达不到排放的要求。这主要是由于有机物的性质决定的，尤其对那些蒸气压较高的有机物。通过组合法，例如冷凝-吸收，处理过程中首先通过冷凝，将大部分有机物回收下来，混合气中有机物的浓度已较低，然后再通过吸收，将剩余的有机物净化干净，达到排放要求。组合法虽然流程较长，但冷凝工段可以减轻吸收工段治理设施的负担，具有经济性好等特点。

冷凝-吸收法的原理是冷凝原理和吸收原理的综合，同实验三十和实验二十四实验原理。

针对亚胺薄膜生产过程中，所排放的含二甲基乙酰胺的废气具有温度较高、组分浓度较高，而且二甲基乙酰胺在水中又具有较大溶解度的特点，本实验采用冷凝-吸收综合法对废气中的二甲基乙酰胺进行回收治理。

## 三、试剂、仪器和实验装置

### 1. 试剂

二甲基乙酰胺，分析纯；盐酸羟胺，分析纯；NaOH，分析纯；HCl，分析纯；$FeCl_3$，分析纯。

溶液：3.5mol/L NaOH；3.5mol/L 盐酸；0.74mol/L $FeCl_3$（称取 20g $FeCl_3$ 溶于 100mL 0.1mol/L HCl 溶液中）；二甲基乙酰胺标准溶液（用蒸馏水配制每毫升含有 1mg 二甲基乙酰胺的溶液）。

### 2. 仪器

稳压阀，1个；列管式冷凝器，1只；流量计，2个；缓冲罐，1个；气体发生器，1个；蠕动泵，2台；吸收柱，1只；溶液储槽，2个；医用注射器，2只；分光光度计，1台。

### 3. 实验装置与流程

实验装置及流程如图 4-33-1 所示，实验采用一列管式冷凝器，夹套为保温层，冷凝器外接冷凝系统，冷凝液采用冰水混合液，由蠕动泵传送。实验装置由三部分组成。①配气部分：气体压缩机，缓冲罐，转子流量计，气体发生器。气体经流量计计量后分成两股，一股进入装有有机物的气体发生器，将发生器中挥发的有机物带出，另一股不经气体发生器直接通过。两股气体在进入冷凝器前混合，混合气的含有机物浓度是通过调节两股气的流量比例来控制。②冷凝部分：混合气体经压差计测压后进入冷凝器冷凝，冷凝后气体经取样后经排空装置排空，冷凝液接受在一个接收器中回收。在冷凝器前后设置两个取样点，在实验时按需要分别分析取出的样品，以测定冷凝器进出口气体之含有机物浓度。③吸收部分：冷凝后的混合气从冷凝器顶部引入吸收柱底部，进入吸收柱，与柱顶下来的吸收液逆流接触，有机

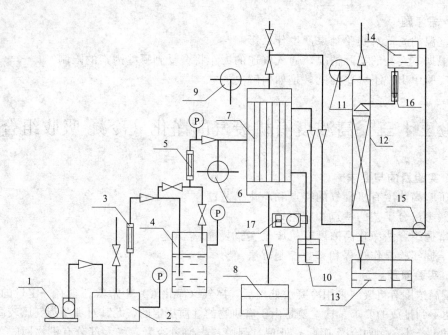

图 4-33-1　冷凝-吸收组合法净化废气中的有机物装置流程

1—空压机；2—缓冲罐；3,5,16—流量计；4—混合气发生器；7—列管式冷凝器；
8—冷凝液接收器；6,9,11—取样阀；10—冰水冷凝储槽；12—吸收柱；
13—吸收液储槽；14—吸收液高位槽；15,17—液泵

物被吸收进入吸收液，吸收液聚集在吸收柱底部，并收集于吸收液储槽中，吸收液由蠕动泵打到吸收液高位槽中，再引入柱顶，形成循环。

**四、实验方法和步骤**

1. 系统气密性检查

关闭冷凝器出口阀、吸收柱出口阀、缓冲罐放空阀，开启空压机，调节缓冲罐进气阀使系统增压至 0.15MPa，关闭缓冲罐进气阀，使系统密封。观察压力计，若压力在 10min 内保持不变（不下降），则系统气密性良好。

2. 气体流量的确定

开启空压机，调节缓冲罐进气阀使系统压力在 0.11~0.12MPa，开启冷凝器出气口阀、吸收柱出口阀和放空阀，调节气体流量在 12~16L/h，并稳定在 16L/h。

3. 气体浓度的确定

调节气体发生器出口阀和空气气阀，使两股气体在进入冷凝器前混合，在冷凝器进气口取样阀取样，分析混合气中二甲基乙酰胺浓度，在浓度达到 300mg/m³ 时稳定气瓶气阀，确定混合气浓度为 300mg/m³。样品中二甲基乙酰胺由分光光度计分析，比色波长为 490nm。

4. 开启冷凝液出口阀，启动冷凝液蠕动泵，转速稳定在 200mL/min，启动冷凝系统。

5. 向吸收液储槽注水，启动吸收液蠕动泵，建立高位槽液位，开启高位槽出口阀，吸收液进入吸收柱，建立吸收液循环。

6. 开始实验，记录时间，稳定运行 5min 后，在冷凝器和吸收柱出气口取样阀取样分析，每次取三个平行样。

7. 运行 60min 后，关闭缓冲罐进气阀，停止进气操作，移去冷凝液接收器，更换一个新的接收器，冷凝系统继续冷凝，直至无冷凝液滴出。吸收柱吸收液循环持续 5min 后关闭。

8. 实验完毕后，关闭压缩机，切断电源，清洗、整理仪器药品。

### 五、实验数据的记录和整理

1. 有机废气净化效率

$$\eta = \left(1 - \frac{C_2}{C_1}\right) \times 100\% \qquad (4\text{-}33\text{-}1)$$

式中，$C_1$ 为入口处气体中有机物的浓度，$mg/m^3$；$C_2$ 为出口处气体中有机物的浓度，$mg/m^3$。

2. 实验数据记录与结果

数据记录于表 4-33-1 中。

**表 4-33-1　实验数据记录表**

室温：＿＿＿＿℃　　　　气压：＿＿＿＿MPa

| 取 样 号 | I | II | III | 备 注 |
|---|---|---|---|---|
| 气体流量 | | | | |
| 进气浓度 | | | | |
| 冷凝器出气浓度 | | | | |
| 吸收柱出气浓度 | | | | |
| 冷凝器净化效率 | | | | |
| 吸收柱净化效率 | | | | |
| 总净化效率 | | | | |
| 回收率 | | | | |

### 六、思考题

1. 根据实验结果与实验二十九进行比较，讨论实验方法的可行性。
2. 讨论室温高低对冷凝和吸收实验结果将会产生的影响。
3. 对实验参数进行设置，设计新的实验方案。
4. 吸收液循环时间对吸收净化率产生什么影响？
5. 实验中出现了哪些问题，是如何解决的？

# 实验三十四　还原法处理烟气中氮氧化物

### 一、实验目的和意义

1. 了解还原法碳质固体在高温下还原 $NO_x$ 的原理；
2. 了解反应温度对 $NO_x$ 还原率的影响；
3. 掌握高温度气体取样的方法；
4. 熟悉 $NO_x$ 浓度的测定方法。

### 二、实验原理

大气中氮氧化物主要以 NO 和 $NO_2$ 的形式存在，以"$NO_x$"表示。$NO_x$ 是大气的一种主要污染物，主要来源于固定源燃烧、机动车排气以及工业生产过程，其中燃烧过程排放的 $NO_x$ 占总排放量的很大比例。如何抑制燃烧过程中 $NO_x$ 的形成以及采取适当的技术和措施，消除燃烧等尾气中的 $NO_x$，对减少和消除 $NO_x$ 的污染有重要意义。

利用碳质固体作为还原剂，在高温下消除和减少尾气中的 $NO_x$，属于无催化剂非选择性还原法，与通常的催化还原法相比，其优点是不需要价格昂贵的铂、钯等贵金属做催化剂，除此以外，在操作上可避开催化剂"中毒"所引起的问题，并且碳质固体与通常所用的还原剂如氨和尿酸等比较，价格便宜，来源亦广。虽然当尾气中 $O_2$ 含量高时，由于碳质固体的氧化，消耗量较大，但 $O_2$ 和 $NO_x$ 与碳的反应都是放热反应，消耗定量的碳所放出的热与普通燃烧过程基本相同，这部分反应热量是可以回收利用的。

碳质固体在高温下还原 $NO_x$ 的反应式为：

$$C+2NO \Longrightarrow CO_2+N_2$$

$$C+NO \Longrightarrow CO+\frac{1}{2}N_2$$

$$C+NO_2 \Longrightarrow CO_2+\frac{1}{2}N_2$$

$$C+\frac{1}{2}NO_2 \Longrightarrow CO+\frac{1}{4}N_2 \tag{4-34-1}$$

当尾气中 $O_2$ 存在时，$O_2$ 与碳反应会产生 CO，CO 和 NO 反应也能使 $NO_x$ 还原。

对含有氮的氧化物和固体碳的一系列反应体系进行了热力学计算，表明 $NO_x$ 与石墨体系热力学上是有利过程。标准自由能增量的大小反映了在不同温度下反应进行到平衡态时所能达到的程度。利用关系式：

$$-\Delta G_T^0 = RT\ln K \tag{4-34-2}$$

可以计算出平衡常数 $K$。对于 NO 和 $NO_2$ 与石墨作用生成 $N_2$、CO 和 $CO_2$ 的反应，平衡常数 $K$ 都是相当大的。说明 NO 或 $NO_2$ 向 CO 和 $CO_2$ 的转化，在石墨存在下是有利的。

有研究表明，三种体系平衡时 NO 的物质的量与温度的关系，对于由 $N_2$ 和 $O_2$ 生成 NO 的反应，在 1000K、总压为 $1.013 \times 10^5$ Pa，$X_{NO_2}=0.8$，$X_{O_2}=0.2$ 时，NO 的平衡浓度是 $8\mu L/L$，相应的 $\lg X_{NO}=-5.09$；对于 NO 与碳的反应，$X_{NO_2}=0.8$，$X_{O_2}=0.14$ 时，$\lg X_{NO}=-14.87$；当有氧存在时，NO 的平衡浓度变得更低，$\lg X_{NO}$ 仅为 $-24.65$。在一般含 $NO_x$ 的尾气中，多有其他能够与碳反应的组分（主要是 $O_2$）的存在，产生一系列与 $NO_x$ 和固体碳的反应相竞争的过程。其中最为人们所关心的是固体碳与尾气中 $O_2$ 的反应。动力学研究表明，对于 $NO_x$ 与碳的反应，在 $450 \sim 750℃$ 的范围内，阿伦尼乌斯常数 $K=80\exp(-20kcal/RT)[1/(s \cdot g)]$[1]；而对于氧与碳的反应，在 $550℃$ 以下，$K=1.6 \times 10^7 \exp(-33kcal/RT)[1/(s \cdot g)]$，当温度超过 $550℃$，$O_2$ 的反应主要由扩散控制。在 $850℃$ 时，NO 的反应慢于氧在 $550℃$ 时的反应速度，其反应未能由扩散控制。由于氧与碳反应迅速，燃烧或硝酸尾气中氧的含量一般都高于氮氧化物的含量，致使碳的耗量增加。如何控制氧与碳的反应，至今没有取得令人满意的结果。但在高温下利用碳质固体的消耗床还原 $NO_x$ 的同时，利用碳消耗过程所放出的热量却是可行的。

### 三、试剂、仪器和实验装置

1. 试剂

无烟煤，粒度 $10 \sim 18$ 目；对氨基苯磺酸，分析纯；$H_2SO_4$，分析纯；冰醋酸，分析纯；HCl，分析纯；亚硝酸钠，分析纯；盐酸萘乙二胺，分析纯；$N_2$，$99.9\%$；$NO_2$，$99\%$。

（1）采样吸收液　将 5.0g 对氨基苯磺酸放于 200mL 烧杯中，用 50mL 冰醋酸与 200mL 水混合成的溶液，分数次倒入烧杯中，同时进行搅拌并迅速移入 1000mL 棕色容量瓶中，待其完全溶解后，加入 0.050g 盐酸萘乙二胺，溶解后，用水稀释至标线，摇匀。放在冰箱中保存。使用时，以 4 份上述溶液和 1 份蒸馏水的比例稀释，作为采样用吸收液。

（2）亚硝酸钠标准溶液　准确称取干燥的粒状亚硝酸钠 0.1500g，溶于水，并移入 1000mL 容量瓶，用水稀释至标线摇匀，保存在冰箱中。使用时，用蒸馏水准确稀释成 $20\mu g/mL$ 的亚硝酸钠标准溶液。

2. 仪器和设备

炽热碳反应器（不锈钢），1 个；管式加热器（陶瓷）稳压阀，1 个；调压器，1 个；温

---

[1]　1kcal＝4.2J。

度显示控制仪, 1 个; 加热套, 1 个; 流量计, 2 个; 缓冲罐, 2 个; 气瓶, 1 个; 压力计, 2 个; 医用注射器, 1 只; 分光光度计, 1 台。

3. 实验装置与流程

实验装置及流程如图 4-34-1 所示, 实验采用碳质固体填充床反应器为 $\phi 45$, 高 600mm 的不锈钢管, 利用自制管式电炉加热, 由调压变压器调节电炉电压, 温度由铂铑-铂热电偶测量, 由温度控制仪自动控制。实验装置由两部分组成。①配气部分: 气体压缩机, 缓冲罐, 转子流量计, 气体混合器。气体经流量计计量后分成两股, 一股进入混合器, 与来自气瓶的 $NO_2$ 气体混合; 另一股不经混合器直接通过, 混合气浓度通过调节两股气的流量比例来控制。②还原部分: 混合气体经压差计测压后进入碳质固体填充床反应器, 反应器中装有碳质固体无烟煤, 在高温下与 $NO_x$ 发生化学反应, 将 $NO_x$ 还原为 $N_2$, 还原后气体经取样后排空。在反应器前后设置两个取样点, 在实验时按需要分析取出的样品, 以测定反应器进出口气体之含 $NO_2$ 浓度。

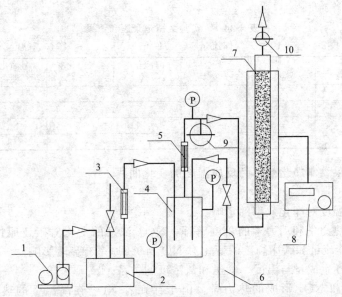

图 4-34-1　还原法处理烟气中氮氧化物装置流程

1—空压机; 2—缓冲罐; 3,5—流量计; 4—混合气缓冲罐; 6—$NO_2$ 气瓶;
7—固定填充床反应器; 8—温度控制仪; 9,10—取样阀

### 四、实验方法和步骤

1. 固体碳装量

将粒径为 10~18 目的固体碳 (无烟煤) 装入反应器, 装填高度约为 100mm。

2. 系统气密性检查

关闭固定填充床反应器出口阀、缓冲罐放空阀, 开启空压机, 调节缓冲罐进气阀使系统增压至 0.15MPa, 关闭缓冲罐进气阀, 使系统密封。观察压力计, 若压力在 10min 内保持不变 (不下降), 则系统气密性良好。

3. 气体流量的确定

开启空压机, 调节缓冲罐进气阀使系统压力在 0.11~0.12MPa, 开启反应器出气口阀和放空阀, 调节气体流量在 115~120L/h, 并稳定在 120L/h。

4. 气体浓度的确定

缓慢开启 $NO_2$ 气瓶气阀, 使气体进入混合气缓冲罐, 在反应器进气口取样阀取样, 分析混合气中 $NO_2$ 浓度, 在浓度达到 300~320$\mu$L/L 时稳定气瓶气阀。

5. 调节温度控制仪，控制电炉的加热，将反应器内温度稳定控制在 500℃。

6. 待温度稳定后，在反应器前后分别取样，每次样品取三个。取样后，调节电压升温 100℃，待反应器内温度稳定后再取净化后的气体样品三个，同前步骤随后依次升温 100℃，直至升到 800℃ 为止。

7. 用盐酸萘乙二胺比色分析法测定不同温度下反应器前后气样的 $NO_x$ 浓度。

**五、实验数据记录和处理**

1. 氮氧化物净化效率

$$\eta = \left(1 - \frac{C_2}{C_1}\right) \times 100\% \qquad (4\text{-}34\text{-}3)$$

式中，$C_1$ 为吸附器入口处气体中 $NO_2$ 的浓度，$mg/m^3$；$C_2$ 为吸附器出口处气体中 $NO_2$ 的浓度，$mg/m^3$。

2. 实验数据记录

数据记录于表 4-34-1 中。

表 4-34-1　实验数据记录表和结果

烟气浓度：＿＿＿$\times 10^{-6}$；气体流量：＿＿＿L/h；气压：＿＿＿MPa；室温：＿＿＿℃

| 燃烧温度 /℃ | 1 号 光密度 | 2 号 光密度 | 3 号 光密度 | 1 号净化率 /% | 2 号净化率 /% | 3 号净化率 /% | 平均净化率 /% |
|---|---|---|---|---|---|---|---|
| | | | | | | | |
| | | | | | | | |
| | | | | | | | |

3. 由实验结果绘制净化效率随反应温度的变化曲线。

**六、思考题**

1. 讨论反应温度对净化效率的影响。

2. 试从反应热力学和动力学的角度解释：$NO_x$ 浓度的变化对碳还原性没有明显影响，但反应温度、气体流量和碳床高度的变化对 $NO_x$ 的还原率有显著影响。

3. 试分析 CO 生成量与温度、气速和氧浓度的关系。

4. 根据 NO 和 $NO_2$ 形成的热力学，由于存在着 $NO_2$ 在高温下的热分解反应，所以 $NO_x$ 与碳质固体在高温下的反应基本上是以 NO 的形式参加反应。试估算在 800℃ 时 $NO_2$ 向 NO 的平衡转化率。

# 实验三十五　催化燃烧法净化废气中有机污染物

**一、实验目的与要求**

1. 了解催化反应的工艺流程，掌握有关仪器设备的使用方法；

2. 熟悉催化剂活性测定的基本方法；

3. 了解选择和评价催化剂性能的方法；

4. 掌握催化反应工艺条件和参数控制。

**二、实验原理**

从涂料、印刷、喷漆、电缆等行业的生产过程中排放出含有多种烃类化合物的废气，其中多数为含苯、甲苯、二甲苯为主的苯系物。这些废气的排出对大气环境将造成严重污染。催化燃烧法净化废气中苯系污染物可在较低温度下进行，且不产生二次污染，不受组分浓度限制，因此应用广泛。

在应用催化燃烧法时，催化剂活性的优劣将直接影响治理效果，因此催化剂选择是否得当，将是能否实现该法的决定因素之一，而选择和评价催化剂的一个重要方法就是通过实验手段进行催化剂活性的测定。烃类化合物在一定温度下可发生氧化反应，生成二氧化碳和水。直接燃烧烃类化合物所需温度较高，并伴有火焰产生。若采用适宜的氧化型催化剂，则可使燃烧温度降低，而且燃烧时无火焰发生。也即催化燃烧的实质就是借助催化剂的作用，在较低温度下将有机物氧化分解为二氧化碳和水。

苯系物在催化剂的作用下，将发生深度氧化反应，其反应方程式如下：

$$2C_6H_6 + 15O_2 \longrightarrow 12CO_2 + 6H_2O$$
$$2C_7H_8 + 18O_2 \longrightarrow 14CO_2 + 8H_2O$$
$$2C_8H_{10} + 21O_2 \longrightarrow 16CO_2 + 10H_2O$$

催化反应必须在一定温度下才能发生，即只有温度达到某一值时，催化反应才能以明显的速度进行，这个温度称催化剂的起燃温度。不同的催化剂要求的起燃温度不同。起燃温度的高低及苯系物转化率的大小是评价催化剂的主要参数。

### 三、试剂、仪器和实验装置

#### 1. 试剂

苯，分析纯；钴系钙钛矿型催化剂，40～60目；石英砂，40～60目。

#### 2. 仪器

稳压阀，1个；温控电热炉，1台；流量计，2个；缓冲罐，1个；气体发生器，1个；六通阀，1台；U形微分反应器，2支；医用注射器，1只；气相色谱仪，1台。

#### 3. 实验装置与流程

实验装置及流程如图 4-35-1 所示，实验采用 U 形管固定床反应器，置于温控电热炉中，温控电热炉控制催化温度。实验装置由两部分组成。①配气部分：气体压缩机，缓冲罐，转子流量计，气体发生器。气体经流量计计量后分成两股，一股进入装有苯的气体发生器，将发生器中挥发的苯带出；另一股不经气体发生器直接通过。两股气体在进入催化反应器前混合，混合气的含苯浓度是通过调节两股气的流量比例来控制。②催化氧化部分：混合气体经压差计测压后经六通阀进入催化氧化固定床反应器。为了在同样条件下测定反应前混合气的浓度，在电热炉中与催化反应管并列放置一 U 形微分反应器，内装 0.5mL 石英砂，为空白管，空白管的进出口与六通阀相连。另一个 U 形微分反应器装有氧化催化剂，管内装 0.5mL 的催化剂，当电热炉加热升温达到催化温度后，混合气中的苯系物组分在催化剂上

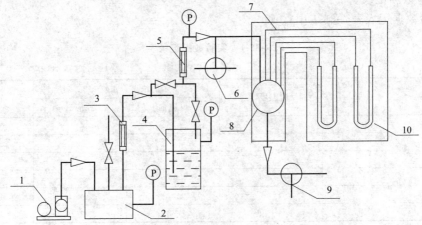

图 4-35-1　催化燃烧法净化废气中有机污染物装置流程

1—空压机；2—缓冲罐；3,5—流量计；4—混合气发生器；7—温控电热炉；
8—六通阀；6,9—取样阀；10—催化反应管

发生氧化反应。反应后的气体仍经六通阀导入气体取样阀，后经排空装置排空。在反应器前后设置两个取样点，在实验时按需要分别与色谱仪相连（或用针筒取样，再用色谱仪分析取出的样品），以测定反应器进出口气体之含苯浓度。

**四、实验方法和步骤**

1. 将 0.5mL 40～60 目的钙钛矿型催化剂装入一 U 形微分反应管，将 0.5mL 40～60 目的石英砂装入另一 U 形管（空白管）。应尽量使两管气阻相同或接近，按流程将两根管的两端与六通阀相连接，然后将两根管同时置于加热炉内。

2. 系统气密性检查

关闭六通阀出口、缓冲罐放空阀，开启空压机，调节缓冲罐进气阀使系统增压至 0.15MPa，关闭缓冲罐进气阀，使系统密封。观察压力计，若压力在 10min 内保持不变（不下降），则系统气密性良好。

3. 气体流量的确定

开启空压机，调节缓冲罐进气阀使系统压力在 0.11～0.12MPa，开启六通阀出口阀和放空阀，调节气体流量在 0.15L/min，并使之稳定，此时空速为 32000/h。

4. 气体浓度的确定

调节气体发生器出口阀和空气气阀，使两股气体混合，在进气口取样阀取样，分析混合气中的苯浓度，在浓度达到 300mg/$m^3$ 时稳定气瓶气阀，确定混合气含苯浓度为 300mg/$m^3$。样品中苯由气相色谱仪分析。

5. 打开电加热炉控温仪的开关，按指定程序升温，待温度稳定在 200℃后，通过切换六通阀可测定反应前后的组分浓度。控制反应温度在 200～380℃范围内，每升高一次温度，测定一次浓度值。

6. 把温度控制在苯的转化率达 100%的条件下，调节气量使空速从 10000$h^{-1}$ 变化到 60000$h^{-1}$，应尽量保持反应前配气浓度不变，依次测定在各空速条件下反应前后的气体浓度，通过计算可得到空速与苯的转化率之间的关系。

7. 在苯的转化率达 100%的温度条件下，调节两路气量的比例，使配气浓度从几百微升每升变化到几千微升每升，尽量保持空速不变，依次测定在各进气浓度条件下反应前后的气体浓度，通过计算则可得到进气浓度与苯的转化率之间的关系。

**五、实验数据的记录和处理**

1. 实验数据记录

将实验数据记入表 4-35-1 中。

表 4-35-1　实验数据记录表

室温：＿＿＿＿＿℃　　　　　气压：＿＿＿＿MPa

| 样品编号 | 空速/$h^{-1}$ | 反应温度/℃ | 苯的浓度/(mg/$m^3$) | | 转化率 |
|---|---|---|---|---|---|
| | | | 反应前 | 反应后 | |
| 1 | | | | | |
| 2 | | | | | |
| 3 | | | | | |
| 4 | | | | | |
| 5 | | | | | |
| 6 | | | | | |

2. 绘出空速和进气浓度一定时，反应温度与苯的转化率的关系曲线，并从图上找出催化剂的起燃温度 $T_{50}$（转化率为 50%时的反应温度）和 $T_{90}$（转化率为 90%时的反应温度）。

3. 绘出反应温度（转化率为100％时的反应温度）及进气浓度不变时，空速与苯的转化率的关系曲线，并指出其规律。

4. 绘出反应温度（转化率为100％时的反应温度）及空速一定时，进气浓度与苯的转化率的关系曲线，并指出其规律。

## 六、思考题

1. 对实验结果进行分析，评价实验中催化剂的活性。

2. 试设计一实验，实验完成氧化催化甲苯或二甲苯的净化工艺。

3. 对实验误差及实验中出现的问题进行分析和讨论。

# 实验三十六　室内空气污染物甲醛含量的测定（分光光度法）

## 一、实验目的与要求

1. 了解室内空气污染物的种类和它们的危害；

2. 了解甲醛的物理化学性质和采样方法；

3. 掌握室内空气中甲醛污染物的测定方法；

4. 掌握酚试剂分光光度法测定空气中甲醛污染物的方法。

## 二、实验原理

室内空气中的甲醛主要来源于建筑材料、家具、各种黏合剂涂料、合成织品等，甲醛是一种具有强烈刺激性、挥发性的有机化合物，对人体的健康影响表现在刺激眼睛和呼吸道，造成肺肝免疫功能异常。室内空气中甲醛污染物对人体健康的影响最为显著，世界卫生组织也将室内空气污染与高血压、胆固醇过高症以及肥胖症等共同列为人类健康的十大威胁，并确定为一类致癌物，认为甲醛与白血病发生之间存在着因果关系。目前甲醛是我国新装修家庭中的主要污染物，儿童是室内环境污染的高危人群，甲醛污染与儿童白血病之间的关系应该引起全社会关注。室内空气污染监测是评价居住环境的一项重要工作。

甲醛的测定方法有乙酰丙酮分光光度法、变色酸分光光度法、酚试剂分光光度法、离子色谱法等。其中，乙酰丙酮分光光度法灵敏度略低，但选择计较好，操作简便，重现性好，误差小；变色酸分光光度法显色稳定，但使用很浓的强酸，使操作不便，且共存的酚干扰测定；酚试剂分光光度法灵敏度高，在室温下即可显色，但选择性较差，该法是目前测定甲醛较好的方法；离子色谱法是新方法，现在推广使用。近年来随着室内污染监测的开展，相继出现了无动力取样分析方法，该法简单、易行，是一种较为理想的室内测定方法。本实验采用酚试剂分光光度法。

甲醛与酚试剂反应生成嗪，在高价铁离子存在下，嗪与酚试剂的氧化产物发生反应，生成蓝绿色化合物。在波长630nm处，用分光光度法测定，反应方程式如下：

$$\text{A+B} \xrightarrow[\text{[O]}]{\text{Fe}^{3+}} \qquad (4\text{-}36\text{-}1)$$

蓝绿色

最低检出限：采样体积为 5mL 时，最低检出浓度为 $0.02\mu g/m^3$；采样体积为 10L 时，最低检出浓度为 $0.01mg/m^3$。

### 三、实验试剂和仪器

**1. 试剂**

酚试剂（3-甲基-苯并噻唑胺，MBTH），分析纯；硫代硫酸钠，分析纯；碳酸钠，分析纯；异戊醇，分析纯；硫酸铁铵，分析纯；盐酸，分析纯；甲醛，36%～38%；碘，分析纯；氢氧化钠，分析纯；淀粉，分析纯。

（1）吸收液　称取 0.10g 酚试剂（MBTH），溶于水中，稀释至 100mL，即为吸收原液，储存于棕色瓶中，在冰箱内可以稳定 3 天。采样时取 5.0mL 原液加入 95mL 水，即为吸收液。

（2）0.1mol/L 硫代硫酸钠标准溶液　称取 26g 硫代硫酸钠（$Na_2S_2O_3 \cdot 5H_2O$）和 0.2g 无水碳酸钠溶于 1000mL 水中，加入 10mL 异戊醇，充分混合，储于棕色瓶中。

（3）10g/L 硫酸铁铵溶液　称取 1.0g 硫酸铁铵，用 0.10mol/L 盐酸溶液溶解，并稀释至 100mL。

（4）甲醛标准溶液　量取 10mL 36%～38%的甲醛，用水稀释至 500mL，用碘量法标定甲醛溶液浓度。使用时，先用水水稀释成每毫升含 10.0 $\mu g$ 甲醛的溶液，然后立即吸取 10.00mL 此稀释溶液于 100mL 容量瓶中，加 5.0mL 吸收原液，再用水稀释至标线。此溶液每毫升含 1.0$\mu g$ 甲醛。放置 30 min 后，用此溶液配制标准系列溶液，此标准溶液可稳定 24h。

碘量法标定方法：吸取 5.00mL 甲醛溶液于 250mL 碘量瓶中。加入 40.00mL 0.10mol/L 碘溶液，立即逐滴加入浓度为 30%的氢氧化钠溶液，至颜色褪至淡黄色为止。放置 10min，用 5.0mL 盐酸溶液（1:5）酸化（空白滴定时需多加 2mL）。置暗处放 10min，加入 100～150mL 水，用 0.1mol/L 硫代硫酸钠标准溶液滴定至淡黄色，加 1.0mL 新配制的 5%淀粉指示剂，继续滴定至蓝色刚刚褪去。另取 5mL 水，同上法进行空白滴定。

按下式计算甲醛溶液浓度：

$$\rho = \frac{15(V_0 - V)C_{Na_2S_2O_3}}{5.00} \qquad (4\text{-}36\text{-}2)$$

式中，$\rho$ 为被标定的甲醛溶液的浓度，g/L；$V_0$、$V$ 为滴定空白溶液、甲醛溶液所消耗的硫代硫酸钠标准溶液体积，mL；$C_{Na_2S_2O_3}$ 为硫代硫酸钠标准溶液浓度，mol/L。

**2. 仪器**

大型气池吸收管，10 支，10mL；空气采样器，1 台，流量范围 0～2L/min；具塞比色管，10 支，10mL；分光光度计，1 台。

### 四、实验内容和步骤

**1. 采样**

用内装 5.0mL 吸收液的气泡吸收管，以 0.5L/min 流量，采气 10L。

**2. 测定**

（1）标准曲线的绘制　取 8 支 10mL 比色管，按表 4-36-1 配制标准系列溶液。然后向各

表 4-36-1　甲醛标准系列溶液

| 管　号 | 0 | 1 | 2 | 3 | 4 | 5 | 6 | 7 |
| --- | --- | --- | --- | --- | --- | --- | --- | --- |
| 甲醛标准溶液/mL | 0 | 0.10 | 0.20 | 0.40 | 0.60 | 0.80 | 1.00 | 1.50 |
| 吸收液/mL | 5.00 | 4.90 | 4.80 | 4.60 | 4.40 | 4.20 | 4.00 | 3.50 |
| 甲醛含量/μg | 0 | 0.10 | 0.20 | 0.40 | 0.60 | 0.80 | 1.00 | 1.50 |

管加入 1% 硫酸铁铵溶液 0.40mL，摇匀。在室温下（8～35℃）显色 20min，在波长 630nm 处，用 1cm 比色皿，以水为参比，测定吸光度。以吸光度对甲醛含量（μg）绘制标准曲线。

（2）样品的测定　采样后，将样品溶液移入比色皿中，用少量吸收液洗涤吸收管，洗涤液并入比色管，使总体积为 5.0mL。室温下（8～35℃）放置 80min 后，在波长 630nm 处，用 1cm 比色皿，以水为参比，测定吸光度。查阅甲醛含量标准曲线图，找出甲醛含量值。

3. 实验注意事项

（1）绘制标准曲线时与样品测定时温差不超过 2℃。

（2）标定甲醛时，在摇动下逐滴加入 30% 氢氧化钠溶液，至颜色明显减褪，再摇片刻，待褪成淡黄色，放置后应褪至无色。若碱加入量过多，会导致盐酸溶液（1∶5）用量不足，使溶液酸化不够。

（3）当与二氧化硫共存时，会使结果偏低。可以在采样时，使气样先通过装有硫酸锰滤纸的过滤器，排除干扰。

五、实验数据计算和结果

1. 空气中甲醛的含量

$$\rho_r = \frac{m}{V_N} \tag{4-36-3}$$

式中，$\rho_r$ 为空气中甲醛的含量，$mg/m^3$；$m$ 为样品中甲醛含量，$\mu g$；$V_N$ 为标准状态下采样体积，L。

2. 实验结果

处理实验数据，得到的结果记录于表 4-36-2。

表 4-36-2　空气中甲醛浓度结果记录表<br>气压：_____ MPa　　气温：_____ ℃

| 采集量 | 吸光度 | $m/\mu g$ | $V_N/L$ | $\rho_r/(mg/m^3)$ | 备　注 |
| --- | --- | --- | --- | --- | --- |
|  |  |  |  |  |  |
|  |  |  |  |  |  |
|  |  |  |  |  |  |

六、思考题

1. 酚试剂分光光度法测定空气中甲醛的关键步骤是什么？

2. 绘制标准曲线时与样品测定时温差对结果有何影响？

3. 标定甲醛时，在加入 30% 氢氧化钠溶液后，至颜色明显减褪，为何需放置后再观察颜色？

4. 若碱加入量过多会导致什么？

5. 若有二氧化硫共存时，会对结果产生什么影响？如何排除影响？

# 实验三十七　室内空气污染物甲醛含量的测定（离子色谱法）

## 一、实验目的与要求

1. 了解室内空气污染物的种类和它们的危害；
2. 了解甲醛的物理化学性质和采样方法；
3. 掌握室内空气中甲醛污染物的测定方法；
4. 掌握离子色谱法测定空气中甲醛污染物的方法。

## 二、实验原理

室内空气中的甲醛主要来源于建筑材料、家具、各种黏合剂涂料、合成织品等，甲醛是一种具有强烈刺激性、挥发性的有机化合物，对人体健康的影响表现在刺激眼睛和呼吸道，造成肺肝免疫功能异常。室内空气中甲醛污染物对人体健康的影响最为显著，世界卫生组织也将室内空气污染与高血压、胆固醇过高症以及肥胖症等共同列为人类健康的十大威胁，并确定为一类致癌物，认为甲醛与白血病发生之间存在着因果关系。目前甲醛是我国新装修家庭中的主要污染物，儿童是室内环境污染的高危人群，甲醛污染与儿童白血病之间的关系应该引起全社会关注。室内空气污染监测是评价居住环境的一项重要工作。

甲醛的测定方法有乙酰丙酮分光光度法、变色酸分光光度法、酚试剂分光光度法、离子色谱法等。其中乙酰丙酮分光光度法灵敏度略低，但选择计较好，操作简便，重现性好，误差小；变色酸分光光度法显色稳定，但使用很浓的强酸，使操作不便，且共存的酚干扰测定；酚试剂分光光度法灵敏度高，在室温下即可显色，但选择性较差，该法是目前测定甲醛较好的方法；离子色谱法是新方法，现在推广使用。近年来随着室内污染监测的开展，相继出现了无动力取样分析方法，该法简单、易行，是一种较为理想的室内测定方法。本实验采用离子色谱法。

空气中的甲醛经活性炭富集后，在碱性介质中用过氧化氢氧化成甲酸。用具有电导检测器的离子色谱仪测定甲酸的峰高，以保留时间定性，峰高定量，间接测定甲醛浓度。

最低检出限：方法的检出限为 $0.06\mu g/mL$，当采样体积为 48L、样品定容 25mL、进样量为 $200\mu L$ 时，最低检出浓度为 $0.03mg/m^3$。

## 三、实验试剂和仪器

### 1. 试剂

四硼酸钠，分析纯；甲酸钠，分析纯。

(1) 0.005mol/L 淋洗液　称取 1.907g 四硼酸钠（$Na_2B_4O_7 \cdot 10H_2O$），溶解于少量水，移入 1000mL 容量瓶中，用水稀释至标线，混匀。

(2) 甲酸标准储备液　称取 0.7788g 甲酸钠（$HCOONa \cdot 2H_2O$），溶解于少量水，移入 250mL 容量瓶中，用水稀释至标线，混匀。该溶液每毫升含 1000 $\mu g$ 甲酸根离子，分析样品时，用去离子水将甲酸标准储备液稀释成与样品水平相当的甲酸标准使用溶液。

### 2. 仪器

玻璃砂芯漏斗，1个；空气采样器，1台，流量 $0 \sim 1L/min$；微孔滤膜，若干，$0.45\mu m$；超声波清洗器，1台；离子色谱仪，1台，具电导检测器；活性炭吸附采样管，10只，长 10cm、内径 6 mm。

采样管为玻璃管，内装 20～50 目粒状活性炭 0.5g，分 A、B 两段，中间用玻璃棉隔开。活性炭预先在马弗炉内经历 350℃灼烧 3h，放冷后备用。

### 四、实验内容与步骤

#### 1. 采样

打开活性炭采样管两端封口，将一端连接在空气采样器入口处，以 0.2L/min 的流量，采样 4h。采样后，用胶帽将采样管两端密封，带回实验室。

#### 2. 测定

（1）离子色谱条件的选择　按以下各项确定离子色谱条件。

淋洗液：0.005mol/L 四硼酸钠溶液；流量：1.5mL/min；纸速：4mm/min；柱温：室温 ± 0.5℃（不低于 18℃）；进样量：200μL。

（2）样品溶液的制备　取一小烧杯，内盛有 1.50mL 水、0.01mol/L 2.0mL 氢氧化钠溶液、0.3% 1.50mL 过氧化氢水溶液。将采样管内的活性炭全部取出，置于上述存有溶液的小烧杯中，在超声清洗器中处理 20min，再放置 2h。用 0.45μm 滤膜过滤于 25mL 容量瓶中，然后分次各用 2.0mL 水洗涤烧杯及活性炭，洗涤液并入容量瓶中，并用水稀释至标线，混匀，即为待测样品溶液。

（3）样品的测定　按所用离子色谱仪的操作要求分别测定标准溶液、样品溶液，得出峰高值。以单点外标法或绘制标准曲线法，将甲酸根离子的浓度换算为空气中甲醛的含量。

#### 3. 实验注意事项

（1）活性炭采样管性能不稳定，因此每批活性炭采样管应抽 3～5 支，测定甲醛的解吸效率，供计算结果使用。

（2）如乙酸产生干扰，淋洗液四硼酸钠浓度应改用 0.0025mol/L，甲酸和乙酸的分离度有所提高。

（3）当乙酸的浓度为甲酸的 5 倍，可溶性氯化物为甲酸浓度的 200 倍时，对甲酸测定有影响，改变淋洗液的浓度，可增加甲酸和乙酸的分离度。

### 五、实验数据计算和结果

#### 1. 空气中甲醛的含量：

$$\rho = \frac{30.03H \cdot K \cdot V_t}{45.02V_N \cdot \eta} \tag{4-37-1}$$

式中，$\rho$ 为空气中甲醛的含量，mg/m³；$H$ 为样品溶液中甲酸根离子的峰高，mm；$K$ 为定量校正因子，即标准溶液中甲酸根离子浓度与其峰高的比值，g/(L·m)；$V_t$ 为样品溶液总体积，mL；$\eta$ 为甲醛的解吸效率；$V_N$ 为标准状态下的采样体积，L。

#### 2. 实验结果

通过实验数据的处理，得到的结果记录于表 4-37-1。

**表 4-37-1　空气中甲醛浓度结果记录表**

气压：_____MPa　　　　气温：_____℃

| 采集量 | $H$/mm | $K$/[g/(L·m)] | $V_t$/mL | $V_N$/L | $\eta$ | $\rho$/(mg/m³) | 备　注 |
|---|---|---|---|---|---|---|---|
|  |  |  |  |  |  |  |  |
|  |  |  |  |  |  |  |  |
|  |  |  |  |  |  |  |  |
|  |  |  |  |  |  |  |  |
|  |  |  |  |  |  |  |  |

### 六、思考题

1. 离子色谱法测定空气中甲醛关键步骤是什么？

2. 为什么对每批活性炭采样管抽取 3～5 支，测定甲醛的解吸效率？

3. 若有乙酸干扰时，如何排除干扰的影响？

4. 可溶性氯化物对测定有何影响？

# 实验三十八　空气中污染物苯系物含量的测定

## 一、实验目的与要求

1. 了解室内空气污染物的种类和它们的危害；

2. 了解苯系物的物理化学性质和采样方法；

3. 掌握室内空气中苯系物污染物的测定方法；

4. 掌握气相色谱法测定空气中苯系物污染物的方法。

## 二、实验原理

苯及苯系物为无色浅黄色透明油状液体，具有强烈芳香的气体，易挥发为蒸气，易燃有毒。甲苯、二甲苯属于苯的同系物，都是煤焦油分馏或石油的裂解产物。苯系化合物已经被世界卫生组织确定为强烈致癌物质。苯及苯系物来源于建筑材料的有机溶剂，如油漆添加剂和稀释剂、防水材料添加剂、装饰材料、人造板家具、黏合剂等。目前室内装饰中多用甲苯、二甲苯代替纯苯作各种溶剂性涂料和水性涂料的溶剂或稀释剂。室内空气污染监测是评价居住环境的一项重要工作。

测定环境空气中苯及苯系物的浓度，可采用活性炭吸附取样或低温冷凝取样，然后用气相色谱法测定。常见的测定方法、原理及特点见表 4-38-1。本实验采用 DNP＋Bentane 柱-CS$_2$ 解吸法。

表 4-38-1　环境空气中苯系物各种气相色谱测定方法及性能比较

| 测定方法 | 原　理 | 测定范围 | 特　点 |
|---|---|---|---|
| DNP＋Bentane 柱CS$_2$ 解吸法 | 活性炭吸附采样管富集空气中苯、甲苯、乙苯、二甲苯后，加二硫化碳吸附，经 DNP＋Bentane 色谱柱分离，用火焰离子检测器测定。保留时间定性，峰高（或峰面积）外标法定量 | 当采样体积为 100L 时，最低检出浓度：苯 0.005mg/m$^3$，甲苯 0.004mg/m$^3$，二甲苯及乙苯均为 0.10mg/m$^3$ | 可同时分离测定空气中丙酮、苯乙烯、乙酸乙酯、乙酸丁酯、乙酸戊酯，测定面广 |
| PEG ＋6000 柱CS$_2$ 解吸法 | 活性炭采集管富集空气中苯、甲苯、二甲苯，用二硫化碳解吸，经 PFG-6000 柱分离后，用氢焰离子检测器检测。保留时间定性，峰高定量 | 对苯、甲苯、二甲苯的检测限分别为：$0.5×10^{-3}$μg、$1×10^{-3}$μg、$2×10^{-3}$μg（进样 1μL 液体样品） | 只能测苯、甲苯、二甲苯、苯乙烯 |
| PEG ＋6000 柱热解吸法 | 活性炭采集管富集空气中苯、甲苯、二甲苯，热解吸进样，经 PEG-6000 柱分离后，用氢焰离子检测器检测。保留时间定性，峰高定量 | 对苯、甲苯、二甲苯的检测限分别为：$0.5×10^{-3}$μg、$1×10^{-3}$μg、$2×10^{-3}$μg（进样 1μL 液体样品） | 解吸方便、效率高 |
| 邻苯二甲酸二壬酯有机皂土柱 | 苯、甲苯、二甲苯气样在 −78℃浓缩富集，经邻苯二甲酸二壬酯及有机皂上色谱柱分离，用氢火焰离子检测器测定 | 检出限：苯 0.4mg/m$^3$、二甲苯 1.0mg/m$^3$（1mL 气样） | 样品不稳定，需尽快分析 |

## 三、实验试剂和仪器

### 1. 试剂

苯，色谱纯；甲苯，色谱纯；乙苯，色谱纯；邻二甲苯，色谱纯；对二甲苯，色谱纯；间二甲苯，色谱纯；二硫化碳，分析纯。

苯系物标准储备液：分别吸取苯、甲苯、乙苯、二甲苯各 10.0μL 于装有 90mL 经纯化的 $CS_2$ 的 100mL 容量瓶中，用 $CS_2$ 稀释至标线，再取此标液 10.0mL 于装有 80mL $CS_2$ 的 100mL 容量瓶中，并稀释至标线。此储备液每毫升含苯 8.8μg，乙苯 8.7μg，甲苯 8.7μg，对二甲苯 8.6μg，间二甲苯 8.7μg，邻二甲苯 8.8μg。在 4℃ 可保存 1 个月。

二硫化碳（$CS_2$）在使用前必须纯化，并经色谱检验，进样 5μL，在苯与甲苯峰之间不出峰方可使用。

2. 仪器

容量瓶，5mL、100mL 各 10 个；吸管，1～20mL，若干；微量注射器，10μL，1 支；气相色谱仪，1 台，具火焰离子化检测器，色谱柱为长 2m、内径 3mm 的不锈钢柱，柱内填充涂附 2.5％DNP 及 2.5％Bentane 的 Chromosorb WHPDMCS（80～100 目）；空气采样器，流量 0～1L/min；活性炭吸附采样管，10 支，长 10cm、内径 6mm 的玻璃管，内装 20～50 目粒状活性炭 0.5g。

活性炭预先在马弗炉内经 350℃ 灼烧 3h，放冷后备用。在采样管中分 A、B 两段，中间用玻璃棉隔开。

**四、实验内容与步骤**

1. 采样

用乳胶管连接采样管 B 端与空气采样器的进气口，并垂直放置，以 0.5L/min 流量，采样 100～400min。采样后，用乳胶管将采样管两端套封，10d 内测定。

2. 测定

（1）色谱条件的选择 按以下各项选择色谱条件。

柱温：64℃；

气化室温度：150℃；

检测室温度：150℃；

载气（氮气）流量：50mL/min；

燃气（氢气）流量：46mL/min；

助燃气（空气）流量：320mL/min。

（2）标准曲线的绘制 分别取各苯系物储备液 0、5.0mL、10.0mL、15.0mL、20.0mL 于 100mL 容量瓶中，用 $CS_2$ 稀释至标线，摇匀。其浓度见表 4-38-2。

表 4-38-2　苯系物各品种不同浓度的配制表

| 编　号 | 0 | 1 | 2 | 3 | 4 | 5 |
|---|---|---|---|---|---|---|
| 苯、邻二甲苯标准储备液体积/mL | 0 | 5.0 | 10.0 | 15.0 | 20.0 | 25.0 |
| 稀释至 100mL 后的浓度/(mg/L) | 0 | 0.44 | 0.88 | 1.32 | 1.76 | 2.20 |
| 甲苯、乙苯、间二甲苯标准储备液体积/mL | 0 | 5.0 | 10.0 | 15.0 | 20.0 | 25.0 |
| 稀释至 100mL 后的浓度/(mg/L) | 0 | 0.44 | 0.87 | 1.31 | 1.74 | 2.18 |
| 对二甲苯标准储备液体积/mL | 0 | 5.0 | 10.0 | 15.0 | 20.0 | 25.0 |
| 稀释至 100mL 后的浓度/(mg/L) | 0 | 0.43 | 0.86 | 1.29 | 1.72 | 2.15 |

另取 6 支 5mL 容量瓶，各加入 0.25g 粒状活性炭及 0～5 号的苯系物标液 2.00mL，振荡 2min，放置 20min 后，在上述色谱条件下，各进样 5.0μL，按所用气相色谱仪的操作要求测定标样的保留时间及峰高（峰面积），色谱图如图 4-38-1 所示。绘制峰高（或峰面积）与含量之间关系的标准曲线。

（3）样品的测定 将采样管 A 段和 B 段活性炭分别移入 2 只 5mL 容量瓶中，加入纯化过的二硫化碳 $CS_2$ 2.00mL，振荡 2min，放置 20min 后，吸取 5.0μL 解吸液注入色谱仪，记录保留时间和峰高（或峰面积）。以保留时间定性，峰高（或峰面积）定量。

### 3. 实验注意事项

（1）本法同样适用于空气中丙酮、苯乙烯、乙酸乙酯、乙酸丁酯、乙酸戊酯的测定。在以上色谱条件下，其相对保留时间见表 4-38-3。

表 4-38-3　各组分的相对保留时间

| 组分 | 丙酮 | 乙酸乙酯 | 苯 | 甲苯 | 乙酸丁酯 | 乙苯 |
|---|---|---|---|---|---|---|
| 相对保留时间 | 0.65 | 0.76 | 1.00 | 1.89 | 2.53 | 3.50 |
| 组分 | 对二甲苯 | 间二甲苯 | 邻二甲苯 | 乙酸戊酯 | 苯乙烯 | |
| 相对保留时间 | 3.80 | 4.35 | 5.01 | 5.55 | 6.94 | |

（2）空气中苯系物浓度在 0.1mg/m³ 左右时，可用 100mL 注射器采气样，气样在常温下浓缩后，再加热解吸，用气相色谱法测定。

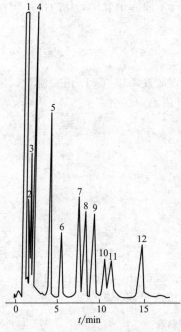

图 4-38-1　苯系物各组分色谱图
1—二硫化碳；2—丙酮；3—乙酸乙酯；4—苯；5—甲苯；6—乙酸丁酯；7—乙苯；8—对二甲苯；9—间二甲苯；10—邻二甲苯；11—乙酸戊酯；12—苯乙烯

（3）市售活性炭和玻璃棉须经空白检验后方能使用。检测方法：取用量为一支活性炭吸附采样管的玻璃棉和活性炭的量（分别约为 0.1g 和 0.5g），加纯化过的 $CS_2$ 2mL 振荡 2min，放置 20min，进样 5μL，观察待测物位置是否有干扰峰。无干扰峰时方可应用，否则要预先处理。

（4）市售分析纯 $CS_2$ 常含有少量苯与甲苯，须纯化后才能使用。纯化方法：取 1mL 甲醛为 100mL 浓硫酸混合。取 500mL 分液漏斗一支，加入市售 $CS_2$ 250mL 和甲醛-浓硫酸萃取液 20mL，振荡分层。经多次萃取至 $CS_2$ 呈无色后，再用 20%$Na_2CO_3$ 水溶液洗涤 2 次，重蒸馏，截取 46~47℃馏分。

### 五、实验数据计算和结果

#### 1. 空气中苯系物含量

$$\rho = \frac{m_1 + m_2}{V_N}$$

式中，$\rho$ 为空气中苯系物各成分的含量，mg/m³；$m_1$ 为 A 段活性炭解吸液中苯系物的含量，μg；$m_2$ 为 B 段活性炭解吸液中苯系物的含量，μg；$V_N$ 为标准状态下的采样体积，L。

#### 2. 实验结果

通过实验数据的处理，得到的结果记录于表 4-38-4。

表 4-38-4　空气中苯系物浓度结果记录表

气压：_____MPa　　　　气温：_____℃

| 采集量 | 保留时间 | 峰高 | $m_1$ | $m_2$ | $V_N$ | $\rho$ | 备注 |
|---|---|---|---|---|---|---|---|
| | | | | | | | |
| | | | | | | | |
| | | | | | | | |
| | | | | | | | |
| | | | | | | | |

**六、思考题**

1. DNP＋Bentane 柱-CS$_2$ 解吸法测定空气中苯系物关键步骤是什么？
2. 空气中苯系物取样方法通常有哪两种？
3. 取样管装入活性炭时应注意什么？
4. 二硫化碳使用前应注意什么？
5. 试设计一实验测定丙酮和苯乙烯。

# 实验三十九　空气中污染物氨含量的测定

**一、实验目的与要求**

1. 了解室内空气污染物的种类和它们的危害；
2. 了解氨的物理化学性质和采样方法；
3. 掌握室内空气中氨污染物的测定方法；
4. 掌握纳氏试剂比色法测定空气中氨污染物的方法。

**二、实验原理**

氨是一种无色而具有强烈刺激性臭味的气体，对接触的组织有腐蚀和刺激作用。氨可以吸收组织中的水分，使组织蛋白变性，并使组织脂肪皂化，破坏细胞膜结构，减弱人体对疾病的抵抗力。长时间接触低浓度氨，轻者会引起喉咙、声音嘶哑，重者可发生喉头水肿，喉痉挛，甚至出现呼吸困难、肺水肿、昏迷和休克。浓度过高时除腐蚀作用外，还可通过三叉神经末梢的反射作用而引起心脏停止和呼吸停止。室内空气污染监测是评价居住环境的一项重要工作。

氨主要来自建筑施工中使用混凝土添加剂，特别是在冬季施工过程中，在混凝土中加入尿素和氨水为主要原料的混凝土防冻剂。这些含有大量氨类物质的外加剂在墙体中随着温湿度等环境因素的变化而被还原成氨气从墙体中缓慢释放出来，造成室内空气中氨的浓度大量增加。另外，室内空气中的氨也可来自室内装饰材料中的添加剂和增白剂。但是，这种污染释放期比较短，不会在空气中长期大量积存，对人体的危害相应小一些。

环境空气中氨的浓度一般都较低，故常采用比色法。最常用的比色法有纳氏试剂比色法、次氯酸钠-水杨酸比色法和靛酚蓝比色法。其中纳氏试剂比色法操作简便，但选择性略差，呈色胶体不十分稳定，易受醛类和硫化物的干扰；次氯酸钠-水杨酸比色法较灵敏，选择件好，但操作较复杂；靛酚蓝比色法灵敏度高，呈色较为稳定，干扰少，但操作条件要求严格。本实验采用纳氏试剂比色法。

在稀硫酸溶液中，氨与纳氏试剂作用生成黄棕色化合物，根据颜色深浅，用分光光度法测定。反应式如下：

$$2K_2HgI_4 + 3KOH + NH_3 \rightleftharpoons O \begin{array}{c} Hg \\ \diagup \quad \diagdown \\ \diagdown \quad \diagup \\ Hg \end{array} NH_2I + 7KI + 2H_2O$$

黄棕色

(4-39-1)

最低检出限：检出限为 0.6μg/(10mL)（按与吸光度 0.01 相应的氨含量计），当采样体积为 20L 时，最低检出浓度为 0.03mg/m$^3$。

**三、实验试剂和仪器**

**1. 试剂**

硫酸，分析纯；碘化钾，分析纯；氯化汞，分析纯；碘化钾，分析纯；氢氧化钾，分析纯；酒石酸钾钠，分析纯；氯化铵，分析纯。

（1）吸收液　0.01mol/L硫酸溶液。

（2）纳氏试剂　称取5.0g碘化钾，溶于5.0mL水，另取2.5g氯化汞（$HgCl_2$）溶于10mL热水。将氯化汞溶液缓慢加到碘化钾溶液中，不断搅拌，直到形成的红色沉淀（$HgI_2$）不溶为止。冷却后，加入氢氧化钾溶液（15.0g氢氧化钾溶于30mL水），用水稀释至100mL，再加入0.5mL氯化汞溶液，静置1d，将上清液储于棕色细口瓶中，盖紧橡皮塞，存入冰箱，可使用1个月。

（3）酒石酸钾钠溶液　称取50.0g酒石酸钾钠（$KNaC_4H_4O_6 \cdot 4H_2O$），溶解于水中，加热煮沸以驱除氨，放冷，稀释至100mL。

（4）氯化铵标准储备液　称取0.7855g氯化铵，溶解于水中，移入250mL容量瓶中，用水稀释至标线，此溶液每毫升相当于含1000μg氨。

（5）氯化铵标准溶液　临用时，吸取氯化铵标准储备液5.00mL于250mL容量瓶中，用水稀释至标线，此溶液每毫升相当于含20.0μg氨。

2. 仪器

大型气泡吸收管，10支，10mL；空气采样器，1台，流量范围0～1L/min；分光光度计，1台；容量瓶，2个，250mL；具塞比色管，20支，10mL；吸管，若干，0.10～1.00mL。

**四、实验内容与步骤**

1. 采样

用一个内装10mL吸收液的大型气泡吸收管，以1L/min的流量采样。采样体积为20～30L。

2. 测定

（1）标准曲线的绘制　取6支10mL的具塞比色管，按表4-39-1配制标准系列。

表4-39-1　氯化铵标准系列

| 管号 | 0 | 1 | 2 | 3 | 4 | 5 |
|---|---|---|---|---|---|---|
| 氯化铵标准溶液/mL | 0 | 0.10 | 0.20 | 0.50 | 0.70 | 1.00 |
| 水/mL | 10.00 | 9.90 | 9.80 | 9.50 | 9.30 | 9.00 |
| 氨含量/μg | | 2.0 | 4.0 | 10.0 | 14.0 | 20.0 |

在各管中加入酒石酸钾钠溶液0.20mL，摇匀，再加纳氏试剂0.20mL，放置10min（室温低于20℃时，放置15～20min），用1cm比色皿，于波长420nm处，以水为参比，测定吸光度。以吸光度对氨含量（μg）绘制标准曲线。

（2）样品的测定　采样后，将样品溶液移入10mL具塞比色管中，用少量吸收液洗涤吸收管，洗涤液并入比色管，用吸收液稀释至10mL标线，加入酒石酸钾钠溶液0.20mL，摇匀，再加纳氏试剂0.20mL，放置10min（室温低于20℃时，放置15～20min），用1cm比色皿，于波长420nm处，以水为参比，测定吸光度。查阅标准曲线图，找出对应的氨含量。

3. 实验注意事项

（1）本法测定的是空气中氨气和颗粒物中铵盐的总量，不能分别测定两者的浓度。

（2）为降低试剂空白值，所有试剂均用无氨水配制。无氨水配制方法：在普通蒸馏中，加少量高锰酸钾至浅紫红色，再加少量氢氧化钠至呈碱性，蒸馏，取中间蒸馏部分的水，加少量硫酸呈微酸性，再重新蒸馏一次即可。

（3）在氯化铵标准储备液中加1～2滴氯仿，可以抑制微生物的生长。

（4）若在吸收管上做好10mL标记，采样后用吸收液补充体积至10mL代替具塞比色管直接在其中显色。

（5）硫化氢、三价铁等金属离子会干扰氨的测定。加入酒石酸钾钠，可以消除三价铁离子的干扰。

**五、实验数据计算和结果**

1. 空气中氨含量

$$\rho_{NH_3} = \frac{m}{V_N} \tag{4-39-2}$$

式中，$m$ 为样品溶液中的氨含量，$\mu g$；$V_N$ 为标准状态下的采样体积，L；$\rho_{NH_3}$ 为空气中氨的含量，$mg/m^3$。

2. 实验结果

通过实验数据的处理，得到的结果记录于表 4-39-2。

**表 4-39-2　空气中氨浓度结果记录表**

气压：＿＿MPa　　　　　气温：＿＿℃

| 采集量 | 吸光度 | $m/\mu g$ | $V_N/L$ | $\rho_{NH_3}/(mg/m^3)$ | 备注 |
|---|---|---|---|---|---|
|  |  |  |  |  |  |
|  |  |  |  |  |  |
|  |  |  |  |  |  |
|  |  |  |  |  |  |

**六、思考题**

1. 纳氏试剂比色法测定空气中氨的关键步骤是什么？
2. 空气中氨取样方法需注意什么？
3. 硫化氢、三价铁等金属离子会干扰氨的测定，如何消除干扰？
4. 配制无氨水时，加入少量高锰酸钾的作用是什么？
5. 试讨论实验需改进的地方。

# 实验四十　机动车尾气污染物的检测

**一、实验目的与要求**

1. 了解机动车尾气的组成及其产生的机理；
2. 熟悉机动车尾气对环境的影响；
3. 掌握机动车尾气分析仪的测量原理和操作方法。

**二、实验原理**

随着社会经济的快速发展，人民生活水平不断提高，各类机动车的使用数量在不断增加，在汽车给人们带来交通便利的同时，也对环境空气带来污染。机动车尾气成分非常复杂，有一百种以上，其主要污染物包括 $CO_2$、$O_2$、$N_2$、CO、$NO_x$、HC（碳氢化合物）、炭烟等，其中 CO、HC、$NO_x$ 和炭烟对人类和环境造成很大的危害。CO 是因燃烧时供氧不足造成的，在汽油机中，主要是由于混合气较浓，在柴油机中是由于局部缺氧。HC 是由于燃烧时不完全，及低温缸壁使火焰受冷熄灭，电火花微弱，混合气形成条件不良而造成的。$NO_x$ 是燃烧过程中，在高温、高压条件下，原子氧和氮化合的结果。炭烟是燃油在高温缺氧条件下裂解生成的。机动车的尾气排放已经对城市环境空气质量造成严重影响，成为城市大气主要污染源。因此，对机动车尾气排放组成的检测成为一项非常重要的工作。

　　机动车在怠速工况下〔怠速工况，指发动机无负载运转状态，即离合器处于结合位置，变速箱处于空挡位置（对于自动变速箱的车应处于"停车"或"P"挡位）；采用化油器供油系统的车，阻风门处于全开位置；油门踏板处于完全松开位置〕，发动机汽缸内通常处于不完全燃烧状况，此时尾气中 CO 和 HC 的排放相对较高，但 $NO_x$ 排放则很低。由于怠速工况时机动车没有行驶负载，无需底盘测功机就可进行尾气排放检测，故虽然怠速时不能全面反映实际运行工况下的机动车排放，但仍是目前各国普遍采用的在用车排放检测方法之一。而怠速排放检测又是汽油车排放检测中常用的简单方便方法。通过检测可以判定汽车发动机燃烧是否达到正常状态，从而降低尾气污染物排放量和油耗。

　　机动车尾气怠速检测的主要内容是尾气中 CO 和 HC 含量，一般采用多气体（四气：HC、CO、$CO_2$、$O_2$；或五气：HC、CO、$CO_2$、$O_2$、NO）红外气体分析仪。其基本原理是根据物质分子吸收红外辐射的物理特性，利用红外线分析测量技术确定物质的浓度。红外线气体分析仪光学平台的示意图如图 4-40-1 所示。测试原理：红外光源发射出的连续光谱全部通过长度固定的含有被测气体混合组分的气体层，利用待测气体成分对特定波长的红外辐射能的吸收程度来测定它的浓度，测量温度变化或由红外探测器将热量变化转换成为压力变化，测定温度或压力参数以完成对气体浓度的定量分析。

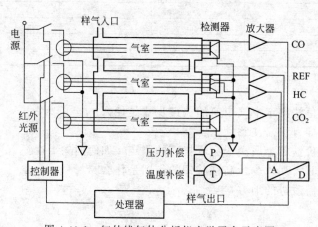

图 4-40-1　红外线气体分析仪光学平台示意图

　　大多数气体分子的振动和转动光谱都在红外波段。当入射红外辐射的频率与分子的振动转动特征频率相同时，红外辐射就会被气体分子所吸收，引起辐射强度的衰减。利用这种气体分子对红外辐射吸收的原理而制成的红外气体分析仪，具有测量精度高、速度快以及能连续测定等特点。红外光源辐射的红外光线，经由微处理器操作的电子开关控制发出低频的红外光脉冲，检测和参比脉冲光束通过气室到达检测器，多元型的检测器的检测单元前均有一个窄带干涉光滤片，红外光电检测器件分别接收到对应波长的光，将光电信号线性放大后，送入 A/D 转换器，转换成数字信号送到微处理器处理。在检测气路上分别有压力传感器和温度传感器进行压力和温度补偿校正，以消除外界环境变化对气体浓度测量误差的影响。

　　红外线气体分析仪工作原理见图 4-40-2。尾气经取样探头通过一级过滤器，再经过二级过滤器过滤，由电磁阀进入采样气泵，形成样气后，被送入红外光学平台的气室，检测各种气体。CO 对 $4.67\mu m$ 波长的红外光敏感，HC 对 $3.45\mu m$ 波长的红外光敏感，各种气体红外光敏感波长见图 4-40-3。

**三、实验仪器和设备**

1. 实验仪器

汽油车尾气四气（或五气）分析仪，1 台；取样软管，长度 5.0m；取样探头（附插深

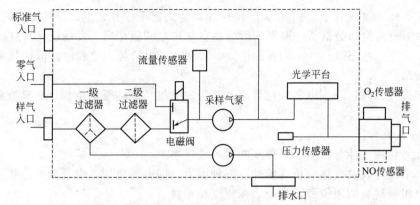

图 4-40-2 红外线气体分析仪

定位装置），长度 600mm；转速计，1 台；点火正时仪，1 台；测温计，1 个。

仪器的取样系统不得有泄漏，由标气口静态标定和出取样系统动态标定的结果应与 CO 一致，对 HC 允差为 $1.00 \times 10^{-6}$；仪器应有在大气压为 $86 \sim 106kPa$ 范围内保持上述各项性能指标要求的措施。

2. 设备

受检车辆或发动机，不同型号若干台。

进气系统装有空气滤清器，排气系统装有排气消声器，无泄漏；汽油符合 GB 484 的规定；测量时发动机冷却水和润滑油

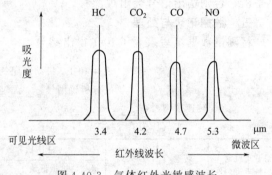

图 4-40-3 气体红外光敏感波长

温度应达到汽车使用说明书所规定的热状态；自 1995 年 7 月 1 日起新生产汽油发动机应具有怠速螺钉限制装置，点火提前角在其可调整范围内都应达到排放标准要求。

**四、实验内容、方法和步骤**

1. 怠速检测

(1) 怠速测试条件

• 使汽车离合器处于接合位置；

• 油门踏板与手油门位于松开位置；

• 变速杆位于空挡；

• 采用化油器供油的汽车，发动机阻风门全开；

• 待发动机达到规定的热状态（四冲程水冷发动机的水温在 60℃ 以上，风冷发动机的油温在 40℃ 以上）后；

• 在按制造厂的规定的调整法将发动机转速调至规定的怠速转速和点火正时；

• 在确定排气系统无泄漏的情况下，用尾气分析仪进行测量。

(2) 怠速尾气分析 发动机由怠速工况加速至 0.7 额定转速，维持 60s 后降至怠速状态，然后将取样探头插入排气管中，深度等于 400mm，并固定于排气管上。维持 15s 后开始读数，读取 30s 内的最高值和最低值，求其平均值为测量结果。分析仪的操作根据不同型号的操作规程进行，可参考《尾气分析仪的操作使用手册》。

若为多排气管时，取各排气管测量结果的算术平均值。

2. 双怠速检测

发动机由怠速工况加速至 0.7 额定转速，维持 60s 后降至高怠速，即 0.5 额定转速，然

后将取样探头插入排气管中，深度等于 400mm，并固定于排气管上，维持 15s 后开始读数，读取 30s 内的最高值和最低值。取平均值为高怠速排放测量结果。发动机从高怠速状态降至怠速状态，在怠速状态维持 15s 后开始读数，读取 30s 内的最高值和最低值，其平均值为怠速排放测量结果。

若为多排气管时，分别取各排气管高怠速排放测量结果的平均值和怠速排放测量结果的平均值。

3. 注意事项

（1）红外线法气体分析对工作环境的要求较严格。

（2）影响红外线法气体分析准确性有五种因素，即电源电压、电源频率、环境温度、大气压力、电阻丝材料的阻值稳定性及表面化学稳定性。

（3）各种因素的变化会影响光谱成分的变化，导致测量误差的增加。

（4）环境温度要求控制在 5～35℃，开机后应保证有足够的预热时间，使系统内部达到热平衡，否则输出信号会出现漂移。

**五、数据记录与处理**

将测量数据填写入表 4-40-1 得出结果。

**表 4-40-1　机动车尾气污染物测量记录表**

尾气分析仪型号：＿＿＿＿＿＿＿＿＿＿＿

转速仪型号：＿＿＿＿＿＿＿　　点火正时仪型号：＿＿＿＿＿＿＿

大气压力：＿＿＿＿MPa　　大气温度：＿＿＿℃

| 测量序号 | 机动车型号 | 转速/(r/min) | 点火提前角 | CO 体积分数% | | | HC 体积分数/$10^{-6}$ | | | 备注 |
|---|---|---|---|---|---|---|---|---|---|---|
| | | | | 最高值 $\rho_1$ | 最低值 $\rho_2$ | 平均值 $(\rho_1+\rho_2)/2$ | 最高值 $\rho_1$ | 最低值 $\rho_2$ | 平均值 $(\rho_1+\rho_2)/2$ | |
| 1 | | | | | | | | | | 怠速 |
| 2 | | | | | | | | | | 怠速 |
| 3 | | | | | | | | | | 怠速 |
| 4 | | | | | | | | | | 双怠速 |
| 5 | | | | | | | | | | 双怠速 |
| 6 | | | | | | | | | | 双怠速 |

**六、思考题**

1. 机动车尾气组成有哪些？对环境和人类的危害是什么？

2. 根据测量结果，被检测的车辆（或发动机）是否能够达标？

3. 双怠速法为何不能反映实际运行工况下的机动车排放？替代的在用车排放检测方法是什么？

4. 试讨论检测实验存在的问题和解决方法。

# 实验四十一　餐饮业烟气油烟净化器性能测定

**一、实验目的与要求**

1. 了解餐饮业烟气组成以及环境污染因素；

2. 了解油烟净化器的性能及其主要影响因素；

3. 熟悉餐饮业烟气中油含量测定方法；

4. 掌握红外分光光度法测定餐饮业烟气中油含量。

## 二、实验原理

经济发展和城市生活的提高，繁衍出的各类大小餐馆，餐饮业的发展不仅为都市人提供了快捷方便的餐饮服务，也为经济繁荣贡献了不可忽视的力量。然而，由于城市的餐馆深入社区，其烟气排放已成为环保投诉较多的行业，餐饮的烟气对周边居民生活环境产生的污染日益加剧，餐饮业的烟气污染已成亟待解决的问题。餐饮油烟里含有 75 种以上的有机物，包括烷烃、醛酮类及其衍生物。传统中式烹调以燃烧为主要方式，导致厨房的温度偏高，并且产生大量的油烟气。当油烟的温度达到 300℃ 以上时，形成大量的自由基和脂质过氧化物，且脂溶性高，容易进入血液循环，对机体具有肺脏毒性、免疫毒性、致癌致突变性，而且在体内诱导形成的自由基是癌症的病理基础之一。同时，食物烹调中产生的某些刺激性气味随油烟一起排放到周围的环境中，对人体的呼吸系统、视觉器官和健康造成了极大的影响。再者，油烟是一种气溶胶，具有较强的黏附性和渗透性，往往和环境中的泥沙、灰尘等混合成为难以去除的黏稠油，黏附在周围的建筑物上，难以清除，对环境是一种极大的破坏。

目前市场上较为普遍的油烟设备处理装置有四类：机械式、湿式、静电式和复合式。四类装置各有优缺点，适用于不同经营条件的餐饮场所。机械式油烟净化器，特点是结构简单，造价低。按净化机理可大致分为两类。一类为采用惯性碰撞原理如折板式、滤网式、蜂窝波纹形等的设备，其捕集效率较低，尤其对小颗粒油雾，但设备阻力不大、能耗较低，拆卸方便，适于预处理。另一类为采用过滤吸附原理的设备，这类设备采用的过滤吸附介质如活性炭、纤维材料、球形滤料等。对设备性能有关键影响，其净化效率较高。湿式油烟净化器是一类比较成熟的技术，湿法净化器投资少、占地小、易于操作维护，且无消防隐患，还具有除油和一定的除味功能，该法尤其适用大颗粒油雾的去除。湿式设备的特点是对于较大油雾颗粒的去除效率较高，对小颗粒去除效率则较差。静电式油烟净化器利用阴极在高压电场中发射的电子与空气分子碰撞，使油雾颗粒荷电，在电场力的作用下在阳极极板上被捕集。这种装置中极板间距、放电极形状、电压是影响除尘效率的关键因素。采用这种技术的装置占地少、阻力小、噪声和能耗低，运行费用低；但其造价高、结构复杂，在运行中黏性颗粒物易污染电极，对有害气体去除能力差。复合式油烟净化设备将两种或两种以上的油烟治理技术联合使用，优势互补，提高治理效果。如旋风分离与过滤分离结合、过滤与洗涤结合、离心分离与静电沉积结合等。复合技术去除效率一般很高，但占地大，结构复杂，不易操作维护。

随着《饮食、比油烟排放标准》的正式颁布和实施，越来越多的饮食业单位采用了各种类型的油烟净化器，因此，通过对油烟净化器性能的测定，评价餐饮业烟气对环境的影响具有现实意义。

油烟净化器性能的测定方法分两步，一是采用金属滤筒吸收进行采样；二是通过红外分光光度法测定油烟浓度。用等速采样法抽取油烟排气筒内的气体，将油烟吸附在油烟采集头内，然后，将收集了油烟的采集滤筒置于带盖的聚四氟乙烯套筒中，在实验室用四氯化碳作溶剂进行超声清洗，再移入比色管中定容，用红外分光法测定油烟的含量。油烟组成的红外吸收波数分别为 2930$cm^{-1}$（$CH_2$ 基团中 C—H 键的伸缩振动）、2960$cm^{-1}$（$CH_2$ 基团中 C—H 键的伸缩振动）和 3030$cm^{-1}$（芳香环中 C—H 键的伸缩振动），测定这些谱带处的吸光度 $A_{2930}$、$A_{2960}$、$A_{3030}$，通过相应的计算，确定油烟浓度。

## 三、实验试剂、仪器和装置

1. 试剂

四氯化碳，分析纯；食用花生油，食品级；普通食用油，食品级。

（1）四氯化碳纯化 分析纯四氯化碳经一次蒸馏，控制蒸馏温度 70～74℃。在 2600～

$3300cm^{-1}$吸光度值不超过 0.03（4cm 比色皿）。

（2）标准油　在 500mL 三颈瓶中加入 300mL 的食用花生油，插入量程为 500℃的温度计，控制温度于 120℃，敞口加热 30min，然后在其正上方安装一空气冷凝管，加热油温至 300℃，回流 2h，即得标准油。

2. 仪器

红外分光光度计，石英比色皿，4cm 带盖，1 台；超声波清洗器，1 台；油烟采样器，智能型，1台；金属滤筒，10 个；清洗杯（带盖聚四氟乙烯圆柱形套筒），10 个；数字温度计，1 台；容量瓶，50mL 和 25mL，2 个和 10 个；比色管，25mL，10 支。

3. 装置与流程

油烟净化实验系统见图 4-41-1。实验系统由油烟发生装置、烟道收集口、烟气净化器、风机、风量调节阀、取样口和烟道组成。在油烟发生装置中，向加热容器中定量滴加食用植物油和水使其发烟、喷溅和汽化，模拟实际烟气组成，连续稳定发生油烟。油烟发生装置主要包括可调式油水定量投加系统、电加热温控系统两部分。

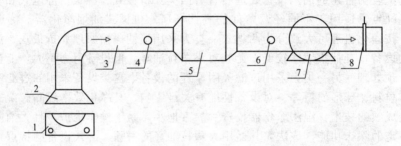

图 4-41-1　油烟净化实验系统

1—油烟发生器；2—烟道收集口；3—烟道；4,6—取样口；
5—烟气净化器；7—风机；8—风量调节阀

**四、实验方法和步骤**

1. 采样

（1）将一定量的食用油倒入油烟发生器，启动加热装置，产生油烟，打开风机和油烟净化器，稳定运行 15min。

（2）启动并调节智能型油烟采样器处于良好状态，检查系统的气密性，加热用于湿度测量的全加热采样管。

（3）将采样管推入烟道中的采样点，采集烟气净化器进气气样，以 15～20L/min 的流量抽气，可测出湿球温度和湿球负压，从而计算出含湿量。

（4）利用智能型油烟采样仪自身配备的皮托管测定烟气动压和静压，计算烟气流速和流量，进而确定采样嘴直径相等的采样流量。

（5）安装采样嘴及滤筒，装滤筒时需小心将滤筒直接从聚四氟乙烯套筒中倒入采样头内，特别注意不要污染滤筒表面。

（6）将采样管放入烟道内，封闭采样孔，设置采样时间，启动油烟采样器进行采样。

（7）进气采样完成后，依同样的步骤采集烟气净化器排气气样，并更换滤筒进行采样。

（8）调整油烟净化器的处理气量，重新对进气和排气的油烟进行采样，如此共在 5 种不同的处理气量情况下进行采样。

（9）收集了油烟的滤筒应立即转入聚四氟乙烯清洗杯中，盖紧杯盖。样品若不能在 24h 内测定，可在冰箱的冷藏室中（＜4℃）保存 7d。

2. 分析测定

（1）把采样后的滤筒浸泡在存有 12mL 蒸馏后的四氯化碳溶剂的聚四氟乙烯清洗杯中，盖好杯盖，置于超声仪中，超声清洗 10min，把清洗液转移到 25mL 比色管中。

（2）在清洗杯中加入 6mL 四氯化碳，超声清洗 5min。同样把清洗液转移到上述 25mL 比色管中。

（3）用少许四氯化碳清洗滤筒及清洗杯 2 次，一并转移到上述 25mL 比色管中，加入四氯化碳稀释至刻度标线，得到样品溶液。

（4）红外分光光度法测定

a. 测定前的预热：测定前先预热红外测定仪 1h 以上，调节好零点和满刻度，固定某一组校正系数。

b. 系列标准溶液的配制：在精度为十万分之一的天平上准确称取食用油标准样品 1g 于 50mL 容量瓶中，用蒸馏后的分析纯 $CCl_4$ 稀释至刻度，贴上标鉴 A，为 A 液；取 A 液 1.00mL 于 50mL 容量瓶中用上述纯 $CCl_4$ 稀释至刻度，得标准中间液 B，移取一定量的 B 溶液于 25mL 容量瓶中，用纯 $CCl_4$ 稀释至刻度，配成系列标准溶液（浓度范围 0～60mg/L）。

c. 标准曲线的绘制：分别将各标准液置于 4cm 比色皿中，利用红外分光光度计测量 $2930cm^{-1}$、$2960cm^{-1}$ 和 $3030cm^{-1}$ 谱带处的吸光度，绘制标准曲线。

d. 样品测定：将样品溶液置于 4cm 比色皿中，利用红外分光光度计测量吸光度，根据标准曲线转换成浓度。

（5）滤筒的清洗　滤筒在清洗完后，置于通风无尘处晾干以备下次使用，注意保证采样前后均没有其他带油渍的物品污染滤筒。

**五、实验数据记录与处理**

1. 油烟去除效率的计算

油烟的去除效率指油烟经净化设施处理后，被去除的油烟占净化之前的油烟的质量分数：

$$\eta = 1 - \frac{\rho_{out} Q_{out}}{\rho_{in} Q_{in}} \tag{4-41-1}$$

式中，$\eta$ 为油烟去除效率，%；$\rho_{in}$ 为处理前的油烟浓度，$mg/m^3$；$Q_{in}$ 为处理前的排风量，$m^3/h$；$\rho_{out}$ 为处理后的油烟浓度，$mg/m^3$；$Q_{out}$ 为处理后的排风量，$m^3/h$。

2. 实际烟气中的油烟浓度

红外分光光度法测定的油烟浓度是油烟在四氯化碳中的浓度，需要将其换算为实际烟气中的油烟浓度。计算公式为：

$$\rho_0 = \frac{\rho_L V_L}{1000 V_0} \tag{4-41-2}$$

式中，$\rho_0$ 为油烟排放浓度，$mg/m^3$；$\rho_L$ 为滤筒清洗液中的油烟浓度，$mg/L$；$V_L$ 为滤筒清洗液稀释定容体积，$mL$；$V_0$ 为标准状态下干烟气采样体积，$m^3$。

3. 实验记录与结果

将实验记录和计算结果汇总于表 4-41-1 中。

4. 画出油烟净化器的流量与净化效率的关系。

**六、思考题**

1. 讨论烟气流量的变化，对油烟净化器净化效率产生的影响。

2. 试指出本实验的关键步骤和注意事项。

3. 试列出油烟净化器性能评价指标。

### 表 4-41-1　油烟净化器测试结果记录表

空气干球温度（$t_d$）：_____℃；空气湿球温度（$t_w$）：_____℃

空气相对湿度（$\phi$）：_____%；空气压力（$p$）：_____kPa

烟气密度（$\rho_g$）：_____kg/m³；室温（$T$）：_____℃

| 序号 | 烟气流速 /(m/s) | 干烟气流量 /(m³/h) | 进　气 | | | 排　气 | | | 油烟净化效率 % |
| --- | --- | --- | --- | --- | --- | --- | --- | --- | --- |
| | | | 采样体积 /L | 清洗液浓度 /(mg/L) | 烟气浓度 /(mg/m) | 采样体积 /L | 清洗液浓度 /(mg/L) | 烟气浓度 /(mg/m) | |
| 1 | | | | | | | | | |
| 2 | | | | | | | | | |
| 3 | | | | | | | | | |
| 4 | | | | | | | | | |
| 5 | | | | | | | | | |

# 实验四十二　湿法烟气脱硫（氧化镁法）

## 一、实验目的与要求

1. 了解燃煤烟气的特性和污染物 $SO_2$ 的危害；
2. 熟悉污染物 $SO_2$ 净化方法；
3. 熟悉喷淋吸收塔的特性和结构；
4. 掌握氧化镁湿法脱硫工艺及其原理。

## 二、实验原理

我国城市空气二氧化硫污染严重，以煤炭为主的能源消耗结构是引起我国二氧化硫污染日趋严重的最重要原因。燃煤电站是煤炭消耗的主体，其排放的二氧化硫占排放总量的 50% 以上。这一特点决定了控制燃煤排放的二氧化硫是我国二氧化硫污染控制的重点。燃煤烟气主要含有 CO、$CO_2$、$SO_2$、$NO_x$ 及粉尘和 Hg 等物质。

含有 $SO_2$ 的烟气在未达标之前不能排放，必须经处理回收或净化烟气中的 $SO_2$，达标后才能排放。烟气脱硫典型的技术有石灰石-石膏法、喷雾干燥法、电子束法、氨法等，国内外 90% 以上的火电厂脱硫技术采用石灰石-石膏法。氧化镁法脱硫技术与常用的石灰石（石灰）湿法脱硫技术相比，具有除硫效率高、投资少、工艺简单、可回收、避免了产生的固体废物等特点。氧化镁法烟气脱硫技术可分为氧化镁法和氢氧化镁法，本实验采用喷淋塔装置模拟氧化镁（MgO）浆液吸收 $SO_2$。

氧化镁法烟气脱硫的基本原理是用 MgO 的浆液吸收 $SO_2$，生成亚硫酸镁和硫酸镁。通过添加阻氧化剂或者采用高空气系数，可以控制主要产物为亚硫酸镁或者硫酸镁。前者可以利用流化床分解成氧化镁和二氧化硫，进行二氧化硫的回收，同时循环利用氧化镁；后者可直接回收工业硫酸镁或者生产镁肥（$MgSO_4 \cdot 7H_2O$）。吸收过程中发生的化学反应如下：

氧化镁浆液的制备：

$$MgO + H_2O \longrightarrow Mg(OH)_2$$

$SO_2$ 的吸收：

$$Mg(OH)_2 + SO_2 \longrightarrow MgSO_3 + H_2O$$

$$MgSO_3 + SO_2 + H_2O \longrightarrow Mg(HSO_3)_2$$

$$Mg(HSO_3)_2 + Mg(OH)_2 + 4H_2O \longrightarrow 2MgSO_3 \cdot 3H_2O$$

氧化：

$$2MgSO_3 + O_2 \longrightarrow 2MgSO_4$$

氧化镁再生：

$$MgSO_3 \longrightarrow MgO + SO_2$$

通过测定喷淋吸收塔进出口气体中 $SO_2$ 的含量，可得出吸收塔的平均净化效率，确定喷淋塔吸收效果。气体中 $SO_2$ 含量的测定采用 $SO_2$ 分析仪或采用盐酸副玫瑰苯胺比色法。

### 三、试剂、仪器和实验装置

**1. 试剂**

氧化镁，分析纯；氢氧化钠，分析纯；硫酸，分析纯；$SO_2$，99.9％。

1‰氧化镁过饱和浆液：称量 2kg 氧化镁，放入收液槽中，加水 20L 搅拌溶解，配制成氧化镁过饱和浆液。

**2. 仪器和设备**

空压机，压力 $7 \times 10^5$ Pa，气量 3.6 $m^3$/h，1 台；液体 $SO_2$ 钢瓶，1 瓶；喷淋塔，$\phi 70 \times$ 650（mm），1 台；泵，扬程 3m，流量 400L/h，1 台；缓冲罐，容积 1$m^3$，1 个；高位液槽，15L；搅拌器，2 个；混合缓冲罐，0.5$m^3$，1 个；收液槽，25L；流量计（水），10～100L/h，1 个；流量计（气），0.1～1$m^3$/h，1 个；毛细管流量计，0.1～0.3mm，1 个；U形管压力计，200mm，3 只；压力表，0～$3 \times 10^5$ Pa，1 只；温度计，0～100℃，2 支；空盒式大气压力计，1 只；pH 计，1 台；$SO_2$ 分析仪，1 台，或分光光度计，1 台（选用）。

**3. 实验装置与流程**

实验装置流程见图 4-42-1。实验装置有两部分组成。①配气部分：气体压缩机，缓冲罐，转子流量计，气体混合器。空气由空压机经缓冲罐后，通过转子流量计进入气体混合罐，与 $SO_2$ 气体相混合，配制成一定浓度的混合气，混合气体经流量计计量后进入喷淋塔。②吸收部分：含 $SO_2$ 的混合气体经压差计测压后从塔底进气口进入喷淋塔，吸收液从高位

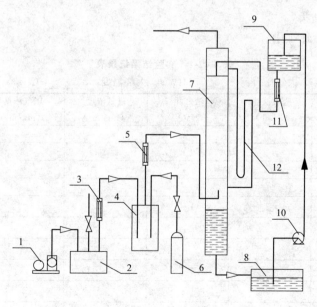

图 4-42-1　氧化镁湿法烟气脱硫实验装置

1—空压机；2—缓冲罐；3,5,11—流量计；4—混合气缓冲罐；6—$SO_2$ 气瓶；

7—吸收塔；8—溶液储槽；9—高位槽；10—液泵；12—压差计

槽通过流量计计量后由填料塔上部经喷淋装置进入塔内，吸收液中氧化镁与混合气中 $SO_2$ 反应，吸收 $SO_2$，吸收后气体经取样后由塔顶排空，吸收液由塔下部排出，进入溶液储槽，再用泵提升到高位液槽，吸收液在系统中形成循环。在喷淋塔前后设置两个取样点，用医用注射器可以直接插入取样，在实验时按需要分析取出的样品，以测定喷淋塔进出口气体之含 $SO_2$ 浓度。

**四、实验内容和步骤**

1. 关严吸收塔的进气阀，打开缓冲罐放空阀，并在高位液槽中注入配制好的 MgO 浆液。打开吸收塔的进液阀，调节吸收液流量，使液体均匀喷淋，当吸收液在塔底建立液位，再由塔底流出后，将液体流量调至 35L/h 左右。

2. 开启空压机，开启缓冲罐出气阀，调节空气流量到 $0.1m^3/h$。开启 $SO_2$ 气瓶气阀，并调节其流量，使进气中 $SO_2$ 含量为 $1000mg/m^3$ 左右，并逐渐打开吸收塔的进气阀，稳定运行 5min。测定喷淋塔进气和尾气浓度，计算脱硫效率。

3. 调整液体流量计到 $0.2m^3/h$、$0.3m^3/h$ 和 $0.4m^3/h$，同时调节 $SO_2$ 钢瓶的气量使进气中 $SO_2$ 含量仍保持 $1000mg/m^3$ 左右，稳定运行 5min 后，再次测定进气和尾气浓度，计算脱硫效率。

4. 改变吸收液流量，重复上述步骤。

5. 实验完毕，先关进气阀，待 2min 后停止供液。

6. 固定吸收液量和处理气量，利用硫酸调节吸收浆液的 pH，重复上述实验步骤，测定不同 pH 条件下的脱硫效率（本步实验操作为选做实验）。

**五、实验数据记录及结果**

1. 喷淋塔净化效率（$\eta$）的计算：

$$\eta = \left(1 - \frac{C_2}{C_1}\right) \times 100\%$$

式中，$C_1$ 为吸收塔入口处气体中 $SO_2$ 的浓度，$mg/m^3$；$C_2$ 为吸收塔出口处气体中 $SO_2$ 的浓度，$mg/m^3$。

2. 实验记录与结果

数据记录于表 4-42-1 中。

表 4-42-1 实验结果记录表

大气压力：＿＿＿＿ MPa　　大气温度：＿＿＿＿ ℃

| 序号 | 气体流量 /(m³/h) | 吸收液量 /(L/h) | 液气比 L/Q | 进气浓度 /(mg/m³) | 尾气浓度 /(mg/m³) | 净化效率 /% |
|---|---|---|---|---|---|---|
| 1 | | | | | | |
| 2 | | | | | | |
| 3 | | | | | | |
| 4 | | | | | | |
| 5 | | | | | | |
| 6 | | | | | | |
| 7 | | | | | | |
| 8 | | | | | | |
| 9 | | | | | | |
| 10 | | | | | | |
| 11 | | | | | | |
| 12 | | | | | | |

3. 绘出脱硫效率与气体流量之间的关系曲线 $\eta\text{-}Q$。
4. 绘出脱硫效率与液体流量之间的关系曲线 $\eta\text{-}L$。
5. 绘出脱硫效率与液气比之间的关系曲线 $\eta\text{-}L/Q$。

**六、思考题**

1. 氧化镁法烟气脱硫技术与石灰石湿法脱硫技术相比有何优点？
2. 从实验结果和绘出的曲线，你可以得出哪些结论？
3. 试讨论操作参数对脱硫效率的影响。
4. 试讨论吸收液氧化镁浓度对实验参数的影响。
5. 通过实验，你有什么体会？对实验有何改进意见？

# 实验四十三　生物质型煤成型实验

**一、实验目的与要求**

1. 了解生物质型煤概念及其形成原理和应用；
2. 熟悉生物质型煤成型条件；
3. 掌握生物质型煤成型的实验方法；
4. 熟悉采用正交实验法进行实验设计方法。

**二、实验原理**

生物质型煤是指在煤中按一定比例加入秸秆等可燃生物质和添加剂后压制成型的洁净能源产品。它可以把我国有限的煤资源，尤其是低质煤高效化、洁净化利用，把农村大量的秸秆、林木废弃物资源化、能源化利用，是一种洁净能源产品，可代替煤、燃油、燃气，是解决我国散煤锅炉对大气污染较为理想、经济的洁净燃料之一。推广和应用生物质型煤，可以使煤，尤其是劣质煤高效化、洁净化利用，从源头上解决散煤锅炉污染物的排放；另一方面，可以使农村大量的秸秆、林木废弃物资源化、能源化利用，变废为宝。大力发展生物质型煤技术是合理和充分利用低品位煤炭资源和生物质资源的有效途径。型煤中加入生物质制成生物质型煤，能大大提高型煤中挥发分含量，从而降低型煤的着火温度，有效地改善其着火性能。同时，生物质作为一种可再生能源，其利用率也得到很大程度的提高，用它代替化石燃料，可以减少 $SO_2$ 和 $CO_2$ 大气污染物的排放，有利于控制酸沉降和全球气候变化。

生物质型煤在原煤的基础上掺入 $30\%$ 的秸秆、树枝等生物质，通过技术转化形成的新型清洁煤。和普通锅炉使用的散煤相比，$1.7\sim2.33t$ 生物质能可替代 $1t$ 标准煤，可减少烟尘排放量 $50\%$，节煤 $15\%\sim27\%$。配套使用的锅炉可省去引风机和送风机，节电效果达 $95\%$。此外由于生物质型煤的成分特点，燃烧后的煤块还可当作肥料进行回收再利用。我国已探索和形成各种生物质型煤成型技术，并逐步得到了推广和应用。

1. 生物质型煤成型指标

生物质型煤成型的关键是成型技术，原煤的种类及粒度，生物质的种类、形态与加入量，水分的加入量，以及成型压力等因素决定煤成型的质量。型煤机械性能指标可以度量生物质型煤的质量。型煤机械性能指标有抗压强度、转鼓强度、落下强度等。在型煤各项机械性能指标中，抗压强度是最直观、最有代表性的指标。因此，本实验把抗压强度作为强度测试指标。

2. 正交实验法

实验设计的方法种类很多，正交实验设计方法是其中较常用的一种，正交实验法是通过

"正交表"的一种特制的表格来安排和分析多因素问题实验的一种数理统计方法。所谓"正交表"，是一套经过周密计算得出的现成的实验方案，实验方案明确每次实验时，用哪几个水平互相匹配进行实验，这套方案的总实验次数远小于每种情况都考虑后的实验次数。正交表具有以下两项性质：一是每一列中，不同的数字出现的次数相等；二是任意两列中数字的排列方式齐全而且均衡。体现了"正交表"的两大优越性，即"均匀分散性，整齐可比"。即每个因素的每个水平与另一个因素各水平各碰一次，这就是正交性。实验目的通常是弄清众多因素对实验结果（即特征值，如产物率、产品质量等）影响的大小，以寻求最佳的生产效率实验条件，这种方法的优点是：完成实验要求所需的实验次数少；数据点的分布很均匀；可用相应的极差分析方法、方差分析方法、回归分析方法等对实验结果进行分析，引出许多有价值的结论。

最简单的正交表是 $L_4$（$2^3$），即 3 个因素（3 列），每个因素两种水平的实验共需 4 次（4 行）。见表 4-43-1。

表 4-43-1  正交表 $L_4$（$2^3$）

| 实验号 | 1 | 2 | 3 |
|---|---|---|---|
| 1 | 1 | 1 | 1 |
| 2 | 1 | 2 | 2 |
| 3 | 2 | 1 | 2 |
| 4 | 2 | 2 | 1 |

选择正交表的原则：被选用的正交表的因素数与水平数等于或者大于要进行实验考察的因素数与水平数，并且使实验次数最少。

对实验结果（数据）的处理分析，最简单的方法是直观分析法，又称极差分析法。对每一因素，计算各水平的平均结果，进行比较，确定同一因素不同水平对实验指标的影响。最好水平与最坏水平之差，称为极差。比较极差可以确定各因素对实验指标的相对重要性。综合上结果，在考虑因素单独作用的条件下，可以选择最优的方案。

本实验利用正交实验法，综合考察不同的煤料粒度、生物质种类、生物质加入量和成型压力对生物质型煤抗压强度的影响，获得有用的信息，以指导进一步的成型实验。本实验涉及 4 个因素，每个因素计划考察 3 个水平，查阅正交实验表 $L_9$（$3^4$），安排正交实验，见表 4-43-2。

表 4-43-2  生物质型煤成型正交实验设计

| 实验号 | 生物质种类 | | 生物质含量 | | 煤料粒度 | | 成型压力 | |
|---|---|---|---|---|---|---|---|---|
| 1 | 稻草 | 1 | 10% | 1 | <1mm | 1 | 100MPa | 1 |
| 2 | 稻草 | 1 | 15% | 2 | <2mm | 2 | 150MPa | 2 |
| 3 | 稻草 | 1 | 20% | 3 | <3mm | 3 | 200MPa | 3 |
| 4 | 玉米秆 | 2 | 10% | 1 | <2mm | 2 | 200MPa | 3 |
| 5 | 玉米秆 | 2 | 15% | 2 | <3mm | 3 | 100MPa | 1 |
| 6 | 玉米秆 | 2 | 20% | 3 | <1mm | 1 | 150MPa | 2 |
| 7 | 豆秸 | 3 | 10% | 1 | <3mm | 3 | 150MPa | 2 |
| 8 | 豆秸 | 3 | 15% | 2 | <1mm | 1 | 200MPa | 3 |
| 9 | 豆秸 | 3 | 20% | 3 | <2mm | 2 | 100MPa | 1 |

最好的成型参数和重要因素确定原则如下所述。

① 最好的成型参数：抗压强度越大越好，数值越大的对应的水平越好。

② 重要因素：极差大的因素意味着该因素的不同水平造成的结果差别大；相对而言，极差小的因素则是不重要的因素。

### 三、材料、仪器和实验装置

#### 1. 材料

煤料，大同混煤；稻草、玉米秆和豆秸，粉碎成 3mm；氢氧化钙，分析纯；碳酸钙，分析纯；氧化钙，分析纯；二氧化锰，分析纯；三氧化二铁，分析纯；氧化铝，分析纯。

固硫剂：氢氧化钙 [$Ca(OH)_2$]、碳酸钙（$CaCO_3$）、氧化钙（$CaO$）。

固硫添加剂：二氧化锰（$MnO_2$）、三氧化二铁（$Fe_2O_3$）、氧化铝（$Al_2O_3$）。

#### 2. 仪器和设备

筛：1mm、2mm、3mm，各 1 只；饲料粉碎机，出口筛孔为 3mm，1 台；烧杯，9 只；药匙，1 只。

#### 3. 实验装置

（1）螺旋挤压成型机　实验用螺旋挤压成型机由支架、螺旋进动部分和模具三部分构成，成型压力 0～200MPa。螺旋挤压成型机核心是一个传力螺旋，传力螺旋在设计上采用梯形螺纹以提高传力效果。人工施加在旋转力臂上的力偶矩通过此螺旋转变为螺旋杆的直线运动，施压于模具，生产出具有一定形状和强度的型煤。型煤的形状和大小由模具决定，实验中应用的型煤为扁圆形，单重在 8～12g。

（2）压力传感器及显示仪表系统　型煤在加工过程中的成型压力数据通过压力传感器在显示仪表上读取。压力传感器为 FRL101-M 型，额定负荷 280kN。

（3）型煤强度测量装置　采用 OFI 120-285 型抗压强度试验仪进行检测。

### 四、实验方法和步骤

1. 分别用 1mm、2mm 和 3mm 的筛对自然干燥的煤样进行筛分，各筛得 1000g 备用。

2. 称取经出口筛孔为 3mm 的调料粉碎机粉碎的稻草、玉米秆和豆秸各 500g 备用。

3. 称取粒度小于 1mm 的煤样 30g，按照正交实验设计表格中对应的粒度要求装入预先编有号码（实验号）的烧杯中，共称取 3 份。用同样的方法称取粒度小于 2mm 和粒度小于 3mm 的煤料，并放入相应的烧杯中。

4. 按照正交实验表称取生物质分别装入相应的烧杯中，用药匙混合均匀。

5. 将混合好的 9 种物料分别在螺旋挤压成型机上按照相应的成型压力成型，各压制 3 个型煤，每个型煤质量为 10g 左右。

6. 成型后的型煤用强度测量装置测定抗压强度，对同一编号的 3 个型煤的抗压强度结果取平均值，即为该种配比条件下型煤的抗压强度。

### 五、实验数据记录与结果

#### 1. 数据记录与处理

每个型煤的抗压强度测定结果和各种配比下 3 个型煤的平均抗压强度填入表 4-43-3，按照要求将结果填入相应的空格。

表中参数意义：

（1）Ⅰ＝水平 1 实验结果总和；Ⅱ＝水平 2 实验结果总和；Ⅲ＝水平 3 实验结果总和。

（2）$k_i$＝实验的次数/第 $i$ 个因素的水平数，$i$＝1，2，3，4，在本实验中，$k_i$＝3。

（3）$R$ 为极差，为 Ⅰ/$k_i$，Ⅱ/$k_i$，Ⅲ/$k_i$ 中的最大数减去最小数。

表 4-43-3　生物质型煤成型正交实验结果表

| 因素\实验号 | 1 生物质种类 | 2 生物质含量 | 3 煤料粒度 | 4 成型压力 | 抗压强度/kg | | | |
|---|---|---|---|---|---|---|---|---|
| | | | | | 1 | 2 | 3 | 平均 |
| 1 | 1 | 1 | 1 | 1 | | | | |
| 2 | 1 | 2 | 2 | 2 | | | | |
| 3 | 1 | 3 | 3 | 3 | | | | |
| 4 | 2 | 1 | 2 | 3 | | | | |
| 5 | 2 | 2 | 3 | 1 | | | | |
| 6 | 2 | 3 | 1 | 2 | | | | |
| 7 | 3 | 1 | 3 | 2 | | | | |
| 8 | 3 | 2 | 1 | 3 | | | | |
| 9 | 3 | 3 | 2 | 1 | | | | |
| I | | | | | | | | |
| II | | | | | | | | |
| III | | | | | | | | |
| I/$k_i$ | | | | | | | | |
| II/$k_i$ | | | | | | | | |
| III/$k_i$ | | | | | I+II+III= | | | |
| R | | | | | | | | |

2. 根据原则，确定最好的成型参数和重要因素。

3. 分别绘制成型压力与各因素的关系图。

## 六、思考题

1. 根据正交实验结果确定的最好的成型参数是什么？

2. 哪些因素是重要因素？

3. 如果设计单因素实验，该如何选择实验条件？

4. 试提出实验改进的方法和措施。

# 实验四十四　生物质型煤燃烧过程脱硫实验

## 一、实验目的与要求

1. 了解型煤特性和生物质型煤的特点；

2. 了解型煤阶段性脱硫的过程和方法；

3. 熟悉型煤固硫原理和工艺方法以及生物质型煤固硫工艺；

4. 掌握生物质型煤燃烧过程脱硫的实验方法；

5. 掌握正交实验法。

## 二、实验原理

型煤燃烧过程脱硫简称型煤固硫，是将一定粒度的不同粉煤，按照不同燃烧的要求，进行混配、加工成型所得到，成型后的型煤也称为固硫型煤。固硫型煤可以分为民用固硫型煤和工业固硫型煤两大类。固硫型煤的特点主要是固硫型煤可以减少烟尘排放量，燃烧过程中消除燃煤烟气中的二氧化硫。由于我国在短期内难以彻底改变城市燃料结构，发展和推广使用固硫型煤是解决燃煤污染手段之一。目前，固硫型煤技术已较成熟，为推广固硫型煤提供了良好的技术条件，型煤固硫是控制 $SO_2$ 污染的一条经济有效的途径。

固硫生物质型煤是在粉煤中添加有机活性物生物质（如秸秆等）、固硫剂（如石灰石、生石灰、电石渣、白云石等），将其混合后经高压而制成具有易燃、脱硫效果显著、未燃损失小等特点的型煤。一般型煤固硫率较低，生物型煤的固硫率可以达到 70％ 左右。一般型煤在燃烧过程中，当温度升高到一定程度后，固硫剂 CaO 颗粒内部发生烧结，使孔隙率大大下降，增大了 $SO_2$ 和 $O_2$ 向颗粒内部的扩散阻力，致使钙利用率下降。生物型煤在成型过程中，不仅加了脱硫剂氧化钙，而且加了有机活性物质（秸秆等），生物型煤在燃烧过程中，随着温度的升高，由于这些有机生物质比煤先燃烧完，炭化后留下空隙起到膨化疏松作用，使固硫剂 CaO 颗粒内部不易发生烧结，甚至使孔隙率反而大大增加，增大了 $SO_2$ 和 $O_2$ 向 CaO 颗粒内的扩散作用，提高了钙的利用率，因此，生物型煤比一般型煤固硫率高。提高型煤固硫率的关键是固硫剂的制备，要求有尽可能大的比表面积，反应活性尽可能高，同时要求固硫剂能耐较高的温度，并使所生成的硫酸盐在高温下不易分解。铁系化合物和固体粉末强氧化剂等可以作为添加剂。铁系化合物对固硫反应有较高的催化作用，固硫反应是一个典型的氧化反应，硫的化合价从 +4 价氧化成 +6 价，而铁具有可变价态，是良好的氧化反应催化剂。研究表明铁系化合物在固硫过程中主要是加快了 $CaO+SO_2+O_2$ 向产物 $CaSO_4$ 转化这一过程，同时发现加入铁系化合物能抑制 $CaSO_4$ 的分解，煤燃烧后灰渣主要以 $CaSO_4$ 形式存在。强氧化剂在高温下能与燃烧中二氧化硫等有害气体发生氧化反应生成硫酸盐，能将燃煤中的金属矿物质催化分解，与二氧化硫和氧气生成硫酸盐固体物质，所有硫酸盐固体物质随炉渣排出，从而达到固硫、降污作用。另外，强氧化剂和氯化钠能起着助燃作用，有助于生物活性型煤容易点火，能提高生物活性型煤燃烧时的热效率。

生物质型煤的燃烧固硫是在炉膛燃烧时，由于固硫剂的作用，煤中的硫以稳定的产物（主要是硫酸盐）保留在灰渣中，从而达到减少向大气小排放 $SO_2$ 的目的。型煤固硫的反应十分复杂，可能存在多种途径，主要化学反应如下（以石灰石固硫剂为例）：

固硫剂分解：

$$CaCO_3 \longrightarrow CaO+CO_2$$

固硫反应：

$$CaO+SO_2 \longrightarrow CaSO_3$$

$$CaSO_3 + 1/2O_2 \longrightarrow CaSO_4$$

影响型煤固硫率的主要因素有固硫剂种类、燃烧温度、钙硫比、出硫剂粒度、生物质含量和固硫添加剂等。其中，固硫添加剂的加入可以加速 CaO 与 $SO_2$ 的气固反应，减少固硫产物的分解，从而提高固硫率。

### 三、试剂、仪器和实验设备

#### 1. 试剂与材料

煤料，山东枣庄煤，含硫量 3.24％，粒径 2mm；山西大同煤，含硫量 0.95％，粒径 2mm；生物质，稻草，粉碎成 3mm；氢氧化钙，分析纯；碳酸钙氧化钙，分析纯；二氧化锰，分析纯；三氧化二铁，分析纯；氧化铝，分析纯。

#### 2. 仪器与设备

空压机，1台；缓冲罐，1台；流量计，1个；管式电炉，1台；温控装置，1台；饲料粉碎机，1台；二氧化硫分析仪，1台。

#### 3. 实验装置与流程

实验装置与流程见图 4-44-1 所示。型煤氧化反应系统：管式电炉采用内阻为 $54\Omega$、额

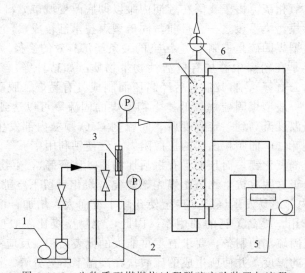

图 4-44-1　生物质型煤燃烧过程脱硫实验装置与流程
1—空压机；2—缓冲罐；3—流量计；4—管式电炉反应器；5—温度控制仪；6—取样阀

定电压为 220 V 的管式电炉，其内胆材料为耐火陶瓷，最高温度可达 1150℃左右。内插一根耐高温石英管，型煤样品置于石英管内，使其处于管式电炉的中部，管式电炉的升温速率及温度控制由温控装置控制。温控装置连接石英管和电炉内胆之间的镍铬-镍硅热电偶，测量和控制反应温度。

**四、实验内容和步骤**

1. 实验正交设计

实验进行各种固硫剂和固硫添加剂的不同组合，采用正交实验方法。在实验中，固硫剂选择 $Ca(OH)_2$、$CaCO_3$ 和 $CaO$ 三种，固硫添加剂选择 $MnO_2$、$Al_2O_3$ 和 $Fe_2O_3$ 三种。固硫添加剂量分为 0.2%、0.4% 和 0.8% 三个水平。选用 $L_9(3^4)$ 型正交表，实验安排见表 4-44-1。另外，对不加固硫剂和固硫添加剂的型煤样品进行空白实验，实验钙硫比为 2:1，成型压力为 150MPa。

表 4-44-1　生物质型煤燃烧固硫正交实验设计

| 因素实验号 | 固硫剂种类 | | 添加剂种类 | | 添加剂含量 | |
|---|---|---|---|---|---|---|
| 1 | $Ca(OH)_2$ | 1 | $MnO_2$ | 1 | 0.2% | 1 |
| 2 | $Ca(OH)_2$ | 1 | $Al_2O_3$ | 2 | 0.4% | 2 |
| 3 | $Ca(OH)_2$ | 1 | $Fe_2O_3$ | 3 | 0.8% | 3 |
| 4 | $CaCO_3$ | 2 | $MnO_2$ | 1 | 0.4% | 2 |
| 5 | $CaCO_3$ | 2 | $Al_2O_3$ | 2 | 0.8% | 3 |
| 6 | $CaCO_3$ | 2 | $Fe_2O_3$ | 3 | 0.2% | 1 |
| 7 | $CaO$ | 3 | $MnO_2$ | 1 | 0.8% | 3 |
| 8 | $CaO$ | 3 | $Al_2O_3$ | 2 | 0.2% | 1 |
| 9 | $CaO$ | 3 | $Fe_2O_3$ | 3 | 0.4% | 2 |

2. 称取山东枣庄煤 3.122g 和山西大同煤 9.878g，装入同一个标有样品号的烧杯中，混合均匀（混煤含硫量 1.5%）。

3. 称取所需的固硫剂和固硫添加剂，装在标有样品号的称量瓶中，混合均匀。

4. 将混合均匀的固硫剂和固硫添加剂倒入盛有煤样的烧杯中，并混合均匀。

5. 称取 1.95g 稻草，加到上面的样品中，混合均匀。

6. 在螺旋挤压成型机上以 150MPa 的压力压制两个型煤备用。

7. 将管式电炉预热至 500℃，调节温控仪，使电炉保持恒温。将预先制备的两个型煤样品加入反应管中部，然后迅速将反应管塞紧并通入 6L/min 的空气。同时将电压调至 220 V。

8. 开始记录时间，每 5min 取样一次，分析尾气 $SO_2$ 含量，同时读取电炉的温度值，将数据记录在表 4-44-2。当温度升至 1100℃时，调节温控仪，使温度保持恒定。

9. 燃烧至 120min 时停止记录，结束实验。

10. 待电炉冷却后，取出反应管，将灰渣倒入称量瓶中并称重，记录灰渣质量。

### 五、实验数据记录与处理

1. $SO_2$ 浓度-时间、电炉燃烧温度-时间曲线的绘制

根据表 4-44-2 中数据，进行绘图，作出 $SO_2$ 浓度-时间和电炉燃烧温度-时间的变化曲线。

**表 4-44-2　尾气 $SO_2$ 浓度与电炉燃烧温度**

| 时间/min | 5 | 10 | 15 | 20 | 25 | 30 | 35 | 40 | 45 | 50 | 55 | 60 |
|---|---|---|---|---|---|---|---|---|---|---|---|---|
| 电炉燃烧温度/℃ | | | | | | | | | | | | |
| $SO_2$ 浓度/(mg/m³) | | | | | | | | | | | | |

2. 硫总排放量

对所作的曲线变化图进行近似积分，计算出 120min 内硫的总排放量。硫的总排放量的计算公式为：

$$S = \left[ \sum_{i=0}^{n-1} \frac{1}{2} (\varphi_i + \varphi_{i+1})(t_{i+1} - t_i) \right] QM/V_m \qquad (4\text{-}44\text{-}1)$$

式中，$S$ 为硫的总排放量，g；$\varphi$ 为 $SO_2$ 的排放浓度；$t$ 为燃烧时间（分为 $n$ 个计算区间），min；$Q$ 为空气流量，L/min；$M$ 为硫的摩尔质量，32g/mol；$V_m$ 为 20℃时空气的摩尔体积，24.0L/mol。

3. 固硫率

型煤试样中含有的硫的总量为 $S_t = 13g \times 1.5\% = 0.195g$，通常固硫率可以表示为：

$$\eta_s = (S_t - S) \times 100\%/S_t \qquad (4\text{-}44\text{-}2)$$

由于煤中含有矿物质方解石（主要成分为 $CaCO_3$）和白云石（主要成分 $CaCO_3 \cdot MgCO_3$），燃烧时会在较低温度（600~700℃）下发生分解反应，生成 CaO，从而将燃烧产生的一部分 $SO_2$ 固定在灰渣里。也就是说，煤在燃烧过程中，自身有一定的固硫作用。因此，在计算加入固硫剂和添加剂的型煤样品的固硫率时，不应以型煤试样中的总硫量为基数，而应以空白试样硫的总排放量为基数。计算公式如下：

$$\eta_s = (S_0 - S) \times 100\%/S_0 \qquad (4\text{-}44\text{-}3)$$

式中　$S_0$——空白试样硫的总排放量，g；

　　　$S$——加固硫剂的试样的总排硫量，g。

4. 正交实验结果

实验中测得的各种型煤的固硫率汇总于表 4-44-3。根据实验要求，完成数据处理，并分析最佳的型煤配方。

表中参数意义：

(1) Ⅰ=水平 1 实验结果总和；Ⅱ=水平 2 实验结果总和；Ⅲ=水平 3 实验结果总和。

（2）$k_i$＝实验的次数/第$i$个因素的水平数，$i$＝1，2，3，4，在本实验中，$k_i$＝3。

（3）$R$为极差，为Ⅰ$/k_i$，Ⅱ$/k_i$，Ⅲ$/k_i$中的最大数减去最小数。

表 4-44-3　生物质型煤燃烧固硫正交实验结果表

| 因素<br>实验号 | 1 | | 2 | | 3 | | 固硫率/% |
|---|---|---|---|---|---|---|---|
| | 固硫剂种类 | | 添加剂种类 | | 添加剂含量 | | |
| 0 | — | | — | | — | | |
| 1 | Ca(OH)₂ | 1 | MnO₂ | 1 | 0.2% | 1 | |
| 2 | Ca(OH)₂ | 1 | Al₂O₃ | 2 | 0.4% | 2 | |
| 3 | Ca(OH)₂ | 1 | Fe₂O₃ | 3 | 0.8% | 3 | |
| 4 | CaCO₃ | 2 | MnO₂ | 1 | 0.4% | 2 | |
| 5 | CaCO₃ | 2 | Al₂O₃ | 2 | 0.8% | 3 | |
| 6 | CaCO₃ | 2 | Fe₂O₃ | 3 | 0.2% | 1 | |
| 7 | CaO | 3 | MnO₂ | 1 | 0.8% | 3 | |
| 8 | CaO | 3 | Al₂O₃ | 2 | 0.2% | 1 | |
| 9 | CaO | 3 | Fe₂O₃ | 3 | 0.4% | 2 | |
| Ⅰ | | | | | | | |
| Ⅱ | | | | | | | |
| Ⅲ | | | | | | | Ⅰ＋Ⅱ＋Ⅲ＝ |
| Ⅰ$/k_i$ | | | | | | | |
| Ⅱ$/k_i$ | | | | | | | |
| Ⅲ$/k_i$ | | | | | | | |
| $R$ | | | | | | | |

5. 分别绘制固硫率与配比之间的关系图。

**六、思考题**

1. 根据$SO_2$浓度-时间、电炉燃烧温度-时间曲线，你得出什么结论？

2. 哪些因素是影响脱硫率的重要因素？

3. 根据正交实验结果，确定固硫率最高的型煤配方是什么？

4. 如果设计单因素实验，应如何选择实验条件？

# 实验四十五　催化转化法去除汽车尾气中氮氧化物

**一、实验目的和意义**

1. 了解汽车尾气中污染物组成和危害；

2. 熟悉汽车尾气中污染物去除催化剂的制备方法；

3. 掌握催化转化法去除汽车尾气中氮氧化物的原理和方法；

4. 了解影响去除汽车尾气中污染物的催化效率的因素。

**二、实验原理**

进入21世纪后，汽车造成的污染日益成为全球性问题。汽车尾气中含有上百种不同的化合物，其中的污染物有固体悬浮微粒、一氧化碳、二氧化碳、碳氢化合物、氮氧化物、铅及硫氧化合物等。汽车尾气对城市环境的危害主要是引发呼吸系统疾病，造成地表空气臭氧含量过高，加重城市热岛效应，使城市环境转向恶化。一辆轿车一年排出的有害废气比自身重量大 3 倍。英国空气洁净和环境保护协会曾发表研究报告称，与交通事故遇难者相比，英国每年死于空气污染的人要多出 10 倍。

随着我国汽车保有量的持续增长，国际上汽车尾气排放法规的日趋严格，尾气减排日益受到重视。汽车尾气中的主要污染物氮氧化物（$NO_x$）在富氧条件下的排放控制变得越来越紧迫，而其中最有效易行的就是发动机外催化转化法，即通过在尾气排放管上安装的催化转化器将 $NO_x$ 转化为无害的氮气。催化转化法采用的催化剂能将 CO 氧化成 $CO_2$，将 HC 氧化成 $CO_2$ 和 $H_2O$，$NO_x$ 被还原成为 $N_2$ 等。催化转化法采用的催化剂有氧化锰、氧化铬、氧化镍和氧化铜等金属氧化物以及铂等贵金属。它们都可以用来催化净化 CO、HC 和 $NO_x$。催化反应器设置在排气系统中排气歧管与消音器之间。

在催化剂的作用下，汽车尾气中的氮氧化物被外加的碳氢化合物（如丙烯）选择性还原，总的反应方程式为：
$$2C_3H_6 + 2NO + 8O_2 \Longrightarrow N_2 + 6CO_2 + 6H_2O$$
迄今为止，上述反应的机理还不十分清楚。

本实验以钢瓶气氧气为气源，高纯氮气为平衡气，模拟汽车尾气中 NO 和氧气 $O_2$ 浓度，并没定其流量。有不同温度下，通过测量催化反应器进出口气流中 $NO_2$ 的浓度，评价催化剂对 $NO_x$ 的去除效率。通过改变气体总流量，改变反应的空速（GHSV、气体量与催化剂样品量之比，$h^{-1}$）；通过调节 NO 的进气量，改变其入口浓度；通过钢瓶气加入二氧化硫（$SO_2$）等因素；评价各种因素对催化剂活性的影响。

### 三、试剂、仪器和实验装置

1. 试剂与材料

$N_2$，99.99%；NO，99.9%；$O_2$，99.99%；丙烯，99%；$SO_2$，99.9%；氨水，25%；硝酸铝，分析纯；硝酸银，分析纯。

2. 仪器与设备

分液漏斗，250mL，1 个；滴定管，1 个；漏斗，10 个；搅拌器，1 台；铁架台，1 台；量杯，2 个；抽滤器，1 套；马弗炉，1 台；烘箱，1 台；高压钢瓶气，5 个；流量计，6 个；催化反应器，1 台；氮氧化物分析仪，1 台。

3. 实验装置与流程

实验有两部分：催化剂制备和催化剂性能评价。催化剂制备采用共沉淀法，将 $Ag_2O$ 负载在 $Al_2O_3$ 上；催化剂性能评价采用固定床催化反应器，反应器进出口分别设有取样阀，用于取样分析，装置与流程见图 4-45-1。

### 四、实验内容和步骤

1. $Ag_2O$-$Al_2O_3$ 催化剂的制备（共沉淀法）

（1）称取 36.8g 硝酸铝 [$Al(NO_3)_3 \cdot 9H_2O$]（相当于 5g 氧化铝），溶于约 200mL 去离子水中，形成溶液。

（2）以 $Ag_2O$∶$Al_2O_3$＝1∶1 的计量，称取硝酸银试剂，作为活性组分溶于上述溶液中，形成 Ag-Al 溶液。

（3）取 30mL 25% 浓度的氨水试剂，在烧杯中稀释 2.5 倍，形成 75mL 10% 氨水，备用。

（4）将 Ag-Al 溶液倒入分液漏斗中，氨水溶液注入滴定管中，搅拌下将两种溶液同时缓慢滴下混合，控制混合液的 pH 在 9~10 之间，形成沉淀。

（5）将混合液倒入抽滤漏斗中进行负压抽滤，直至压力表读数降为 0，沉淀形成凝滞块

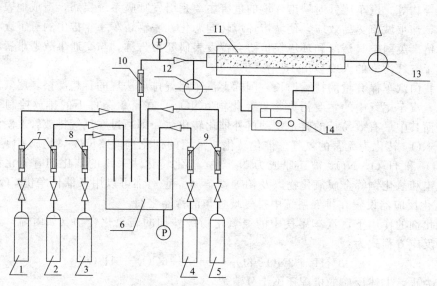

图 4-45-1　催化转化法去除汽车尾气中氮氧化物实验装置流程

1—N$_2$；2—O$_2$；3—HC；4—NO；5—SO$_2$；6—混合器；7～10—流量计；
11—催化反应器；12,13—取样阀；14—温控仪

状滤饼，滤饼倒出。

（6）将滤饼置于烘箱中干燥 1h。

（7）取出滤饼，在马弗炉内 700℃ 焙烧 2h，冷却，研细，筛分，得到 Ag$_2$O-Al$_2$O$_3$ 催化剂样品。

2. 催化剂活性评价

（1）称取催化剂样品约 500g 装填于固定床催化反应器中。

（2）连接实验系统气路，检查气密性。

（3）分别开启 N$_2$、O$_2$、NO 和 HC 气瓶减压阀，调节流量计，设置各气体流量，使总流量约为 400mL/min。控制 NO 浓度为 1800mg/m$^3$，O$_2$ 约为 5％，C$_3$H$_6$ 约为 800mg/m$^3$。

（4）启动温控仪，设定反应器温度为 150℃。

（5）待温度稳定后，测定反应器进出口 NO 浓度。

（6）将反应器温度升高，升温速度 50℃/5min，每升高 50℃，测定反应器进出口 NO 浓度，直至 550℃。

（7）调节 NO 流量计，控制总流量为 400mL/min，通过改变 NO 在混合气中浓度，分别使其浓度为 2200mg/m$^3$ 和 2600mg/m$^3$，测定反应器进出口 NO 浓度，观察 NO 浓度对催化反应的影响。

（8）调节 NO 流量计，保持 NO 浓度在 1800mg/m$^3$。开启 SO$_2$ 气瓶减压阀，调节流量计，控制总流量为 400mL/min，分别设置 SO$_2$ 浓度为 500mg/m$^3$ 和 800mg/m$^3$，测定反应器进出口 NO 浓度，观察 SO$_2$ 浓度对催化反应的影响。

（9）关闭 SO$_2$ 气瓶减压阀和流量计，并保持 NO 浓度在 1800mg/m$^3$，改变总气体流量（改变反应空速），使总流量分别为 450mL/min 和 500mL/min，测定反应器进出口 NO 浓度，观察空速对催化反应的影响。

（10）关闭除 N$_2$ 气瓶以外的所有气瓶的气阀，关闭温控仪，约 30min 后，关闭 N$_2$ 气瓶气阀，关闭系统所有电源，停止实验，整理实验室。

### 五、实验数据记录与结果

1. 催化去除效率（$\eta$）

$$\eta = \left(1 - \frac{C_2}{C_1}\right) \times 100\%$$

式中　$C_1$——反应器入口处气体中 $NO_2$ 的浓度，$mg/m^3$；

　　　$C_2$——反应器出口处气体中 $NO_2$ 的浓度，$mg/m^3$。

2. 结果处理

将相应的实验数据填写入表 4-45-1，并计算处理，得出结果。

表 4-45-1　催化转化法去除汽车尾气中氮氧化物实验结果记录表

室温：_____℃　　气压：_____kPa

催化剂：_____　　催化剂质量：_____g

| 气　体 | $N_2$ | $C_3H_6$ | $O_2$ | NO | | $SO_2$ | |
|---|---|---|---|---|---|---|---|
| 总流量/(mL/min) | | | | | | | |
| 进口 NO 浓度/(mg/m³) | | | | | | | |
| 空速 | | | | | | | |
| 实验次数 | 1 | 2 | 3 | 4 | 5 | 6 | 7 |
| 考察因素 | | | | | | | |
| 出口 NO 浓度/(mg/m³) | | | | | | | |
| 去除效率/% | | | | | | | |

3. 作出去除效率-温度、去除效率-空速、去除效率-NO 入口浓度和去除效率-$SO_2$ 浓度的关系曲线。

### 六、思考题

1. 试说说催化剂制备过程中的关键步骤是什么？

2. 评价催化剂活性的主要指标有哪些？

3. 根据关系曲线，讨论温度、空速、NO 入口浓度和 $SO_2$ 浓度对去除效率的影响。

4. 计算最佳条件下催化剂的活性，对实验条件下的催化剂去除氮氧化物的性能进行评价。

5. 试思考催化反应动力学过程，设计新的实验方案。

# 实验四十六　光催化氧化法净化 VOCs

### 一、实验目的与要求

1. 了解半导体光催化材料特性及其制备方法；

2. 了解在紫外光下的光催化反应原理；

3. 掌握光催化实验的基本方法；

4. 掌握光催化氧化 VOCs 净化效率的计算。

### 二、实验原理

VOCs（挥发性有机物）是一类重要的空气污染物，通常是指沸点 50～260℃、室温下饱和蒸气压超过 133.132kPa 的有机化合物，包括烃类、卤代烃、芳香烃、多环芳香烃等。工业排放的工艺尾气、废弃物焚烧的烟气、机动车排放的尾气中均含有多种 VOCs。室内装饰、装修材料如木材防腐剂、涂料、胶合板等常温下可释放出甲苯、苯、二甲苯、甲醛等多种挥发性有机物质。日常生活中使用的化妆品、除臭剂、杀虫剂、各种洗涤剂等导致 VOCs 向大气中释放。这些因素导致环境空气中 VOCs 浓度升高和室内空气质量下降。

VOCs 具有的特殊气味能导致人体呈现种种不适感，并具有毒性和刺激性。已知许多 VOCs 具有神经毒性、肾脏和肝脏毒性，甚至具有致癌作用，能损害血液成分和心血管系统，引起胃肠道紊乱，诱发免疫系统、内分泌系统及造血系统疾病。在各种室内 VOCs 中，以苯、甲苯、二甲苯及甲醛最为常见。

近年来，光催化技术在工业废气净化和室内空气污染处理方面得到了应用。利用催化剂的光催化氧化性，使吸附在其表面的 VOCs 发生氧化还原反应，最终转变为 $CO_2$、$H_2O$ 及无机小分子物质。具有光催化作用的半导体催化剂，在吸收了大于其带隙能的光子时，电子从充满的价带跃迁到空的导带，而在价带上留下带正电的空穴。光致空穴具有很强的氧化性，能将其表面吸附的 OH 基团氧化成 OH·自由基，OH·几乎可以氧化所有的有机物。常用的金属氧化物光催化剂有 $Fe_2O_3$、$WO_3$、$Cr_2O_3$、$ZnO$、$ZrO$、$TiO_2$ 等。由于 $TiO_2$ 来源广，成本低，化学稳定性和催化活性高，抗光腐蚀能力强，光匹配性好，在近紫外线区吸光系数大，光催化作用持久，没有毒性，成为最常用的光催化剂。

光催化反应原理是在紫外光作用下，$TiO_2$ 半导体纳米材料可以激发出"电子-空穴"对（一种高能粒子），由于半导体能带的不连续性，"电子-空穴"的寿命较长，它们能够在电场作用下或通过扩散的方式运动，与吸附在半导体催化剂粒子表面上的物质发生氧化还原反应，或者被表面晶格缺陷俘获。"电子-空穴"在催化剂粒子内部和表面也能直接复合。空穴能够同吸附在催化剂粒子表面的 HO 或 $H_2O$ 发生作用生产羟基自由基 HO·。HO·是一种活性很高的粒子，能够无选择地氧化多种有机物，通常被认为是光催化反应体系中主要的氧化剂，可将 VOC 有害污染物氧化、分解成 $CO_2$、$H_2O$ 等无毒无味的物质。

### 三、试剂、仪器和实验装置

#### 1. 试剂

钛酸四丁酯，分析纯；硝酸，分析纯；无水乙醇，分析纯；氢氧化钾，分析纯；醋酸锌，分析纯；聚乙二醇，分析纯；硝酸铟，分析纯；硝酸铁，分析纯；硝酸银，分析纯；硝酸锰，分析纯；钨酸铵，化学纯；氯铂酸，分析纯；四氯化锡，分析纯；铝片，为 400×210×0.1（mm，长×宽×厚）。

#### 2. 仪器

空压机，1 台；缓冲罐，1 台；流量计，2 台；VOCs 发生器，1 台；光催化反应器，1 台；温控仪，1 台；恒温磁力搅拌器，1 台；电热鼓风干燥箱，1 台；马弗炉，1 台；温度与压力数字式设定与程序控制仪，一套；气相色谱仪，1 台。

#### 3. 实验装置

实验包括两部分：$TiO_2$ 薄膜催化剂制备和催化剂活性评价。

（1）$TiO_2$ 薄膜催化剂制备　以金属铝片作为载体材料，采用溶胶-凝胶法制取涂覆溶胶，在铝箔表面涂覆一层均匀透明的溶胶膜，最后固化而成。

（2）催化剂活性评价　体系包括 VOCs 气体发生部分和光催化反应部分。气体发生装置产生含有定量污染物的混合气体，通过流量计计量，混合气进入光催化反应器中，在紫外灯照射下，发生光催化反应，通过气相色谱仪检测反应器进口和出口的污染物浓度的变化。实验装置与流程见图 4-46-1。①VOCs 气体发生部分：气体压缩机，缓冲罐，转子流量计，气体发生器。气体经流量计计量后分成两股，一股进入装有甲苯的气体发生器，将发生器中挥发的甲苯带出；另一股不经气体发生器直接通过。两股气体在进入光催化反应器前混合，混合气的含 VOCs 浓度是通过调节两股气的流量比例来控制。②光催化反应部分：光催化

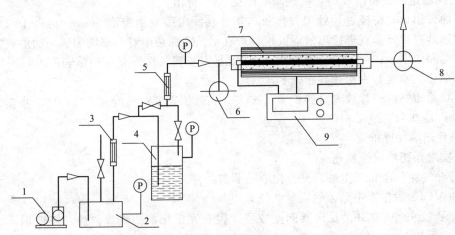

图 4-46-1 光催化净化气体中 VOCs 装置流程

1—空压机；2—缓冲罐；3,5—流量计；4—VOCs 发生器；
7—光催化反应器；6,8—取样阀；9—温控仪

反应器有效体积为长 500mm，内径 80mm，壁厚 3mm，不锈钢材质，反应器两端为法兰密闭连接，内管可装入催化剂和紫外灯管。用来作为激发光源的紫外灯管置于反应器中心线，两端用聚四氟乙烯做绝缘。将涂覆二氧化钛薄膜的铝箔卷成筒状沿反应器的内壁放置。反应器温度和压力由热电偶和压力表实时显示。实验中所用的紫外灯为 15W 的黑光灯，主要输出波长 265nm，相应最大输出光强为 2.47MW/cm，灯管直径 26mm，长 400mm。

混合气中 VOCs（甲苯）浓度分析，采用配有氢火焰检测器（FIT）的气相色谱仪进行分析。色谱柱为 Porapak Q 毛细柱，长 30m，直径 0.32mm。色谱分析条件如下所述。

① 色谱柱温度：210℃。

② 检测室温度：230℃。

③ 载气（He）流量：75mL/min。

④ 燃气（$H_2$）流量：60mL/min。

⑤ 助燃气（空气）流量：50mL/min。

⑥ 分流比：1。

⑦ 保留时间：6.496s。

**四、实验方法和步骤**

1. 光催化剂制备

（1）铝片的预处理 采用金属铝片作为载体材料，使用前先用砂纸将铝片表面打磨，再用 5.0mol/L NaOH 溶液处理。除去表面的三氧化二铝，增加铝片表面的粗糙度，使 $TiO_2$ 更易附着，处理完毕后用去离子水清洗表面，放在烘箱内烘干，冷却后待用。

（2）涂覆溶胶的制备 采用溶胶-凝胶（sol-gel）法，制备步骤如下所述。

① 准确量取 40mL 钛酸四丁酯，溶于 100mL 无水乙醇中，充分搅拌混合均匀，再加入 8mL 乙酰丙酮，继续搅拌。

② 在上述溶液中加入 0.8mL 浓硝酸和 20mL 去离子水，继续搅拌混合均匀，得到溶液 A。

③ 准确称量 1.877g 聚乙二醇（相对分子质量 6000），将其溶于 100mL 无水乙醇中，稍微加热并搅拌使其完全溶解，得到溶液 B。

④ 将溶液 B 缓慢加入溶液 A 中，充分搅拌，使其完全混合。

⑤ 得到稳定的涂覆溶胶后，放到暗处陈化 2h，待用。

（3）涂覆铝片　将经过预处理并称重的铝片在涂覆溶胶中浸泡 5min，再以 10 cm/min 的速度匀速地将铝箔垂直提拉出液面。这样，在铝箔表面会附着一层均匀透明的溶胶膜。将铝片放入马弗炉中，在 200℃下焙烧 30min，重复本步骤 7 次，直至铝箔表面形成一定厚度的固定相薄膜。本实验中铝片共涂覆 8 次。

（4）将涂覆好的铝片放入马弗炉中，按 2℃/min 的速度将温度升至 550℃，并在此温度下焙烧 3h，冷却后得结晶相薄膜。

2. 催化剂活性评价

（1）实验系统稳定性检测

① 打开气相色谱和工作站，设置相应的测定条件。

② 在 VOCs 发生器中倒入一定量的液态甲苯。

③ 安装紫外灯管，并沿反应器四壁放置涂覆有光催化剂的铝片，插入热电偶，安装好光催化反应系统。

④ 连接系统各部分，启动空压机，调节气体流量，使甲苯浓度为 10mg/m³，并使通过反应器的气体总流量为 1L/min 左右。

⑤ 在反应器进出口取样，每 8min 测定一次甲苯浓度。直至其基本保持不变，此时系统达到吸附平衡状态。

（2）催化剂活性评价

在系统达到吸附稳定后打开紫外灯，同时开始计时；在 5min 时开始取样分析，之后每隔 8min 取样和进样一次，并记录实验结果；待测得的浓度保持稳定时结束实验，关闭紫外灯。

3. 操作条件对光催化效率影响实验

通过分别改变紫外灯波长、处理气量和进气浓度，分别测定这些因素下反应器进出口甲苯浓度，观察这些因素对甲苯净化效率的影响，并探索最佳的操作条件。

**五、实验数据记录与处理结果**

1. 催化去除效率（$\eta$）

$$\eta = \left(1 - \frac{C_2}{C_1}\right) \times 100\%$$

式中，$C_1$ 为反应器入口处气体中 VOCs 浓度，mg/m³；$C_2$ 为反应器出口处气体中 VOCs 浓度，mg/m³。

2. 催化剂活性评价结果

催化剂活性评价结果记入表 4-46-1 中。

**表 4-46-1　催化剂活性评价结果**

紫外灯波长：_____ nm；处理气量：_____ L/min；

甲苯初始浓度：_____ mg/m³；相对湿度：_____ %；

气压：_____ kPa；室温：_____ ℃

| 实验时间/min | 5 | 13 | 21 | 29 | 37 | … |
|---|---|---|---|---|---|---|
| 排气 VOCs 浓度/(mg/m³) | | | | | | |
| 催化去除效率/% | | | | | | |

3. 光催化效率影响因素结果

（1）紫外灯波长对光催化效率的影响结果　紫外灯波长对光催化效率的影响结果记入表 4-46-2 中。

**表 4-46-2　紫外灯波长对光催化效率的影响**

处理气量：_____ L/min；甲苯初始浓度：_____ mg/m³；

气压：_____ kPa；室温：_____ ℃；相对湿度：40%

| 紫外灯波长/nm | 254 | 356 |
|---|---|---|
| 排气 VOCs 浓度/(mg/m³) | | |
| 催化去除效率/% | | |

（2）处理气量对光催化效率的影响结果　处理气量对光催化效率的影响结果记入表 4-46-3 中。

**表 4-46-3　处理气量对光催化效率的影响**

紫外灯波长：_____ nm；甲苯初始浓度：_____ mg/m³；

气压：_____ kPa；室温：_____ ℃；相对湿度：40%

| 处理气量/L/min | 0.6 | 0.8 | 1.0 | 1.2 | 1.4 | … |
|---|---|---|---|---|---|---|
| 排气 VOCs 浓度/(mg/m³) | | | | | | |
| 催化去除效率/% | | | | | | |

（3）进气浓度对光催化效率的影响结果　进气浓度对光催化效率的影响结果记入表 4-46-4 中。

**表 4-46-4　进气浓度对光催化效率的影响**

紫外灯波长：_____ nm；处理气量：_____ L/min；

气压：_____ kPa；室温：_____ ℃；相对湿度：40%

| 甲苯初始浓度/(mg/m³) | 5.0 | 10.0 | 20.0 | 40.0 | 60.0 | 80.0 |
|---|---|---|---|---|---|---|
| 排气 VOCs 浓度/(mg/m³) | | | | | | |
| 催化去除效率/% | | | | | | |

## 六、思考题

1. 试确定催化剂制备过程中的关键步骤是什么？
2. 绘制光催化效率随各因素变化的曲线。这些因素是如何影响光催化效率的？
3. 最佳的操作条件是什么？
4. 实验中还可以考虑哪些因素对催化效率的影响？
5. 本实验可以采用正交实验方案吗？如何设计正交实验？

# 实验四十七　生物洗涤降解法净化 VOCs

## 一、实验目的与要求

1. 了解生物法控制 VOCs 的原理；
2. 掌握生物降解法处理 VOCs 的方法；
3. 熟悉污染物负荷对降解性能的影响。

## 二、实验原理

挥发性有机物（volatile organic compounds，VOCs）是指沸点在 50~260℃之间、室温

下饱和蒸气压大于 133.32Pa 的有机化合物。它们主要来自有机化工原料的加工和使用过程、有机质的不完全燃烧过程以及汽车尾气的排放。此外，植物也排放大量的 VOCs。VOCs 成分复杂，其对人体健康产生的影响不可忽视。此外，VOCs 还可与 NO 等发生光化学反应，引起光化学污染，并通过吸收红外线引起温室效应。

　　传统的 VOCs 控制技术包括燃烧法、吸收法、冷凝法和吸附法等，而生物净化技术是近年来发展起来的新技术。与常规处理相比，生物净化方法具有设备简单、运行费用低、较少形成二次污染等优点，特别是在处理低浓度、生物可降解的气态污染物时具有很大的优势。

　　VOCs 生物净化过程的实质是附着在滤料介质上的微生物在适宜的环境条件下，利用废气中的有机成分作为碳源和能源，维持其生命活动，并将有机物分解为 $CO_2$ 和 $H_2O$ 的过程。气相主体中的 VOCs 首先经历由气相到固/液相的传质过程，然后才在固/液相中被微生物降解。由于气、液相（或固体表面液膜）之间的有机物浓度梯度和水溶性的作用，废气中的污染物首先要经过气、液相间的传质过程，然后在液相中被微生物降解，产生的代谢产物，一部分溶于液相，一部分作为细胞物质或细胞代谢能源，还有一部分（如 $CO_2$）则从液相转移到气相，废气中的污染物通过上述过程不断减少，从而被净化。用来进行气体污染物降解的微生物种类繁多，特定的气态污染物都有其特定的适宜处理微生物群落，根据营养来源来分，能进行气态污染物降解的微生物可分为自养菌和异养菌两类。自养菌主要适于进行无机物的转化，如硝化、反硝化和硫酸菌可在无有机碳和氮的条件下靠氨、硝酸盐和硫化氢、硫及铁离子的氧化获得能量，进行生长繁殖。由于自养菌的新陈代谢活动较慢，它只适于较低浓度无机废气的处理；异养菌是通过对有机物的氧化代谢来获得能量和营养物质，在适宜的温度、pH 值和氧条件下，它们能较快地完成污染物的降解，这类微生物多用于有机废气的净化处理。目前，适于生物处理的气态污染物主要有乙醇、硫醇、酚、甲酚、吲哚、脂肪酸、乙醛、酮、二硫化碳、氨和胺等。微生物群落对有机物有一个适应过程，通常情况下，对易降解有机物，大约需驯化 10 天；对于难降解有机物，必须接种相应微生物，才能缩短培养驯化周期，确保生物降解正常运行。

　　生物法处理 VOCs 的工艺设备通常采用生物洗涤塔、生物滴滤塔和生物过滤塔等。生物洗涤塔具有设备紧凑、压力损失小、适用于较高浓度 VOCs 废气处理、反应条件易以控制、运行费用低等特点。洗涤塔由吸收和生物降解两部分组成。含有经有机物驯化的微生物的活性污泥溶液，与从塔的下部上升的有机废气接触，废气中的有机物和氧气转入液相，有机物在活性污泥中被微生物氧化分解。该法适用于气相传质速率大于生化反应速率的有机物的降解。可以采用比降解速率（$-\gamma$）来表征生物洗涤塔降解性能的关键性参数，它直接反映了装置内微生物对有机物的降解能力和有机物的活性，$-\gamma$ 越大，表明微生物对有机构的降解能力越强。比降解速率公式如下：

$$-\gamma = \frac{Q(\rho_{in} - \rho_{out})}{XV} \tag{4-47-1}$$

　　式中，$-\gamma$ 为比降解速率，$h^{-1}$；$\rho_{in}$ 为进口质量浓度，$mg/m^3$；$\rho_{out}$ 为出口质量浓度，$mg/m^3$；$Q$ 为气体流量，$m^3/h$；$V$ 为装置内活性污泥的体积，$L$；$X$ 为污泥挥发性悬浮固体浓度（MLVSS），$mg/L$。

### 三、试剂、仪器和实验装置

**1. 试剂**

氯苯，分析纯；$Na_2CO_3$，分析纯；葡萄糖，分析纯；$Na_2HPO_4$，分析纯；$NH_4Cl$，分析纯；$FeCl_3$，分析纯；$MgSO_4$，分析纯；$NaCl$，分析纯。

营养液：按 C∶N∶P＝100∶5∶1 的比例配制，营养液成分含有葡萄糖、$Na_2HPO_4$、

$NH_4Cl$、$FeCl_3$、$MgSO_4$ 和 NaCl，维持微生物正常生长和较强的降解能力。

### 2. 仪器与设备

洗涤器，1 台；空压机，1 台；缓冲罐，1 台；流量计，2 个；VOCs 发生器，1 台；气相色谱仪，带火焰离子化检测器（FID），1 台；pH 计，1 台；分析天平，1 台；干燥箱，1 台。

### 3. 装置与流程

实验装置与流程见图 4-47-1，由两部分组成。①VOCs 气体发生部分：气体压缩机，缓冲罐，转子流量计，VOCs 气体发生器。气体经流量计计量后分成两股，一股进入装有 VOCs 的气体发生器，将发生器中挥发的 VOCs 带出，另一股不经气体发生器直接通过。两股气体在进入生物洗涤器前混合，混合气的含 VOCs 浓度是通过调节两股气的流量比例来控制。②生物洗涤降解系统：生物洗涤器由内径 120mm、高 800mm 的有机玻璃塔组成，塔底有气体分布器，塔中为活性污泥溶液，液体高度为 600mm。配好的含 VOCs（氯苯）气体由气体分布器进入洗涤器，被活性污泥中的微生物降解，进而得到净化。降解前后气体中 VOCs 氯苯的浓度由带火焰离子化检测器（FID）的气相色谱仪进行测定。

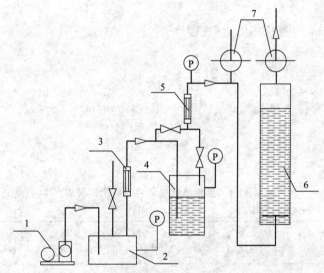

图 4-47-1　生物洗涤降解法净化 VOCs 装置流程
1—空压机；2—缓冲罐；3,5—流量计；4—VOCs 发生器；
6—生物洗涤器；7—取样阀

### 四、实验内容和步骤

系统在室温下运行，气体流量 $Q=0.03\sim0.25m^3/h$。入口氯苯质量浓度低于 $500mg/m^3$，活性污泥溶液的 pH 通过定期加入 $Na_2CO_3$ 溶液来调整，控制在 $6\sim8$，营养元素通过定期加入营养液来控制。

### 1. 污泥驯化

在自然环境下，氯苯属于生物难降解物质。因此要选择适宜的环境条件，用氯苯对活性污泥进行培养、驯化，使其具有降解的功能。

（1）接种石化污水处理场二沉池中的活性污泥于洗涤器中，加入营养液，控制有机负荷与污泥浓度的比例在 $0.2\sim0.7$ 的范围内，培养 10d。

（2）10d 后开始驯化，利用氯苯作为碳源，逐步替代葡萄糖，驯化 20d 左右。

（3）加入活性污泥，提高装置中的污泥浓度。40d 后开始运行生物洗涤器。

2. 氯苯生物降解性能实验

（1）运行生物洗涤塔，利用流量调节阀调节气体流量。并通过调节主气流和辅气流的比例来控制入口氯苯浓度，使得的实验条件满足：气体氯苯浓度在 $50\sim500\,\mathrm{mg/m^3}$ 范围之内，气体流量为 $0.05\sim0.25\,\mathrm{m^3/h}$。活性污泥溶液的 pH 控制在 $6\sim8$，通过定期加入 $Na_2CO_3$ 溶液来调整。

（2）稳定运行半小时后，记录气体流量，测定进出口氯苯浓度。同时采用烘干称重法测定活性污泥浓度（MLVSS）。

（3）调节气体流量及分配比例，使其满足（1）中实验条件，测定在一定气体流量下、不同进口氯苯浓度（由低到高选取 6 组）时对应的出口气体氯苯的浓度。同时测定活性污泥浓度（MLVSS）。

考虑到实验时间的限制，学生需要分成若干个实验小组，要求每组学生各完成一个实验条件（如不同的进气 VOCs 浓度），实验完成后，进行数据整理，再将各组数据汇总，得到相应的结果（如不同停留时间下的降解效率等），最终完成生物洗涤塔的操作曲线。

## 五、实验数据记录与处理结果

1. 比降解速率

利用公式(4-47-1)计算比降解速率值。

2. 降解效率

$$\eta=\left(1-\frac{C_2}{C_1}\right)\times100\%\qquad\qquad(4\text{-}47\text{-}2)$$

式中，$C_1$ 为反应器入口处气体中 VOCs 浓度，$\mathrm{mg/m^3}$；$C_2$ 为反应器出口处气体中 VOCs 浓度，$\mathrm{mg/m^3}$。

3. 生物降解氯苯实验结果

数据记录于表 4-47-1 中。

表 4-47-1　生物降解氯苯实验结果记录表

气压：_____ kPa；室温：_____ ℃

| 实验次数 | 气体流量/($\mathrm{m^3 \cdot h}$) | 停留时间/s | 入口浓度/($\mathrm{mg/m^3}$) | 氯苯负荷/($\mathrm{mg/h}$) | 出口浓度/($\mathrm{mg/m^3}$) | 降解效率 | MLVSS/($\mathrm{mg/L}$) | 比降解速率/$\mathrm{h^{-1}}$ |
|---|---|---|---|---|---|---|---|---|
| 1 | | | | | | | | |
| 2 | | | | | | | | |
| 3 | | | | | | | | |
| 4 | | | | | | | | |
| 5 | | | | | | | | |
| 6 | | | | | | | | |

4. 绘制降解效率随进气浓度的变化曲线 $\eta$-$\rho$。

5. 绘制生物洗涤塔的操作曲线 $\eta$-$t$-$\rho$。

6. 绘制比降解速率随负荷的变化曲线 $(-\gamma$-$W)$。

## 六、思考题

1. 分析实验数据，在负荷增加时，降解效率如何变化的？

2. 根据绘制的曲线，分析降解效率随停留时间的变化关系。

3. 根据操作曲线，设计一套处理能力为 $1000\mathrm{m^3/h}$ 的氯苯废气处理系统。条件：氯苯最大入口浓度为 500mg/L，处理后的浓度小于 50mg/L。

4. 讨论比降解速率在本实验中的意义。并讨论改进实验哪些地方可以提高比降解速率。

# 实验四十八　脉冲电晕等离子体法<br>脱除烟气中 $SO_2$ 和 $NO_x$

## 一、实验目的与要求

1. 了解烟气同时脱硫脱氮的现状和意义；
2. 了解脉冲电晕等离子体法在脱硫脱氮上应用；
3. 掌握脉冲电晕法脱除 $SO_2$ 和 $NO_x$ 工艺方法；
4. 掌握脱硫脱硝装置烟气成分的分析方法；
5. 熟悉脉冲电压电流及功率的测定方法。

## 二、实验原理

脉冲电晕等离子体法（PPCP），是利用高能电子使烟气中的 $H_2O$、$O_2$ 等气体分子被激活、电离或裂解而产生强氧化性的自由基，自由基对 $SO_2$ 和 $NO_x$ 进行等离子体催化氧化，分别生成 $SO_3$ 和 $NO$ 或相应的酸，在有添加剂（如 $NH_3$）的情况下，生成相应的盐而沉降下来。PPCP 法的特点是电晕放电自身产生，它利用上升前沿陡、窄脉冲的高压电源（上升时间 $10\sim100ns$，拖尾时间 $100\sim500ns$，峰值电压 $100\sim200kV$，频率 $20\sim200Hz$）与电源负载、电晕电极系统（电晕反应器）组合，在电晕与电晕反应器电极的气隙间产生流光电晕等离子体，从而对 $SO_2$ 和 $NO_x$ 进行氧化去除。另外，烟气中的粉尘有利于 PPCP 法脱硫脱氮效率的提高。脉冲电晕等离子体法脱硫脱氮的副产物为硫酸铵、硝酸铵混合物，可以作为肥料。因此，PPCP 法集三种污染物脱除于一体，且能耗和成本较低，从而成为最具吸引力的烟气治理方法。

经过静电除尘，喷雾冷却，烟气的温度接近其饱和温度值（$60\sim70℃$），烟气进入脉冲电晕反应器，脉冲高压作用于反应器中的放电电极，在放电电极和接地极之间产生强烈的电晕放电，产生 $5\sim20eV$ 高能电子和大量的带电离子、自由基、原子和各种激发态原子、分子等活性物质，如 OH 自由基、O 原子、$O_3$ 等，它们将烟气中的 $SO_2$ 和 $NO_x$ 氧化，在有氨注入的情况下，最终生成硫酸铵和硝酸铵，硫酸铵和硝酸铵被产物收集器收集。主要的反应如下：

自由基生成：
$$N_2、O_2、H_2O+e^-\longrightarrow HO\cdot、O\cdot、HO_2\cdot、N\cdot$$

$SO_2$ 氧化和 $H_2SO_4$ 形成：
$$SO_2\xrightarrow{O\cdot}SO_3\xrightarrow{H_2O}H_2SO_4$$
$$SO_3\xrightarrow{\cdot OH}HSO_3\cdot\xrightarrow{\cdot OH}H_2SO_4$$

$NO_x$ 氧化和硝酸形成：
$$NO\xrightarrow{O\cdot}NO_2\xrightarrow{\cdot OH}HNO_3$$
$$NO\xrightarrow{HO_2\cdot}NO_2\xrightarrow{\cdot OH}HNO_3$$
$$NO_2\xrightarrow{\cdot OH}HNO_3$$

酸与氨生成硫酸铵和硝酸铵：
$$H_2SO_4+2NH_3\longrightarrow(NH_4)_2SO_4$$

$$HNO_3 + NH_3 \longrightarrow NH_4NO_3$$

形成的副产物 $(NH_4)_2SO_4$ 和 $NH_4NO_3$ 收集于收集器中。

影响脱硫脱氮效率的主要因素为脉冲电压峰值、脉冲重复频率、脉冲平均功率、反应器进口烟气温度、烟气流速、氨的化学计量比、反应器进口烟气中 $SO_2$ 和 $NO_x$ 体积分数以及烟气相对湿度。

### 三、试剂、仪器和实验装置

**1. 试剂**

$SO_2$，99.9%；NO，99.9%；$NH_3$，99.9%。

**2. 仪器和设备**

空压机，1台；$SO_2$ 钢瓶，1个；NO 钢瓶，1个；$NH_3$ 罐，1个；缓冲罐，2个；流量计，3个；等离子体反应器，1台；高压脉冲电源系统，1套；副产物收集器，1台；红外气体吸收仪，1台。

**3. 实验装置**

脉冲电晕等离子体烟气脱除 $SO_2$ 和 $NO_x$ 实验装置与流程见如图 4-48-1。实验装置由三部分组成。①配气部分：气体压缩机，缓冲罐，转子流量计，气体混合器。气体经流量计计量后分成两股，一股进入混合器，与来自气瓶的 $SO_2$ 和 NO 气体混合，另一股不经混合器直接通过，混合气浓度是通过调节两股气的流量比例来控制。②脉冲电晕反应器：反器应设计为线-板结构，由两组放电室组成，分别用两组脉冲电源供电；极板和电晕线采用不锈钢，外加保温层。反应器主要技术指标：烟气处理量 120～200m³/h，运行温度 65～80℃，烟气停留时间 6s，静态电容约 10nF×2。③高压脉冲电源：设计最大输出功率 200kW，最高电压 150kV，最大电流 4kA，脉冲宽度 600～700ns，最大重复频率 700Hz。

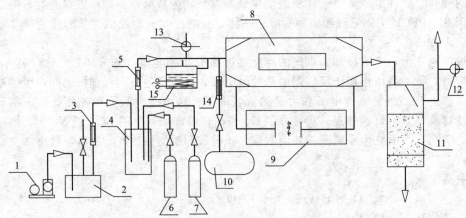

图 4-48-1 脉冲电晕等离子体烟气脱除 $SO_2$ 和 $NO_x$ 实验装置

1—空压机；2—缓冲罐；3,5,14—流量计；4—混合气缓冲罐；6—$SO_2$ 气瓶；7—NO 气瓶；
8—等离子体反应器；9—高压脉冲电源；10—$NH_3$ 罐；11—副产物收集器；
12,13—取样阀；15—蒸汽发生器

### 四、实验方法和步骤

**1. 实验调试工作**

（1）对工艺管线（包括模拟烟气的管道、混合气和氨气管线等）、阀和接头等进行检查和调试。

（2）将高压脉冲电源系统、反应器和副产物收集器调试到最佳状态，并观察电晕放电的特性参数是否达到实验要求。

**2. 参数实验**

（1）开启空压机，开启 $SO_2$ 和 NO 气瓶，并调节其流量，总流量为 120L/h，使混合气中 $SO_2$ 和 NO 的含量为 $1000mg/m^3$ 和 $200mg/m^3$。

（2）启动蒸汽发生器，向系统输送蒸汽，使混合气相对湿度达到 80%。开启 $NH_3$ 罐，调节其流量，使其浓度达到 $2200mg/m^3$。

（3）接通脉冲电源和反应器的连接，用兆欧表检测反应器的绝缘状况，测试基本烟气参数，开始记录工艺参数。

（4）对应数据记录表，进行单因素实验，调节一参数值，测试基本烟气参数，记录工艺参数。将各单因素实验测得的数据记录于各表中。

进出口 NO、$SO_2$ 浓度采用红外吸收仪分析。

### 五、实验数据记录与处理结果

1. 脱除效率

$$\eta=\left(1-\frac{C_2}{C_1}\right)\times100\%$$

式中，$C_1$ 为反应器入口处气体中 $SO_2$ 或 NO 浓度，$mg/m^3$；$C_2$ 为反应器出口处气体中 $SO_2$ 或 NO 浓度，$mg/m^3$。

2. 峰值电压对 $SO_2$、NO 脱除率的影响

数据记于表 4-48-1 中。

**表 4-48-1　峰值电压对 $SO_2$、$NO_x$ 脱除率的影响**

烟气流量：＿＿＿＿L/h；烟气温度：＿＿＿＿℃；烟气相对湿度：＿＿＿＿%；

$NH_3$ 化学计量比：　1.0　；重复频率：400Hz

| 峰值电压/kV | 90 | 100 | 110 | 115 | 120 | 125 |
|---|---|---|---|---|---|---|
| $SO_2$ 脱除效率/% | | | | | | |
| NO 脱除效率/% | | | | | | |

3. 重复频率对 $SO_2$、NO 脱除率的影响

数据记于表 4-48-2 中。

**表 4-48-2　重复频率对 $SO_2$、NO 脱除率的影响**

烟气流量：＿＿＿＿L/h；烟气温度：＿＿＿＿℃；烟气相对湿度：＿＿＿＿%；

$NH_3$ 化学计量比：　1.0　；电压峰值：120kV

| 重复频率/Hz | 100 | 200 | 300 | 400 | 500 | 600 |
|---|---|---|---|---|---|---|
| $SO_2$ 脱除效率/% | | | | | | |
| NO 脱除效率/% | | | | | | |

4. $NH_3$ 的化学计量比对 $SO_2$、NO 脱除率的影响

数据记于表 4-48-3 中。

**表 4-48-3　$NH_3$ 的化学计量比对 $SO_2$、NO 脱除率的影响**

烟气流量：＿＿＿＿L/h；烟气温度：＿＿＿＿℃；电压峰值：＿＿＿＿kV；

烟气相对湿度：　80%　；重复频率：400Hz

| $NH_3$ 化学计量比 | 0.6 | 0.7 | 0.8 | 1.0 | 1.1 |
|---|---|---|---|---|---|
| $SO_2$ 脱除效率/% | | | | | |
| NO 脱除效率/% | | | | | |

5. 烟气相对湿度对 $SO_2$、NO 脱除率的影响

数据记于表 4-48-4 中。

**表 4-48-4 烟气相对湿度对 $SO_2$、NO 脱除率的影响**

烟气流量：_____ $m^3/h$；烟气温度：_____ ℃；$NH_3$ 化学计量比：__1.0__；

电压峰值：_____ kV；重复频率：_____ Hz

| 相对湿度/% | 50 | 60 | 70 | 80 | 90 |
|---|---|---|---|---|---|
| $SO_2$ 脱除效率/% | | | | | |
| NO 脱除效率/% | | | | | |

6. 不同 $SO_2$ 浓度对 $SO_2$、NO 脱除率的影响

数据记于表 4-48-5 中。

**表 4-48-5 不同 $SO_2$ 浓度对 $SO_2$、NO 脱除率的影响**

烟气流量：_____ $m^3/h$；烟气温度：_____ ℃；$NH_3$ 化学计量比：1.0；

电压峰值：_____ kV；重复频率：_____ Hz

| $SO_2$ 浓度/$(mg/m^3)$ | 500 | 1000 | 1500 | 2000 | 2500 |
|---|---|---|---|---|---|
| $SO_2$ 脱除效率/% | | | | | |
| NO 脱除效率/% | | | | | |

7. 不同 NO 浓度对 $SO_2$、NO 脱除率的影响

数据记于表 4-48-6 中。

**表 4-48-6 不同 NO 浓度对 $SO_2$、NO 脱除率的影响**

烟气流量：_____ $m^3/h$；烟气温度：_____ ℃；$NH_3$ 化学计量比：__1.0__；

电压峰值：_____ kV；重复频率：_____ Hz

| NO 浓度/$(mg/m^3)$ | 100 | 200 | 250 | 300 | 350 |
|---|---|---|---|---|---|
| $SO_2$ 脱除效率/% | | | | | |
| NO 脱除效率/% | | | | | |

**六、思考题**

1. 脉冲电晕等离子体法利用什么机制去除烟气中的 $SO_2$ 和 $NO_x$？
2. 试分析实验数据，讨论电压峰值和重复频率对 $SO_2$、$NO_x$ 脱除率产生什么影响？
3. $NH_3$ 化学计量比和烟气相对湿度是如何影响 $SO_2$、$NO_x$ 脱除率的？
4. 烟气浓度对 $SO_2$、$NO_x$ 脱除率产生怎样的影响？
5. 从实验结果可以得出哪些结论？
6. 实验中还可以考虑哪些影响 $SO_2$、$NO_x$ 脱除率的因素？
7. 本实验流程较复杂，试设计一简化的实验流程，或对现有的流程进行改进的方案。
8. 列出影响因素，试设计正交实验方案。

# 实验四十九 室内空气总 VOCs 的快速测定实验

**一、实验目的与要求**

1. 了解室内污染现状和产生的危害以及室内 VOCs 种类；

2. 熟悉室内 VOCs 采样和监测方法;

3. 掌握 VOCs 快速测定仪的原理和使用方法。

**二、实验原理**

室内空气中 VOCs 种类繁多,成分复杂,浓度差异很大,通常采用一个量化指标总挥发性有机物(total volatile organic compounds,TVOCs)浓度来表示室内空气挥发性有机化合物的总污染水平。总 VOCs(TVOCs)是指室内空气中挥发性有机化合物总质量浓度。

室内空气总 VOCs 的快速测定方法可采用 VOCs 快速测定仪在现场直接测定 VOCs 浓度,其具有响应快速、实时显示、操作简便、可连续监测等特点。这种方法的样品采集、分析测定都在现场进行,分析速度快,测定结果直接读数。VOCs 快速测定仪一般使用光离子化检测器(PID),PID 的关键部件是一个能发出特定波长的紫外光光源,紫外光束射入一个测试腔,当被测有机挥发性气体由泵抽入该测试腔时,受到紫外光的轰击,高能量的紫外辐射可使腔内空气中几乎所有的有机物发生电离,但仍保持空气中的基本成分 $N_2$、$O_2$、$CO_2$、$H_2O$、CO 及 $CH_4$ 等不被电离,有机物电离后产生带正负电荷的离子,分裂成带正负电性的二类基团。在测试腔的出口处,装有一对施加适当工作电压的电极,在正负电场的作用下,带电基团向相应电极运动而形成正比于 VOCs 浓度的电流,通过测量该电流大小,确定 VOCs 浓度。分裂的基团经过电极后又重新复合,被抽出测试腔。PID 稳定性好,线性范围宽,对浓度差别较大的各组分均可准确定量。PID 结构简单,体积小,重量轻,可形成便携式装置用于现场分析。

**三、仪器和实验装置**

VOCs 快速检测仪(型号 PGM-7340,美国华瑞产品),1 台,仪器见图 4-49-1。

清洁空气,瓶装气 1 瓶;标准气体,瓶装气 1 瓶;调节阀,1 个;校正连接器,1 套。

**四、实验方法与步骤**

1. 仪器的校正

"清洁空气"和"标准气体"的两点校正方法。

(1)清洁空气校正:仪器零点校正。

① 同时按住 Mode 和 N 键,保持 3s,仪器进入编程模式,进入"Calibrate/Select Gas?"(是否校正/选择气体)选项,仪器显示"Fresh air Cal?"(是否进行清洁空气校正?)。

② 连接好仪器和纯净空气瓶,按 Y 键开始零点校正,仪器显示"Zero in Progress"(调零过程中)及"wait"和倒计时。

③ 大约 15s 后,仪器显示"Zeroed…reading = x.x ppb"(零点校正结束)。按下任意键仪器返回"Fresh air Cal?"子菜单。

图 4-49-1　PGM-7340
VOCs 快速检测仪

(2)标准气体校正:曲线第二点校正。

① 同时按住 Mode 和 N 键并保持 3s,仪器进入编程模式,进入"Calibrate/Select Gas?"(是否校正/选择气体)选项,选择"Span Cal?"(是否进行标准气体校正?)。

② 在"Span Cal?"下,按 Y 键,仪器显示出气体名称及其标准值。

③ 当仪器显示"Apply gas now!"(供气)时,开启标准气体的阀门,仪器显示"Wait 30",并开始倒计时。当计数为零时,仪器显示校正值。

④ 校正完成后,仪器显示"Span Cal Done! Turn off gas"(校正结束,关闭气瓶),关闭气瓶,断开与仪器的连接。按任意键,仪器返回"Span cal?"子菜单。

2. 仪器操作

① 参数设置：同时按住 Mode 和 N 键并保持 3s，仪器进入编程模式，对仪器参数进行设置。连续按 Mode 键数下，仪器返回"Ready"状态。

② 开机：按住 Mode 键并保持 3s，鸣音一次，仪器启动，液晶屏显示"ON"，仪器开始自检，自检完成后，显示"Ready"，仪器处于待机状态。

③ 测定：在"Ready"状态下，按 Y 键，内置泵启动，开始采集气体，测定结果直接显示。测定结束后，按下 Mode 键，仪器显示"stop?"，再按 Y 键，仪器停止工作，重新回到待机状态。

④ 关机：按住 Mode 键并保持 5s，仪器鸣声，并倒计时，液晶屏显示"Off"，仪器关闭，显示屏空白。

3. 实验操作

（1）测试点布置。选择一房间作为室内空间，采用随机布点方法布置测试点，房间面积 30 $m^2$，测试点 1 个，测试点离墙壁 1m 以上，高度为呼吸带高度。

（2）仪器参数设置。对仪器工作参数进行设置：预热时间 2min；开启自动采集数据功能；数据采集时间间隔 30s。

（3）测定。将仪器固定于布置的测试点，开启仪器，记录时间，10min 后，停止测定，同时记录温度、相对湿度、大气压力值。

（4）测定结果。读取仪器数据，取 10min 测定的平均值为测定结果，测定 3~5 次。

4. 注意事项

（1）当仪器从运输箱中取出时，可能有少量残余气体，PID 会有读数，可以在没有有机和有毒气体的环境中开启仪器，气体排空后仪器读数回零。

（2）仪器电池即使在仪器关闭的情况下也会缓慢放电，仪器在 10 天内未充电，电池电压会很低，需要充电 1 次，在初次使用前建议充电至少 10h。

**五、实验数据记录**

将实验测量值填写在表 4-49-1 中。

表 4-49-1　室内空气总 VOCs 测定数据表

室内气压：_____MPa　　室温：_____℃　相对湿度：_____%

| 序　号 | 1 | 2 | 3 | 平均值 |
|---|---|---|---|---|
| Ⅰ | | | | |
| Ⅱ | | | | |
| Ⅲ | | | | |

**六、思考题**

1. 室内 VOCs 种类有哪些？
2. 室内 VOCs 测定方法还有哪些？
3. VOCs 快速测定仪的原理是什么？

# 实验五十　等离子体法净化室内空气实验

**一、实验目的与要求**

1. 了解室内 VOCs 种类；

2. 熟悉等离子体法净化 VOCs 的原理；

3. 熟悉等离子体净化反应器操作。

**二、实验原理**

等离子体是区别于固体、液体和气体的第四种形态，是包含足够多的正负电荷数目相等的带电粒子的非凝聚系统。一般情况下，在足够高的外加电压作用下，气体会放电，并产生等离子，这种放电过程可以通过某种机制使多个电子从气体原子或分子中分离出来，形成气体媒质，这种媒质被称为电离气体，电离气体的产生形成了传导电流，这种现象被称为气体放电（也称电晕放电）。当外加电压达到气体的放电电压时，气体被击穿，产生包括电子、各种离子、原子和自由基在内的等离子混合体。虽然放电过程中电子温度很高，但重粒子温度很低，整个体系呈现低温状态，所以称为低温等离子体。低温等离子体降解污染物是利用这些高能电子（包含大量电子和正负离子）、自由基（如 $\cdot OH$，$\cdot H_2O$，$\cdot O$ 等，具有强氧化性）等活性粒子和空气中的污染物作用，发生非弹性碰撞，打开有害物质的化学键，使污染物分子在极短的时间内分解成单质原子或无害分子，达到降解污染物、净化空气的目的。其基本原理包括以下两个部分。

① 在产生等离子体的过程中，高频放电产生的瞬时高能量物质，包含大量的高能电子、离子、激发态粒子和具有强氧化性的自由基，这些高能量物质的平均能量高于气体分子的键能。

② 高能量物质和有害气体分子发生频繁的碰撞，轰击 VOCs 分子的化学键，使其分解成单质原子或无害分子。

等离子体空气净化技术具有高效率、低能耗、使用范围广、处理量大、操作简单等特点，同步实现以下三种功效。

① VOCs 被氧化分解为二氧化碳和水。

② 细菌、病毒被强电产生的离子直接杀灭。

③ $PM_{2.5}$ 等细微颗粒带电团聚，吸附在集尘板上被除去。

**三、仪器和实验装置**

空气过滤器，1 台；等离子体净化反应器，1 台；水过滤瓶，1 个；VOCs 快速检测仪，1 台。实验装置见图 4-50-1。

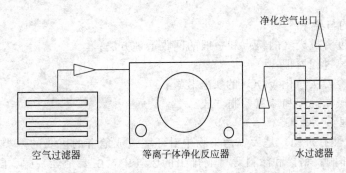

图 4-50-1　等离子体法净化室内空气实验装置

**四、实验方法与步骤**

1. 选择一房间作为室内空间，按照图 4-50-1 安装实验装置。

2. 开启 VOCs 快速检测仪（按照实验四十九进行操作），测定初始室内 VOCs 值。

3. 开启空气过滤器和等离子体反应器，计时，每隔 10min 测定一次 VOCs 值。

4. 实验总时间为 3h 时，停止实验，3h 时 VOCs 测定值为最后室内空气 VOCs 值。

### 五、实验数据记录

室内空气净化效率按下式计算：

$$\gamma_n = \frac{C_{n+1} - C_n}{C_n} \times 100\%$$ (4-50-1)

式中，$\gamma_n$ 为测量第 $n$（$=1$，$2$，$3$，$\cdots$）次时净化效率；$C$ 为测定的室内 VOCs 浓度，$mg/m^3$。

总净化效率：

$$\gamma = \frac{C_1 - C_n}{C_n} \times 100\%$$ (4-50-2)

式中，$\gamma$ 为总净化效率。将实验测量值填写在表 4-50-1 中。

**表 4-50-1  室内空气总 VOCs 测定数据表**

室内气压：_____MPa    室温：_____℃    相对湿度：_____%

| 时　间 | VOCs 值 | 净化率 $\gamma_n$ |
|---|---|---|
| 10($C_1$) | | — |
| 20($C_2$) | | |
| ... | | |
| 3h($C_n$) | | |
| 总净化率 $\gamma$ | | |

### 六、思考题

1. 什么是等离子体？其具有什么特征。
2. 等离子体净化 VOCs 原理是什么？
3. 实验流程中空气过滤器的作用是什么？

# 实验五十一　膜基冷凝法捕集低浓度 VOCs 实验

### 一、实验目的与要求

1. 了解低浓度有机废气的特点和一般的回收治理方法；
2. 熟悉膜分离过程原理；
3. 掌握膜基冷凝法净化 VOCs 的实验装置；
4. 掌握实验操作过程和参数控制方法。

### 二、实验原理

VOCs（挥发性有机物）是大气污染物中对环境造成危害的重要的一类污染物，通常存在于石油化工、印刷、粘接和涂料等行业排出的废气中，主要是烃、醇、醛、酮、醚、酯、胺羧酸、芳香烃、酚类等各种有机化合物，这些化合物均需要回收利用或进行无害化处理。有机废气的治理可以采用吸收法、燃烧法、吸附法、冷凝法和膜分离等回收工艺。回收治理所采用的工艺根据所要处理的气体情况而定，在实际排出的废气中，有机物的浓度差异很大，对于高浓度有机废气，可以采用燃烧法和冷凝法等工艺进行净化和回收，但对于低浓度有机废气这些方法不适用。本实验采用膜分离方法，将低浓度 VOCs 废气浓缩成高浓度VOCs 废气，然后采用冷凝法工艺回收废气中 VOCs，达到净化目的。

膜分离过程是以选择性透过膜作为分离介质，在两侧加以某种推动力，利用废气侧各组分透过膜的扩散速率的差异性，达到混合物分离的过程。分离效果取决于各组分通过膜的速率快慢，膜分离过程中所用的膜在结构、材质和选择性等方面的性能同样也具有决定作用。被膜隔开的两相可以是液态，也可以是气态，推动力可以是压力梯度、浓度梯度、电位梯度或温度梯度，所以，膜分离体系和适用范围是很宽泛的。使用的膜组件的结构有多种形式，图 4-51-1 是中空纤维膜组件，是目前最常用的一种组件。

对于微孔过滤，膜的孔径往往比气体分子的平均自由程大得多，在这种情况下，气体分子在膜孔中以对流形式传递，因此可用孔流模型描述（见图 4-51-2）。

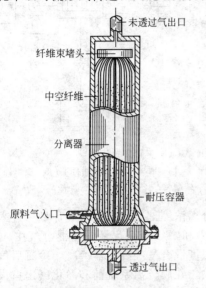

未透过气出口

纤维束堵头

中空纤维

分离器

耐压容器

原料气入口

透过气出口

图 4-51-1　中空纤维膜组件

图 4-51-2　微孔过滤孔流模型

在以压力差为推动力的传递情况下，分子通过膜的渗透通量主要取决于膜的孔径、孔隙率、孔的曲折因子以及气体黏度。对于特定的废气，渗透通量正比于膜两侧的压力差，渗透通量 $J$ 可用 Kozeny-Carman 方程表示：

$$J = \frac{\varepsilon^3}{\mu K(1-\varepsilon)S}\frac{\Delta P}{\Delta x} \tag{4-51-1}$$

式中，$S$ 为膜孔比表面积；$\mu$ 为气体黏度；$\varepsilon$ 为曲折因子；$\Delta P$ 为压力差；$\Delta x$ 为膜厚度；$K$ 为与孔形状有关的常数，当孔形状为柱形时，$K=2$。

有关冷凝法的原理见实验三十二。

**三、试剂、仪器和实验装置**

**1. 试剂**

苯，分析纯；乙醇，分析纯；丙酮，分析纯；乙酸乙酯，分析纯。

**2. 仪器**

稳压阀，1 个；膜组件，2 个；列管式冷凝器，1 只；流量计，2 个；缓冲罐，1 个；气体发生器，1 个；蠕动泵，1 台；医用注射器，1 只；气相色谱仪，1 台。

**3. 实验装置与流程**

实验装置及流程如图 4-51-3 所示，实验采用一组中空纤维膜组件和一列管式冷凝器，夹套为保温层，冷凝器外接冷凝系统，冷凝液采用冰水混合液，由蠕动泵传送。实验装置由两部分组成。①配气部分。包括空气压缩机、缓冲罐、转子流量计、气体发生器。气体经流量计计量后分成两股，一股进入装有有机混合化合物的气体发生器，将发生器中的 VOCs 挥发出来，另一股不经气体发生器直接通过，两股气体随后混合形成含 VOCs 的混合气，

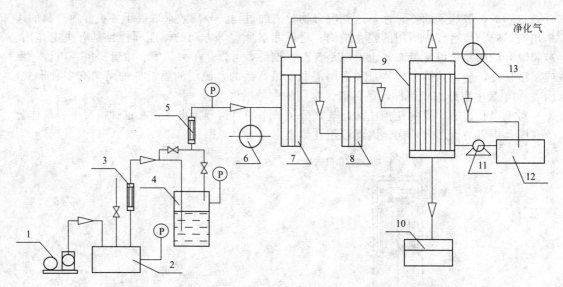

图 4-51-3　膜基冷凝法捕集低浓度 VOCs 实验装置流程

1—空压机；2—缓冲罐；3，5—流量计；4—混合气发生器；6，13—取样阀；7—膜组件Ⅰ；8—膜组件Ⅱ；
9—列管式冷凝器；10—冷凝液接受器；11—蠕动泵；12—冰水冷凝液储槽

其含量通过调节两股气的流量比例来控制。②膜分离浓缩部分。混合气经计量后进入膜分离系统，膜分离系统由两个膜组件构成，即一级分离和二级分离，最终将混合气中 VOCs 浓缩，形成高浓度的有机混合气。③冷凝部分。高浓度混合气经冷凝器冷凝，冷凝后气体经取样后经排空装置排空，冷凝液在一个接收器中回收。在膜分离系统前和净化气出口设置两个取样点，在实验时按需要分别与色谱仪相连（或用针筒取样，再用色谱仪分析取出的样品），本实验也可采用实验四十九的方法快速测定混合气进出口气体含 VOCs 浓度。

**四、实验方法和步骤**

1. 有机混合物的配制

将苯、乙醇、丙酮和乙酸乙酯各取一定的量，制成混合液，置于混合气发生器。

2. 系统气密性检查

关闭冷凝器出口阀、缓冲罐放空阀、净化气出口阀，开启空压机，调节缓冲罐进气阀使系统增压至 0.15 MPa，关闭缓冲罐进气阀，使系统密封。观察压力计，若压力在 10 min 内保持不变（不下降），则系统气密性良好。

3. 气体流量的确定

开启空压机，调节缓冲罐进气阀使系统压力稳定在 0.4 MPa，开启冷凝器出气口阀和放空阀，调节气体流量，并稳定在 15 L/h。

4. 气体浓度的确定

调节气体发生器出口阀和空气气阀，使两股气体在进入膜组件前混合，在膜组件进气口取样阀取样，分析混合气中的 VOCs 浓度，在浓度达到 100mg/m³ 时稳定气瓶气阀。样品中 VOCs 含量由气相色谱仪分析或采用实验四十九的方法测定，由于各有机物的挥发性不一样，混合气中各有机物的含量是不一样的。

5. 开启冷凝液出口阀，启动蠕动泵，转速稳定在 200mL/min。

6. 开始净化实验，记录时间，运行 10min 后，在净化气出口取样分析，并接受冷凝液，此后每 10min 取一次样，每次取三个平行样。

7. 运行 60min 后，关闭缓冲罐进气阀，停止进气操作，移去冷凝液接受器，更换一个新的接受器，冷凝系统继续冷凝，直至无冷凝液滴出。

8. 将冷凝器准确称重，并记录重量。

9. 将系统压力提升为 0.5 MPa，调整和设置气体流量和混合气中 VOCs 浓度，重复操作步骤 3~8，系统压力最高不能超出膜组件操作耐受压力。

10. 实验完毕后，关闭压缩机，切断电源，清洗、整理仪器药品。

**五、实验数据的记录和整理**

1. 废气 VOCs 净化效率：

$$\eta = \left(1 - \frac{C_2}{C_1}\right) \times 100\% \tag{4-51-2}$$

式中，$C_1$ 为膜组件入口处气体中有机物的浓度，$mg/m^3$；$C_2$ 为净化气出口处气体中有机物的浓度，$mg/m^3$。

2. 实验数据记录与结果

实验数据记录表见表 4-51-1。

**表 4-51-1 实验数据记录表**

室温：_____℃　　　　　气压：____MPa

| 取样号 | Ⅰ | Ⅱ | Ⅲ | Ⅳ | Ⅴ | Ⅵ | 备注 |
|---|---|---|---|---|---|---|---|
| 操作压力 | | | | | | | |
| 气体流量 | | | | | | | |
| 进气浓度 | | | | | | | |
| 出气浓度 | | | | | | | |
| 净化效率 | | | | | | | |

**六、思考题**

1. 混合气发生器中的有机混合物是如何产生含有 VOCs 混合气的？

2. 混合气 VOCs 浓度对实验结果产生影响吗？

3. 根据本实验的实际情况，气速的大小受到哪些因素的限制？

4. 膜分离原理是什么？叙述孔流模型及其影响因素。

# 实验五十二　膜法净化恶臭气体实验

**一、实验目的与要求**

1. 了解恶臭气体性质、组成以及对生态环境造成严重影响；

2. 进一步熟悉膜接触器结构、性能；

3. 进一步掌握膜接触器分离原理；

4. 熟悉膜接触器操作过程及相关的计算。

**二、实验原理**

国家标准将恶臭气体定义为一切刺激嗅觉器官引起人们不愉快及损坏生活环境的气体物质，显然范围很广，恶臭物质是通过发臭基团，如硫基、氨基等刺激嗅觉细胞，使人感到厌恶和不愉快。其组分主要是刺激性无机化合物，如氨、硫化氢等，胺和含硫有机化合物，如三甲胺、甲硫醇、甲硫醚、二甲二硫、二硫化碳等。它们主要产生于石油化学工业、有机合成工业、市政污水、污泥处理及垃圾处置设施、化学制药、橡胶塑料、油漆涂料、印染皮革、牲畜养殖和发酵制药等。恶臭气体不仅对生态环境造成严重影响，而且对人体健康具有极大的危害，恶臭气体会使中枢神经产生障碍、病变，引起慢性病、急性病和死亡。恶臭气体的污染源多，污染面广，涉及行业多，浓度一般较低，成分复杂，监测难度大，治理困难。

　　处理恶臭气体的各种方法和原理是经过物理、化学、生物的作用，使恶臭气体的物质结构发生改变，消除恶臭。恶臭气体常见处理方法有燃烧法、氧化法、吸收法、吸附法、中和法和生物法等，膜分离方法是一经济、有效的独特的净化方法。

　　膜吸收法传质原理见实验二十三。本实验采用二乙醇胺（DEA）膜吸收 $H_2S$（模拟恶臭气体），二乙醇胺（DEA）与 $H_2S$ 反应机理：

$$H_2S + H_2O \Longrightarrow HS^- + H_3O^+ \qquad (4\text{-}52\text{-}1)$$

$$HS^- + H_2O \Longrightarrow S^{2-} + H_3O^+ \qquad (4\text{-}52\text{-}2)$$

$$DEA + H_3O^+ \Longrightarrow DEAH^+ + H_2O \qquad (4\text{-}52\text{-}3)$$

### 三、试剂、仪器和实验装置

**1. 试剂**

二乙醇胺（DEA），99.5%；$H_2S$，99.9%；$N_2$，99.9%。

（1）吸收液　1mol/L；2 mol/L DEA 溶液。

（2）混合气（模拟恶臭气体）　0.05% $H_2S$，99.95% $N_2$。

**2. 仪器**

钢瓶，1个；转子流量计，2个；蠕动泵，1台；膜组件，1个；溶液储槽，2个；缓冲瓶，1个；压力计，1个；气体分析仪，1台；定硫分析仪，1台。

**3. 实验装置**

膜法净化恶臭气体实验装置见图 4-52-1，膜组件采用聚丙烯中空纤维膜，膜组件结构和膜参数见表 4-23-1（实验二十三），实验操作模式可采用气体在中空纤维膜丝内（管程）流动，吸收剂在壳程流动；或者气体在壳程流动，吸收剂在管程流动的模式。在膜组件中，气相与液相逆流通过膜组件。

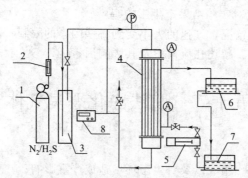

图 4-52-1　膜法净化恶臭气体实验装置

1—气体钢瓶；2—流量计；3—缓冲瓶；4—膜接触器；5—蠕动泵；

6，7—溶液储槽；8—气体分析仪；P—压力计；A—取样点

### 四、实验方法和步骤

（1）在实验前，按实验要求预先配制混合气（模拟恶臭气体，$N_2/H_2S$）：0.05% $H_2S$，99.95% $N_2$。

（2）在溶液储槽，按实验要求预先将吸收液分别进行配制：1 mol/L、2 mol/L DEA 溶液。

（3）启动蠕动泵，使吸收液进入膜组件，在系统中建立液位并流动，吸收液由一个溶液

储槽流入另一个溶液储槽。

（4）调节钢瓶减压阀和进口阀，控制气压在 0.12MPa，使气体流量达到实验要求的指标，如 1 L/min，见实验操作条件设置值（表 4-52-1）。

**表 4-52-1  实验操作条件和分析取样点**

| 吸收液浓度 /(mol/L) | 气体流量 /(L/min) | 液体流量 /(mL/min) | 取样分析 |
| --- | --- | --- | --- |
| 1 | 1 | 100 | 气样、液样 |
| | | 150 | 气样、液样 |
| | | 200 | 气样、液样 |
| | 2.0 | 100 | 气样、液样 |
| | 3.0 | | 气样、液样 |
| | 4.0 | | 气样、液样 |
| 2 | 1 | 100 | 气样、液样 |
| | | 150 | 气样、液样 |
| | | 200 | 气样、液样 |
| | 2.0 | 100 | 气样、液样 |
| | 3.0 | | 气样、液样 |
| | 4.0 | | 气样、液样 |

（5）混合气进入缓冲瓶后从膜组件顶部进入膜接触器。

（6）启动气体分析仪，分析进口和出口气体组分含量。

（7）气相与液相逆向流动，气相中的 $H_2S$ 气体扩散穿过膜孔，并被 DEA 吸收剂吸收，吸收后的气相为净化气，从膜接触器另一端气相出口放空；吸收 $H_2S$ 气体后的富液从膜接触器上部流出，送至一溶液储槽。

（8）从液相取样点分别取膜组件进出口溶液，分析液相 $H_2S$ 含量，液相 $H_2S$ 由定硫分析仪分析。

（9）设置实验操作条件（见表 4-52-1），重复上述操作步骤分别进行实验，分别记录气体流量和液体流量数据、进出口溶液 $H_2S$ 含量，分别对气体和液体取样点取样分析，记录分析数据。

**五、实验数据记录与处理**

净化指标采用体积传质系数 $K_{Ga}$ 及捕集率 $\eta$，根据传质速率方程和物料衡算关系，DEA＋$H_2S$ 为快速反应体系，液面 $H_2S$ 平衡浓度很低，可近似认为等于零，得出下列等式。

体积传质系数：

$$K_{Ga}=\frac{F}{Al}\ln\frac{C_{g,in}}{C_{g,out}} \qquad (4\text{-}52\text{-}4)$$

式中，$K_{Ga}$ 为总体积传质系数，$s^{-1}$；$A$ 为膜组件截面积，$m^2$；$C$ 为浓度，mol/L，in 和 out 分别表示进口和出口；$l$ 为膜组件有效长度，m；$F$ 为气体流量，$m^3/s$。

捕集率：

$$\eta=\frac{C_{g,in}-C_{g,out}}{C_{g,in}}\times100\ \%=(1-\frac{C_{g,out}}{C_{g,in}})\times100\% \qquad (4\text{-}52\text{-}5)$$

液相负载 $\alpha$ 是指吸收液 $H_2S$ 含量，是液相 $H_2S$ 分析测定值，气相组分 $y$ 是指混合气和

净化气 $H_2S$ 含量，是气相 $H_2S$ 分析测定值。

将实验数据和处理结果填写在表 4-52-2 中。

表 4-52-2　数据记录表

大气压力：_____MPa　　　　　　　　　　室温：_____℃

| No. | 吸收液浓度 /(mol/L) | 温度 /℃ | | 流量 /(m³/s) | | 气相组分 /% | | 液相负载 /(mol/L) | | $K_{Ga}$ /(1/s) | $\eta$ /% |
|---|---|---|---|---|---|---|---|---|---|---|---|
| | | 气相 | 液相 | 气体 | 液体 | $y_{in}$ | $y_{out}$ | $\alpha_{in}$ | $\alpha_{out}$ | | |
| 1 | | | | | | | | | | | |
| 2 | | | | | | | | | | | |
| 3 | | | | | | | | | | | |
| 4 | | | | | | | | | | | |
| 5 | | | | | | | | | | | |
| 6 | | | | | | | | | | | |

**六、思考题**

1. 恶臭气体具有什么样的性质？

2. 膜传质方程涉及哪些因素？体积传质系数的物理意义是什么？

3. 液相样品是否可以在两个溶液储槽中取样？为什么？

4. 液相流速对体积传质系数呈现怎样的规律？

# 实验五十三　膜吸收法净化烟气中 $NO_2$ 实验

**一、实验目的与要求**

1. 了解 $NO_2$ 气体性质和对生态环境造成的影响；

2. 进一步熟悉膜组件的结构、性能；

3. 进一步掌握膜分离原理；

4. 熟悉膜法吸收 $NO_2$ 操作过程和相关的计算。

**二、实验原理**

$NO_2$ 是主要的大气污染物，空气中的 $NO_2$ 主要来源于自然界，如闪电、氨氧化及土壤中微生物的硝化作用等，这些对大气不会产生很大的污染。目前城市大气中的 $NO_2$ 主要来自于人为源，如燃料燃烧过程、各种机动车排放的尾气、工业生产中排放的废气、化学工业中如硝酸、各种硝化过程（如电镀）等过程。因其分布较集中，与人类活动关系密切，所以危害较大。$NO_2$ 对人体的危害主要是呼吸系统，可引起支气管炎和肺气肿等疾病，产生酸雨、酸雾，与碳氢化合物可形成光化学烟雾，并且参与臭氧层的破坏。因此对排放气体中 $NO_2$ 进行捕集与回收，有助于环境氮氧化物的治理。

处理 $NO_2$ 气体方法有燃烧法、吸附法、选择性催化还原（SCR）、选择性非催化还原（SNCR）和吸收法等，膜分离方法是一经济、有效的独特的净化方法。

本实验采用聚乙二醇（PEG）作为吸收剂，膜吸收 $NO_2$ 气体。PEG 结构式为 HO $(CH_2CH_2O)_n$ H，根据分子量大小，可从无色透明黏稠液体（相对分子质量 200～700）到白色脂状半固体（相对分子质量 1000～3000）直至坚硬的蜡状固体（相对分子质量 3000～20000），相对密度为 1.12～1.15。相对分子质量为 300 的 PEG，室温下为无色透明的黏液体，无味，无毒，易溶于水，是 $NO_2$ 良好的吸收剂，吸收效率高，且可循环使用。

膜吸收法传质原理见实验二十三。

### 三、试剂、仪器和实验装置

**1. 试剂**

聚乙二醇（PEG-300），分析纯；$NO_2$，99.9%；$N_2$，99.9%。

（1）吸收液　30% 和 50%（质量分数）PEG 溶液。

（2）混合气（模拟烟气）　0.05% $NO_2$、99.95% $N_2$。

**2. 仪器和装置**

实验仪器和装置同实验五十二，流程见图 4-52-1，气体钢瓶中混合气为 $NO_2/N_2$。

### 四、实验方法和步骤

在实验前，按实验要求，预先配制混合气（模拟烟气，$NO_2/N_2$）：0.05% $NO_2$。99.95% $N_2$。在溶液储槽，预先分别配制吸收液：30% 和 50% PEG 溶液。本实验操作步骤同实验五十二，液相 $NO_2$ 含量采用实验二十七分析方法，实验操作条件的设置同表 4-52-1，吸收剂浓度由摩尔浓度换成质量百分比浓度。

### 五、实验数据记录与处理

净化指标采用体积传质系数 $K_{Ga}$ 及捕集率 $\eta$，计算式同式（4-52-4）和式（4-52-5），液相负载 $\alpha$ 和气相组分 $y$ 物理意义同实验五十二，都是分析测定值。

将实验数据和处理结果填写在表 4-53-1 中。

**表 4-53-1　数据记录表**

大气压力：_____MPa　　　　　　　　　室温：_____℃

| No. | 吸收液浓度 /(mol/L) | 温度 /℃ | | 流量 /(m³/s) | | 气相组分 /% | | 液相负载 /(mol/L) | | $K_{Ga}$ /(1/s) | $\eta$ /% |
|---|---|---|---|---|---|---|---|---|---|---|---|
| | | 气相 | 液相 | 气体 | 液体 | $y_{in}$ | $y_{out}$ | $\alpha_{in}$ | $\alpha_{out}$ | | |
| 1 | | | | | | | | | | | |
| 2 | | | | | | | | | | | |
| 3 | | | | | | | | | | | |
| 4 | | | | | | | | | | | |
| 5 | | | | | | | | | | | |
| 6 | | | | | | | | | | | |

### 六、思考题

1. 产生污染物 $NO_2$ 气体的污染源有哪些？

2. 吸收剂负载与吸收剂浓度呈现什么样的关系？

3. 捕集率在什么条件下最大？与哪些因素有关？

4. 液相流速对捕集率呈现怎样的规律？

# 实验五十四　膜基离子液体捕集烟气中 $SO_2$ 实验

### 一、实验目的与要求

1. 了解离子液体性质和组成；

2. 熟悉离子液体在大气污染控制方面的应用；

3. 进一步掌握膜接触器分离原理；

4. 熟悉离子液体-膜接触器耦合过程。

**二、实验原理**

离子液体是指在温室（或稍高于温室的温度）下呈液态的离子系统，是完全由离子所组成的液体。在组成上，它与化学概念中的"盐"相近，而其熔点通常又低于温室，故也称为温室离子液体、液态有机盐等。离子液体与传统的无机和有机溶剂相比具有许多优良的性能：良好的溶解性、较高的离子传导性、较高的热稳定性、较宽的液态温度范围、较高的极性和溶剂化、几乎不挥发、不氧化、不燃烧和稳定的化学性能等。离子液体的一系列优良性质使其在诸多领域得到广泛应用。高热稳定性、宽液态温度范围、可调的酸碱性、极性、配位能力及对有机物、无机物、聚合物、气体等的溶解性使离子液体成为催化反应和有机合成的优良反应介质和催化剂；宽电化学稳定性和高离子导电性，使离子液体成为电化学应用中性质优良的电解质和电化学合成介质；可调的极性和溶解性使离子液体在金属分离、蛋白质提纯、气体吸收领域也显示出独特的优势；较低的界面能、界面张力以及良好的溶解性，使离子液体在纳米材料合成领域也得到广泛的应用。

离子液体种类繁多，改变阳离子和阴离子的不同组合，可以设计和合成出不同的离子液体。离子液体的合成有两种基本方法，即直接合成法和两步合成法。通过酸碱中和反应、羟胺化或季铵化反应等一步合成离子液体，操作经济简便，没有副产物，产品易纯化。本实验采用的离子液体为柠檬酸乙醇胺，可以通过羟胺化一步合成的离子液体，其合成路径见反应式（4-54-1）。

$$3HO(CH_2)_2NH_2 + C_6H_8O_7 \rightleftharpoons [HO(CH_2)_2NH_3]_3[C_6H_5O_7] \qquad (4\text{-}54\text{-}1)$$

膜法传质原理见实验二十三。

**三、试剂、仪器和实验装置**

1. 试剂

柠檬酸乙醇胺（$[HO(CH_2)_2NH_3]_3[C_6H_5O_7]$，MEAC），99.9%；$SO_2$，99.9%；$N_2$，99.9%。

2. 仪器和装置

钢瓶，2个；转子流量计，2个；蠕动泵，1台；膜组件，1个；混合缓冲瓶，1个；溶液储槽，1个；压力计，1个；气体分析仪，1台；分光光度计，1台。

实验仪器和装置见图4-54-1。

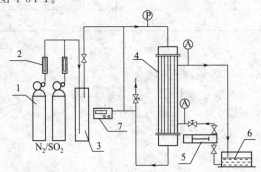

图 4-54-1　膜基离子液体捕集烟气中 $SO_2$ 实验

1—气体钢瓶；2—流量计；3—混合缓冲瓶；4—膜接触器；5—蠕动泵；
6—溶液储槽；7—气体分析仪；P—压力计；A—取样点

**四、实验方法和步骤**

在溶液储槽，按实验要求预先配制吸收液——1 mol/L、2 mol/L MEAC溶液；分别调节 N$_2$ 和 SO$_2$ 钢瓶减压阀和进口阀,使气体流量达到实验要求的指标,SO$_2$ 流量计是一高精度流量计,流量控制在 0.1% 的 N$_2$ 流量,使混合气中 SO$_2$ 含量在 0.1% 左右。其他操作步骤同实验五十二,气相 SO$_2$ 含量由气体分析仪分析测定,液相 SO$_2$ 含量采用实验二十六方法分析测定,实验操作条件的设置同表 4-52-1。

### 五、实验数据记录与处理

采用体积传质系数 $K_{Ga}$ 及捕集率 $\eta$ 记录实验结果,计算式同式(4-52-4)和式(4-52-5),液相负载 $\alpha$ 和气相组分 $y$ 物理意义同实验五十二,是 SO$_2$ 分析测定值。

将实验数据和处理结果填写在表 4-54-1 中。

**表 4-54-1 数据记录表**

大气压力:_____MPa　　　　　　　　室温:_____℃

| No. | 吸收液浓度 /(mol/L) | 温度 /℃ | | 流量 /(m³/s) | | 气相组分 /% | | 液相负载 /(mol/L) | | $K_{Ga}$ /(1/s) | $\eta$ /% |
|---|---|---|---|---|---|---|---|---|---|---|---|
| | | 气相 | 液相 | 气体 | 液体 | $y_{in}$ | $y_{out}$ | $\alpha_{in}$ | $\alpha_{out}$ | | |
| 1 | | | | | | | | | | | |
| 2 | | | | | | | | | | | |
| 3 | | | | | | | | | | | |
| 4 | | | | | | | | | | | |
| 5 | | | | | | | | | | | |
| 6 | | | | | | | | | | | |

### 六、思考题

1. 什么是离子液体,其有什么特性?
2. 实验中混合缓冲瓶的作用是什么?
3. 如果提高气相 SO$_2$ 含量,液相负载会怎么样?
4. 液相流速对捕集率有什么影响?

# 实验五十五　烟气中硫氮氧化物协同净化实验

### 一、实验目的与要求

1. 了解烟气组分和硫氮氧化物的性质;
2. 了解组合式膜组件的结构与性能;
3. 了解协同操作原理;
4. 了解复合溶液的性质和性能。

### 二、实验原理

硫氮氧化物(SO$_2$,NO$_2$)是主要的大气污染物,主要来源于燃料燃烧过程,如火力发电厂烟气、机动车排放的尾气等过程。其是酸雨和酸雾产生的主要原因,而且能与碳氢化合物形成光化学烟雾,参与臭氧层的破坏,SO$_2$-NO$_2$ 复合致霾,因此对烟气中硫氮氧化物进行捕集与回收,是大气环境治理过程中的重要任务之一。

由于硫氮氧化物同时存在于烟气中,同时清除 SO$_2$ 和 NO$_2$ 气体通常比较困难,目前多数采用石灰石/石灰吸收法先去除 SO$_2$,再采用选择性催化还原(SCR)或者选择性非催化还原(SNCR)去除 NO$_2$,分步清除烟气中的硫氮氧化物。该方法存在流程长、投资高等诸多缺点。膜分离方法是一经济、有效的独特的净化方法，采用复合溶液-组合式膜分离过程可以达到协同清除烟气中硫氮氧化物的目的。

本实验采用乙二醇（EG）、乙二胺（EA）柠檬酸钾（PC）复合溶液作为协同吸收剂，同时清除烟气中硫氮氧化物，复合溶液可循环使用。膜组件采用组合模式，整体组合式膜组件分离系统由两个并联式膜组件组合件组成，该两个并联式膜组件组合件的传质面积比为2：1，复合溶液的浓度在两个并联式膜组件组合件的分布比为1：2。大量的氮氧化物在大膜组件组合件中被清除，余留的氮氧化物在小膜组件组合件中被清除，也即大膜组件组合件用于粗脱，小膜组件组合件用于精脱。

膜吸收法传质原理同实验二十三。

### 三、试剂、仪器和实验装置

**1. 试剂**

乙二醇（EG），分析纯；乙二胺（EA），分析纯；柠檬酸钾（PC），分析纯；$SO_2$，99.9%；$NO_2$，99.9%；$N_2$，99.9%。

（1）吸收液  1mol/L；2 mol/L 复合溶液（总摩尔浓度），其中：EG：EA：PC＝2.5：1：0.02（摩尔比）；

（2）混合气（模拟烟气）  0.05% $NO_2$、0.1% $SO_2$、99.85% $N_2$；

**2. 仪器和装置**

钢瓶，1个；转子流量计，1个；蠕动泵，2台；膜组件，6个；缓冲瓶，1个；溶液储槽，2个；压力计，1个；气体分析仪，1台；分光光度计，1台。

组合式膜组件连接模式：4个膜组件并联（Ⅰ），2个膜组件并联（Ⅱ），组成Ⅰ和Ⅱ两个组合件，Ⅰ和Ⅱ串联，组成整体组合式膜组件分离系统。

流体流动模式：气体走壳程，液体走管程（膜丝内腔）；气体先进入膜组件组合件Ⅰ，再进入膜组件组合件Ⅱ，在Ⅰ和Ⅱ组件内以并联的方式分布，Ⅰ和Ⅱ组件之间为串联分布；液体分成两股，膜组件组合件Ⅰ和Ⅱ以并联方式分别单独形成两个液体循环，两台蠕动泵各负责一个液体循环，其中进入膜组件组合件的复合溶液浓度为Ⅰ：Ⅱ＝1：2。

实验流程见图4-55-1。

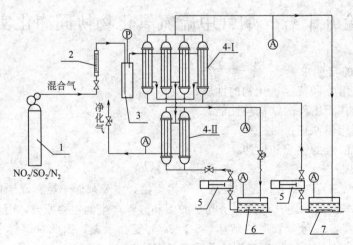

图 4-55-1  烟气中硫氮氧化物协同净化实验

1—混合气瓶；2—流量测量仪；3—缓冲瓶；4（Ⅰ、Ⅱ）—膜组合件；

5—蠕动泵；6，7—溶液储槽；P—压力计；A—取样点

### 四、实验方法和步骤

1. 在实验前，按实验要求，预先配制混合气（模拟烟气，$NO_2/SO_2/N_2$）：0.05％ $NO_2$、0.1％ $SO_2$、99.85％ $N_2$。

2. 在两个溶液储槽，按照比例 EG：EA：PC＝2.5：1：0.02（物质的量比），分别预先配制吸收液总浓度为 1mol/L 和 2mol/L 的复合溶液，分别置于溶液储槽 7 和 6 中。

3. 启动蠕动泵，使复合溶液分别进入分离系统的膜组件组合件Ⅰ和Ⅱ中，建立溶液单独的双路循环，膜组件组合件Ⅰ和Ⅱ流经的复合溶液流量比控制在 1：3。

4. 调节钢瓶减压阀和进口阀，控制气压在 0.12MPa，按照气液比确定气体流量，气液比＝（1.5～2.5）：1。混合气经流量计和缓冲器后，先后进入分离系统的膜组件组合件Ⅰ和Ⅱ中，混合气中硫氮氧化物在组合式膜组件分离系统中被吸收剂吸收，进入溶液，达到分离目的，分离后的气体即净化气，从组合件Ⅱ出口流出放空（注意：放空口必须置于实验室外）。

5. 分别从气液相取样点取样，分析气液相中 $NO_2$ 和 $SO_2$ 含量，气相含量采用气体分析仪分析，液相含量采用分光光度计分析（实验二十六和实验二十七）。

6. 实验进行 3h，每隔 20～30min 取样一次，记录实验操作参数值和实验分析数据，如气相压力、气体流量、液体流量、气液相温度、气液相硫氮氧化物含量等。

7. 实验结束时，先关闭钢瓶减压阀和混合气进口阀，等待 15～20min 后关闭蠕动泵，结束实验。

### 五、实验数据记录与处理

净化指标采用体积传质系数 $K_{Ga}$ 及捕集率 $\eta$，计算式同式（4-52-4）和式（4-52-5），液相负载 $\alpha$ 和气相组分 $y$ 物理意义同实验五十二，都是分析测定值。

将实验数据和处理结果填写在表 4-55-1 中。

**表 4-55-1　数据记录表**

大气压力：＿＿＿＿MPa　　　　　　　　　　　室温：＿＿＿＿℃

| No. | 组合件 | 复合溶液浓度 /(mol/L) | 温度 /℃ | | 流量 /(m³/s) | | 气相组分 /% | | 液相负载 /(mol/L) | | $K_{Ga}$ /(1/s) | $\eta$ /% |
|---|---|---|---|---|---|---|---|---|---|---|---|---|
| | | | 气相 | 液相 | 气体 | 液体 | $y_{in}$ | $y_{out}$ | $\alpha_{in}$ | $\alpha_{out}$ | | |
| 1 | Ⅰ | | | | | | | | | | | |
| | Ⅱ | | | | | | | | | | | |
| 2 | Ⅰ | | | | | | | | | | | |
| | Ⅱ | | | | | | | | | | | |
| 3 | Ⅰ | | | | | | | | | | | |
| | Ⅱ | | | | | | | | | | | |
| 4 | Ⅰ | | | | | | | | | | | |
| | Ⅱ | | | | | | | | | | | |
| 5 | Ⅰ | | | | | | | | | | | |
| | Ⅱ | | | | | | | | | | | |

### 六、思考题

1. 什么是复合溶液？其有什么特征？

2. 组合式膜组件分离系统的模式有哪些形式？你能设计出有别于本实验的组合模式吗？

3. 在两个并联式膜组件组合件中的复合溶液的浓度为什么不一样？

4. 两个并联式膜组件组合件流经的液相流速为什么不一样？

# 实验五十六　吸收与吸附联合法净化实验

## 一、实验目的与要求

1. 了解吸收法和吸附法各自的特点；

2. 了解吸收和吸附联合法的意义和用途；

3. 了解吸收和吸附联合法的流程与操作。

## 二、实验原理

在大气污染（废气）治理过程中，吸收净化法是一种常用的重要方法，其利用废气中的污染物组分在选定的吸收剂中具有较高的溶解度，废气中的气态污染物转移到液相（吸收剂），或其中一种或多种组分与吸收剂中活性组分发生化学反应，达到将污染物从废气中分离、净化的目的。工业废气 $SO_2$、$H_2S$、HF、卤代烃以及含恶臭物等可用吸收净化法治理。

吸附是一种固体表面传质过程，其利用多孔性固体吸附剂处理气态污染物，使其中的一种或几种组分在分子引力或化学键力的作用下，在固体吸附剂表面被吸附，从而达到分离的目的。对固体吸附剂有一定的要求，其中应用最为广泛的是活性炭。

与实际工业生产的吸收过程相比较，废气净化的一个显著特点是气态污染物含量低、废气气量大、净化要求高，这就要求净化过程具有较高的净化效率与速率，单纯的吸收法有时难以满足要求，吸收工艺比较复杂，吸收效率有时不高，达不到净化效率，吸收液需要再次处理。吸附法通常吸附效率较高，针对低含量污染物有其优势，吸收过程是一粗脱过程，吸附过程是一精脱过程。因此，吸收与吸附的联合方案常常成为一种优化方案，该方案可以避免吸收和吸附各自的缺点，突出自身的优点。

吸收法气液传质原理见实验二十四，吸附传质原理见实验三十。

本实验采用碱液吸收废气中 $H_2S$，再采用活性炭吸附剩余的 $H_2S$，达到彻底清除 $H_2S$ 的目的。

## 三、实验试剂、仪器设备和装置

1. 试剂

NaOH，分析纯；$H_2S$，99.9％。

2. 仪器

空压机，1 台；钢瓶，1 瓶；填料塔，1 台；泵，1 台；缓冲罐，2 个；高位槽，1 个；溶液储槽，1 个；转子流量计，3 个；U 形管压力计，1 个；压力表，1 只；温度计，2 支；液泵，1 台；固定床吸附器，1 台；温控仪，1 台；定硫分析仪，1 台。

3. 实验装置与流程

实验装置由三部分组成：①混合气产生部分；②吸收部分；③吸附部分。含 $H_2S$ 混合气产生后，先进入吸收塔，大部分 $H_2S$ 被碱液吸收而脱除，混合气剩余 $H_2S$ 再由固定床活性炭吸附剂吸附而清除。实验流程见图 4-56-1。

## 四、实验方法和步骤

1. 在溶液储槽中配制 25％ NaOH 水溶液（质量分数）。

2. 在高位液槽中注入配制好的 NaOH 吸收液。

3. 准确称取 30g 活性炭，将其装入吸附器，开启温控仪，控制温度在 30℃，并恒温。

4. 打开吸收塔的进液阀，调节液体流量，当液体由塔底流出后，将液体流量调至

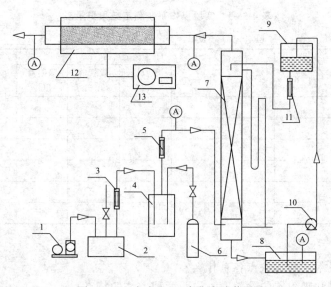

图 4-56-1　烟气 $NO_2$ 净化实验装置

1—空压机；2—缓冲罐；3，5，11—流量计；4—混合气缓冲罐；6—气瓶；7—吸收塔；
8—溶液储槽；9—高位槽；10—液泵；12—吸附器；13—温控仪；A—取样阀

300mL/min，开启液泵，建立正常液位，形成吸收液循环。

5. 开启空压机，逐渐关小放空阀，并逐渐打开吸收塔的进气阀。调节空气流量，使塔内出现液泛。仔细观察并记录下液泛时的气速。

6. 逐渐减小气体流量，消除液泛现象。在吸收塔能正常工作时，开启 $H_2S$ 气瓶，并调节其流量，使混合气中 $H_2S$ 的含量为 0.05%～0.1%（体积分数，定硫分析仪分析确定），经 5min 后，塔内操作达到稳定，此时气体稳定通过固定床吸附器，记录气体流量。

7. 在塔顶出气口和吸附器出口取样，分析气相 $H_2S$ 含量，每隔 15min 取样一次，取平行样 2 份。

8. 装置运行 1h 后，保持液体流量不变和混合气中 $H_2S$ 含量相同，改变空气流量（气量总小于泛速），待装置稳定后取样分析，运行 1h。

9. 实验完毕后，关掉 $H_2S$ 气瓶，待 10min 后再停止供液，最后停止鼓入空气。

10. 进行相关计算，完成数据记录。

**五、实验数据的记录和处理**

由样品分析数据进行实验数据的相关处理。

1. 吸收塔净化效率（$\eta_1$）

$$\eta_1 = \left(1 - \frac{C_2}{C_1}\right) \times 100\% \tag{4-56-1}$$

式中，$C_1$ 为吸收塔入口处 $H_2S$ 浓度，$mg/m^3$；$C_2$ 为吸收塔出口处 $H_2S$ 浓度，$mg/m^3$。

2. 吸附器净化效率（$\eta_2$）

$$\eta_2 = \left(1 - \frac{C_3}{C_2}\right) \times 100\% \tag{4-56-2}$$

式中，$C_3$ 为吸附器出口处 $H_2S$ 浓度，$mg/m^3$。

3. 总净化效率（$\eta$）

$$\eta = \left(1 - \frac{C_3}{C_1}\right) \times 100\% \tag{4-56-3}$$

测定结果填入表 4-56-1 中。

### 表 4-56-1　实验操作系统测定结果记录表

大气压力：＿＿＿＿kPa　　　　室温：＿＿＿＿℃　　　　液泛气速：＿＿＿＿m/s

| No. | 液体流量 /(mL/min) | 气体流量 /(L/h) | 液气比 | H₂S含量/(mg/m³) | | | | $\eta_1$ | $\eta_2$ | $\eta$ |
| --- | --- | --- | --- | --- | --- | --- | --- | --- | --- | --- |
| | | | | 混合气 | 吸收塔 入口 | 吸收塔 出口 | 吸附器 出口 | | | |
| 1 | | | | | | | | | | |
| 2 | | | | | | | | | | |
| 3 | | | | | | | | | | |
| 4 | | | | | | | | | | |
| 5 | | | | | | | | | | |
| 6 | | | | | | | | | | |

### 六、思考题

1. 吸收法和吸附法的优缺点各是什么？

2. 比较吸收塔和吸附器脱除效率，说明两种方法的特点。

3. 通过实验，你有什么体会？对实验有何改进意见？

4. 针对有机气体污染物，自行设计一套联合法实验装置。

# 附　　录

## 附录 1　SI 基本单位
### SI Base Units

| 量的名称 | 单位名称 | 单位符号 |
|---|---|---|
| 长度 | 米（meter） | m |
| 质量 | 千克（公斤）（kilogram） | kg |
| 时间 | 秒（second） | s |
| 电流 | 安培（ampere） | A |
| 热力学温度 | 开尔文（kelvin） | K |
| 物质的量 | 摩尔（mole） | mol |
| 发光强度 | 坎德拉（candela） | cd |

## 附录 2　SI 辅助单位
### SI Assistant Units

| 量的名称 | 单位名称 | 单位符号 |
|---|---|---|
| 平面角 | 弧度（radian） | rad |
| 立体角 | 球面度（steradian） | sr |

## 附录 3　可与国际单位制单位并用的其他单位
### Other Units Outside the SI Accepted for Use with the SI

| 量的名称 | 单位名称 | 符号 | 与 SI 关系 |
|---|---|---|---|
| 时间 | 分（minute） | min | $1min=60s$ |
|  | 小时（hour） | h | $1h=60min=3600s$ |
|  | 日（day） | d | $1d=24h=86\ 400s$ |
| 角 | 度（degree） | ° | $1°=(\pi/180)rad$ |
|  | 分（minute） | ′ | $1'=(1/60)°=(\pi/10\ 800)rad$ |
|  | 秒（second） | ″ | $1''=(1/60)'=(\pi/648\ 000)rad$ |
| 体积 | 升（liter） | L | $1\ L=1\ dm^3=10^{-3}m^3$ |
| 质量 | 吨（metric ton） | t | $1\ t=10^3kg$ |
|  | 原子质量单位（unified atomic mass unit） | u | $1u\approx1.660\ 54\times10^{-27}kg$ |
| 衰耗 | 奈培（neper） | Np | $1Np=8.686dB$ |
| 电平 | 贝尔（bel） | B | $1B=(1/2)ln10Np$ |
| 能 | 电子伏特（electron-volt） | eV | $1eV\approx1.602\ 18\times10^{-19}J$ |
| 天文学单位 | 天文学单位（astronomical unit） | ua | $1ua\approx1.495\ 98\times10^{11}m$ |

# 附录4　现已废除的符号
## Rescissory Symbols

| 序号 | 废除的表示法 | 正确表示法 |
|---|---|---|
| 1 | M | mol/L |
| 2 | N(当量浓度) | — |
| 3 | Å | $10^{-10}$ m |
| 4 | ppb | $10^{-9}$ |
| 5 | pphm | $10^{-8}$ |
| 6 | ppm | $10^{-6}$ |
| 7 | %(w/w)、wt%[质量(重量)分数] | %(质量比值或质量分数) |
| 8 | %(v/v)、vol%(体积分数) | %(体积比值或体积分数) |
| 9 | %(w/v)(重量对体积百分数) | — |

# 附录5　干空气物理性质
## Physical Properties of Dry Air

| 温度 $t/(℃)$ | 密度 $\rho/(kg/m^3)$ | 比热容 $c/[kJ/(kg \cdot ℃)]$ | 热导率 $\lambda 10^2/[W/(m \cdot ℃)]$ | 黏度 $\mu/10^5/[Pa \cdot s]$ | 普兰德数 $Pr$ |
|---|---|---|---|---|---|
| −50 | 1.584 | 1.013 | 2.035 | 1.46 | 0.728 |
| −40 | 1.515 | 1.013 | 2.117 | 1.52 | 0.728 |
| −30 | 1.453 | 1.013 | 2.198 | 1.57 | 0.723 |
| −20 | 1.395 | 1.009 | 2.279 | 1.62 | 0.716 |
| −10 | 1.342 | 1.009 | 2.360 | 1.67 | 0.712 |
| 0 | 1.293 | 1.009 | 2.442 | 1.72 | 0.707 |
| 10 | 1.247 | 1.009 | 2.512 | 1.77 | 0.705 |
| 20 | 1.205 | 1.013 | 2.593 | 1.81 | 0.703 |
| 30 | 1.165 | 1.013 | 2.675 | 1.86 | 0.701 |
| 40 | 1.128 | 1.013 | 2.756 | 1.91 | 0.699 |
| 50 | 1.093 | 1.017 | 2.826 | 1.96 | 0.698 |
| 60 | 1.060 | 1.017 | 2.896 | 2.01 | 0.696 |
| 70 | 1.029 | 1.017 | 2.966 | 2.06 | 0.694 |
| 80 | 1.000 | 1.022 | 3.047 | 2.11 | 0.692 |
| 90 | 0.972 | 1.022 | 3.128 | 2.15 | 0.690 |
| 100 | 0.946 | 1.022 | 3.210 | 2.19 | 0.688 |
| 120 | 0.898 | 1.026 | 3.338 | 2.29 | 0.686 |
| 140 | 0.854 | 1.026 | 3.489 | 2.37 | 0.684 |
| 160 | 0.815 | 1.026 | 3.640 | 2.45 | 0.682 |
| 180 | 0.779 | 1.034 | 3.780 | 2.53 | 0.681 |
| 200 | 0.746 | 1.034 | 3.931 | 2.60 | 0.680 |
| 250 | 0.674 | 1.043 | 4.268 | 2.74 | 0.677 |
| 300 | 0.615 | 1.047 | 4.605 | 2.97 | 0.674 |
| 350 | 0.566 | 1.055 | 4.908 | 3.14 | 0.676 |
| 400 | 0.524 | 1.068 | 5.210 | 3.31 | 0.678 |
| 500 | 0.456 | 1.072 | 5.745 | 3.62 | 0.687 |
| 600 | 0.404 | 1.089 | 6.222 | 3.91 | 0.699 |
| 700 | 0.362 | 1.102 | 6.711 | 4.18 | 0.706 |
| 800 | 0.329 | 1.114 | 7.176 | 4.43 | 0.713 |
| 900 | 0.301 | 1.127 | 7.630 | 4.67 | 0.717 |
| 1000 | 0.277 | 1.139 | 8.071 | 4.90 | 0.719 |
| 1100 | 0.257 | 1.152 | 8.502 | 5.12 | 0.722 |
| 1200 | 0.239 | 1.164 | 9.153 | 5.35 | 0.724 |

## 附录 6　烟气热物理性质（$p=1.01325\times10^{5}\,Pa$）
### Thermophysical Property of Flue Gas

| $t$ /℃ | $\rho$ /(kg/m³) | $c$ /[kJ/(kg·℃)] | $\lambda\times10^{2}$ /[W/(m·℃)] | $\alpha\times10^{6}$ /(m²/h) | $\mu\times10^{6}$ /[kg/(m·s)] | $\nu\times10^{6}$ /(m²/s) | $Pr$ |
|---|---|---|---|---|---|---|---|
| 0 | 1.295 | 1.043 | 2.28 | 16.9 | 15.8 | 12.20 | 0.72 |
| 100 | 0.950 | 1.068 | 3.13 | 30.8 | 20.4 | 21.54 | 0.69 |
| 200 | 0.748 | 1.097 | 4.01 | 48.9 | 24.5 | 32.80 | 0.67 |
| 300 | 0.617 | 1.122 | 4.84 | 69.9 | 28.2 | 45.81 | 0.65 |
| 400 | 0.525 | 1.151 | 5.70 | 94.3 | 31.7 | 60.38 | 0.64 |
| 500 | 0.457 | 1.185 | 6.56 | 121.1 | 34.8 | 76.30 | 0.63 |
| 600 | 0.405 | 1.214 | 7.42 | 150.9 | 37.9 | 93.61 | 0.62 |
| 700 | 0.363 | 1.239 | 8.27 | 183.8 | 40.7 | 112.1 | 0.61 |
| 800 | 0.330 | 1.264 | 9.15 | 219.7 | 43.4 | 131.8 | 0.60 |
| 900 | 0.301 | 1.290 | 10.00 | 258.0 | 45.9 | 152.5 | 0.59 |
| 1000 | 0.275 | 1.306 | 10.90 | 303.4 | 48.4 | 174.3 | 0.58 |
| 1100 | 0.257 | 1.323 | 11.75 | 345.5 | 50.7 | 197.1 | 0.57 |
| 1300 | 0.240 | 1.340 | 12.62 | 392.4 | 53.0 | 231.0 | 0.56 |

（烟气中组成成分：$P_{CO_2}=0.13$；$P_{H_2O}=0.11$；$P_{N_2}=0.76$）

## 附录 7　常压下气体的热物理性质
### Thermophysical Property of Gases at 101.3kPa

| 气体名称 | $t$ /℃ | $\rho$ /(kg/m³) | $c$ /[kJ/(kg·℃)] | $\lambda\times10^{2}$ /[W/(m·℃)] | $\alpha\times10^{6}$ /(m²/h) | $\mu\times10^{6}$ /[kg/(m·s)] | $\nu\times10^{6}$ /(m²/s) | $Pr$ |
|---|---|---|---|---|---|---|---|---|
| 氢气 （$H_2$） | −50 | 0.1046 | 13.82 | 14.07 | 34.4 | 7.355 | 69.1 | 0.72 |
| | 0 | 0.0869 | 14.19 | 16.75 | 48.6 | 8.414 | 96.8 | 0.72 |
| | 50 | 0.0734 | 14.40 | 19.19 | 65.3 | 9.385 | 128 | 0.71 |
| | 100 | 0.0636 | 14.49 | 21.04 | 84.0 | 10.277 | 162 | 0.69 |
| | 150 | 0.0560 | 14.49 | 23.61 | 105 | 11.211 | 199 | 0.68 |
| | 200 | 0.0502 | 14.53 | 25.70 | 128 | 11.915 | 237 | 0.66 |
| | 250 | 0.0453 | 14.53 | 27.56 | 152 | 12.651 | 279 | 0.66 |
| | 300 | 0.0445 | 14.57 | 29.54 | 178 | 13.631 | 321 | 0.65 |
| 氮气 （$N_2$） | −50 | 1.485 | 1.043 | 2.000 | 4.65 | 14.122 | 9.5 | 0.74 |
| | 0 | 1.311 | 1.043 | 2.407 | 6.87 | 16.671 | 13.8 | 0.72 |
| | 50 | 1.033 | 1.043 | 2.791 | 9.42 | 18.927 | 18.5 | 0.71 |
| | 100 | 0.887 | 1.043 | 3.128 | 12.2 | 21.084 | 23.8 | 0.70 |
| | 150 | 0.782 | 1.047 | 3.477 | 15.3 | 23.046 | 29.5 | 0.69 |
| | 200 | 0.699 | 1.055 | 3.815 | 18.6 | 24.811 | 35.5 | 0.69 |
| | 250 | 0.631 | 1.059 | 4.129 | 22.1 | 26.674 | 42.3 | 0.69 |
| | 300 | 0.577 | 1.072 | 4.419 | 25.7 | 28.341 | 49.1 | 0.69 |
| 二氧化碳 （$CO_2$） | −50 | 2.373 | 0.766 | 1.105 | 2.2 | 11.28 | 4.8 | 0.78 |
| | 0 | 1.912 | 0.829 | 1.454 | 3.3 | 13.83 | 7.2 | 0.78 |
| | 50 | 1.616 | 0.875 | 1.830 | 4.7 | 16.18 | 10.0 | 0.77 |
| | 100 | 1.400 | 0.921 | 2.221 | 6.2 | 18.34 | 13.1 | 0.76 |
| | 150 | 1.235 | 0.959 | 2.628 | 8.0 | 20.40 | 16.5 | 0.74 |
| | 200 | 1.103 | 0.996 | 3.059 | 10.1 | 22.36 | 20.3 | 0.72 |
| | 250 | 0.996 | 1.030 | 3.512 | 12.3 | 24.22 | 24.3 | 0.71 |
| | 300 | 0.911 | 1.063 | 3.989 | 14.8 | 25.99 | 28.5 | 0.69 |

续表

| 气体名称 | $t$/℃ | $\rho$/(kg/m³) | $c$/[kJ/(kg·℃)] | $\lambda \times 10^2$/[W/(m·℃)] | $\alpha \times 10^6$/(m²/h) | $\mu \times 10^6$/[kg/(m·s)] | $\nu \times 10^6$/(m²/s) | $Pr$ |
|---|---|---|---|---|---|---|---|---|
| 氧气<br>(O₂) | −100 | 2.192 | 0.917 | 1.465 | 2.7 | 12.94 | 5.9 | 0.80 |
|  | −50 | 1.694 | 0.917 | 1.884 | 4.4 | 16.18 | 9.6 | 0.79 |
|  | 0 | 1.382 | 0.917 | 2.291 | 6.5 | 19.12 | 13.9 | 0.77 |
|  | 50 | 1.168 | 0.925 | 2.687 | 8.9 | 21.97 | 18.8 | 0.76 |
|  | 100 | 1.012 | 0.934 | 3.035 | 11.6 | 24.61 | 24.3 | 0.76 |
| 一氧化碳<br>(CO) | −100 | 1.920 | 1.047 | 1.523 | 2.7 | 10.40 | 5.4 | 0.72 |
|  | −50 | 1.482 | 1.043 | 1.931 | 4.5 | 10.24 | 8.9 | 0.71 |
|  | 0 | 1.210 | 1.043 | 2.326 | 6.6 | 15.59 | 12.9 | 0.70 |
|  | 50 | 1.022 | 1.043 | 2.721 | 9.2 | 18.33 | 17.9 | 0.70 |
|  | 100 | 0.886 | 1.047 | 3.047 | 11.8 | 20.69 | 23.4 | 0.71 |
| 氨<br>(NH₃) | 0 | 0.746 | 2.144 | 2.186 | 4.9 | 9.32 | 12.5 | 0.91 |
|  | 50 | 0.626 | 2.181 | 2.733 | 7.2 | 11.08 | 17.7 | 0.89 |
|  | 100 | 0.540 | 2.240 | 3.326 | 9.9 | 13.04 | 24.1 | 0.88 |
|  | 150 | 0.476 | 2.324 | 4.036 | 13.1 | 15.00 | 31.5 | 0.86 |
|  | 200 | 0.425 | 2.420 | 4.850 | 17.0 | 16.57 | 39.0 | 0.83 |
| 二氧化硫(SO₂) | 0 | 2.83 | 0.624 | 0.837 | 1.71 | 11.57 | 4.08 | 0.86 |
|  | 100 | 2.06 | 0.674 | 1.198 | 3.10 | 16.28 | 8.06 | 0.94 |
| 氦<br>(He) | 0 | 0.179 | 5.192 | 14.431 | 55.9 | 18.58 | 102 | 0.66 |
|  | 100 | 0.172 | 5.192 | 16.631 | 67.0 | 22.65 | 134 | 0.72 |
| 氟利昂12(CF₂Cl₂) | 30 | 5.02 | 0.615 | 0.837 | 0.98 | 12.65 | 2.43 | 0.89 |
| 氟利昂21(CHFCl₂) | 30 | 4.57 | 0.586 | 0.989 | 1.33 | 11.57 | 2.53 | 0.68 |

# 附录 8　气体在水中溶解度
## The Aquatic Solubilities of Gases

| 气体 | 溶解度 | 温度/℃ | | | | | | | | |
|---|---|---|---|---|---|---|---|---|---|---|
|  |  | 0 | 10 | 20 | 30 | 40 | 50 | 60 | 80 | 100 |
| H₂ | $\alpha \times 10^2$ | 2.17 | 1.98 | 1.82 | 1.72 | 1.66 | 1.63 | 1.62 | 1.60 | 1.60 |
| He | $\alpha \times 10^2$ | 0.97 | 0.991 | 0.994 | 1.003 | 1.021 | 1.07 | — | — | — |
| Ar | $\alpha \times 10^2$ | 5.28 | 4.13 | 3.37 | 2.88 | 2.51 | — | 2.09 | 1.84 | — |
| Kr | $\alpha$ | 0.111 | 0.081 | 0.063 | 0.051 | 0.043 | — | 0.036 | | — |
| Xe | $\alpha$ | 0.242 | 0.174 | 0.123 | 0.098 | 0.082 | — | — | — | — |
| Rn | $\alpha$ | 0.510 | 0.326 | 0.222 | 0.162 | 0.126 | — | 0.085 | | — |
| O₂ | $\alpha \times 10^2$ | 4.89 | 3.80 | 3.10 | 2.61 | 2.31 | 2.09 | 1.95 | 1.76 | 1.70 |
| N₂ | $\alpha \times 10^2$ | 2.35 | 1.86 | 1.55 | 1.34 | 1.18 | 1.09 | 1.02 | 0.958 | 0.947 |
| Cl₂ | $\alpha^*$ | 4.61 | 3.15 | 2.30 | 1.80 | 1.44 | 1.23 | 1.02 | 0.683 | 0 |
| Br₂(蒸气) | $\alpha$ | 60.5 | 35.1 | 21.3 | 13.8 | — | — | — | — | — |
| 空气 | $\alpha^* \times 10^2$ | 2.918 | 2.284 | 1.868 | 1.564 | | | | | |

| 气体 | 溶解度 | 温度/℃ | | | | | | | | |
|------|--------|----|----|----|----|----|----|----|----|----|
| | | 0 | 10 | 20 | 30 | 40 | 50 | 60 | 80 | 100 |
| $NH_3$ | $\alpha^{**}$ | 89.5 | 79.6 | 72.0 | 65.1 | 63.6 | 58.7 | 53.1 | 48.2 | 44.0 |
| $H_2S$ | $\alpha$ | 4.67 | 3.40 | 2.58 | 2.04 | 1.66 | 1.39 | 1.19 | 0.917 | 0.81 |
| HCl | $\alpha^*$ | 507 | 474 | 442 | 412 | 386 | 362 | 339 | — | — |
| CO | $\alpha\times10^2$ | 3.54 | 2.82 | 2.32 | 2.00 | 1.78 | 1.62 | 1.49 | 1.43 | 1.41 |
| $CO_2$ | $\alpha$ | 1.71 | 1.19 | 0.878 | 0.665 | 0.53 | 0.436 | 0.359 | — | — |
| NO | $\alpha\times10^2$ | 7.38 | 5.71 | 4.71 | 4.00 | 3.51 | 3.15 | 2.95 | 2.70 | 2.63 |
| $SO_2$ | $\alpha^*$ | 79.8 | 56.7 | 39.4 | 27.2 | 18.8 | — | — | — | — |
| $CH_4$ | $\alpha\times10^2$ | 5.56 | 4.18 | 3.31 | 2.76 | 2.37 | 2.13 | 1.95 | 1.77 | 1.70 |
| $C_2H_6$ | $\alpha\times10^2$ | 9.87 | 6.56 | 4.72 | 3.62 | 2.92 | 2.46 | 2.18 | 1.83 | 1.72 |
| $C_2H_4$ | $\alpha$ | 0.226 | 0.162 | 0.122 | 0.098 | — | — | — | — | — |
| $C_2H_2$ | $\alpha$ | 1.73 | 1.31 | 1.03 | 0.840 | — | — | — | — | — |

注：$\alpha$—在标准状况下，气体分压为 101.325kPa 时，1 体积水吸收该气体的体积；$\alpha^*$—气体总压（气体及水汽）为 101.325kPa 时，溶解于 1 体积水中的该气体体积；$\alpha^{**}$—气体总压（气体及水汽）为 101.325kPa 时，溶解于 100g 水中的气体质量（g）。

## 附录 9　饱和水蒸气物理性质
## Physical Properties of Saturated Water Vapor

| 温度 $t$/℃ | 绝对压强 $p$/kPa | 水蒸气的密度 $\rho$/(kg/m³) | 焓 $H$/(kJ/kg) | | 汽化热 $r$/(kJ/kg) |
|-----------|-----------------|---------------------------|----------------|----------------|---------------------|
| | | | 液体 | 水蒸气 | |
| 0 | 0.6082 | 0.00484 | 0 | 2491.1 | 2491.1 |
| 5 | 0.8730 | 0.00680 | 20.94 | 2500.8 | 2479.86 |
| 10 | 1.2262 | 0.00940 | 41.87 | 2510.4 | 2468.53 |
| 15 | 1.7068 | 0.01283 | 62.80 | 2520.5 | 2457.7 |
| 20 | 2.3346 | 0.01719 | 83.74 | 2530.1 | 2446.3 |
| 25 | 3.1684 | 0.02304 | 104.67 | 2539.7 | 2435.0 |
| 30 | 4.2474 | 0.03036 | 125.60 | 2549.3 | 2423.7 |
| 35 | 5.6207 | 0.03960 | 146.54 | 2559.0 | 2412.1 |
| 40 | 7.3766 | 0.05114 | 167.47 | 2568.6 | 2401.1 |
| 45 | 9.5837 | 0.06543 | 188.41 | 2577.8 | 2389.4 |
| 50 | 12.340 | 0.0830 | 209.34 | 2587.4 | 2378.1 |
| 55 | 15.743 | 0.1043 | 230.27 | 2596.7 | 2366.4 |
| 60 | 19.923 | 0.1301 | 251.21 | 2606.3 | 2355.1 |
| 65 | 25.014 | 0.1611 | 272.14 | 2615.5 | 2343.1 |
| 70 | 31.164 | 0.1979 | 293.08 | 2624.3 | 2331.2 |
| 75 | 38.551 | 0.2416 | 314.01 | 2633.5 | 2319.5 |
| 80 | 47.379 | 0.2929 | 334.94 | 2642.3 | 2307.8 |

| 温度 $t$/℃ | 绝对压强 $p$/kPa | 水蒸气的密度 $\rho$/(kg/m³) | 焓 $H$/(kJ/kg) | | 汽化热 $r$/(kJ/kg) |
|---|---|---|---|---|---|
| | | | 液体 | 水蒸气 | |
| 85 | 57.875 | 0.3531 | 355.88 | 2651.1 | 2295.2 |
| 90 | 70.136 | 0.4229 | 376.81 | 2659.9 | 2283.1 |
| 95 | 84.556 | 0.5039 | 397.75 | 2668.7 | 2270.5 |
| 100 | 101.33 | 0.5970 | 418.68 | 2677.0 | 2258.4 |
| 105 | 120.85 | 0.7036 | 440.03 | 2685.0 | 2245.4 |
| 110 | 143.31 | 0.8254 | 460.97 | 2693.4 | 2232.0 |
| 115 | 169.11 | 0.9635 | 482.32 | 2701.3 | 2219.0 |
| 120 | 198.64 | 1.1199 | 503.67 | 2708.9 | 2205.2 |
| 125 | 232.19 | 1.296 | 525.02 | 2716.4 | 2191.8 |
| 130 | 270.25 | 1.494 | 546.38 | 2723.9 | 2177.6 |
| 135 | 313.11 | 1.715 | 567.73 | 2731.0 | 2163.3 |
| 140 | 361.47 | 1.962 | 589.08 | 2737.7 | 2148.7 |
| 145 | 415.72 | 2.238 | 610.85 | 2744.4 | 2134.0 |
| 150 | 476.24 | 2.543 | 632.21 | 2750.7 | 2118.5 |
| 160 | 618.28 | 3.252 | 675.75 | 2762.9 | 2037.1 |
| 170 | 792.59 | 4.113 | 719.29 | 2773.3 | 2054.0 |
| 180 | 1003.5 | 5.145 | 763.25 | 2782.5 | 2019.3 |
| 190 | 1255.6 | 6.378 | 807.64 | 2790.1 | 1982.4 |
| 200 | 1554.77 | 7.840 | 852.01 | 2795.5 | 1943.5 |
| 210 | 1917.72 | 9.567 | 897.23 | 2799.3 | 1902.5 |
| 220 | 2320.88 | 11.60 | 942.45 | 2801.0 | 1858.5 |
| 230 | 2798.59 | 13.98 | 988.50 | 2800.1 | 1811.6 |
| 240 | 3347.91 | 16.76 | 1034.56 | 2796.8 | 1761.8 |
| 250 | 3977.67 | 20.01 | 1081.45 | 2790.1 | 1708.6 |
| 260 | 4693.75 | 23.82 | 1128.76 | 2780.9 | 1651.7 |
| 270 | 5503.99 | 28.27 | 1176.91 | 2768.3 | 1591.4 |
| 280 | 6417.24 | 33.47 | 1225.48 | 2752.0 | 1526.5 |
| 290 | 7443.29 | 39.60 | 1274.46 | 2732.3 | 1457.4 |
| 300 | 8592.94 | 46.93 | 1325.54 | 2708.0 | 1382.5 |
| 310 | 9877.96 | 55.59 | 1378.71 | 2680.0 | 1301.3 |
| 320 | 11300.3 | 65.95 | 1436.07 | 2648.2 | 1212.1 |
| 330 | 12879.6 | 78.53 | 1446.78 | 2610.5 | 1116.2 |
| 340 | 14615.8 | 93.98 | 1562.93 | 2568.6 | 1005.7 |
| 350 | 16538.5 | 113.2 | 1636.20 | 2516.7 | 880.5 |
| 360 | 18667.1 | 139.6 | 1729.15 | 2442.6 | 713.0 |
| 370 | 21040.9 | 171.0 | 1888.25 | 2301.9 | 411.1 |
| 374 | 22070.9 | 322.6 | 2098.0 | 2098.0 | 0 |

# 附录10　常用气体吸收剂
## Common Gas Absorbents

| 序号 | 气体名称 | 吸收剂名称 | 吸收剂浓度 |
|---|---|---|---|
| 1 | $CO_2$,$SO_2$,$H_2S$,$PH_3$ | 氢氧化钾(KOH) | 粒状固体或 30%～35%水溶液 |
| | | 乙酸镉[$Cd(CH_3COO)_2 \cdot 2H_2O$] | 80g 乙酸镉溶于 100mL 水中,加入几滴冰醋酸 |
| 2 | $Cl_2$ 和酸性气体 | KOH | 80g 乙酸镉溶于 100mL 水中,加入几滴冰醋酸 |
| 3 | $Cl_2$ | 碘化钾(KI) | 1mol/L KI 溶液 |
| | | 亚硫酸钠($Na_2SO_3$) | 1mol/L $Na_2SO_3$ 溶液 |
| 4 | HCl | KOH | 1mol/L $Na_2SO_3$ 溶液 |
| | | 硝酸银($AgNO_3$) | 1mol/L $AgNO_3$ 溶液 |
| 5 | $H_2SO_4$,$SO_3$ | 玻璃棉 | — |
| 6 | HCN | KOH | 250g KOH 溶于 800mL 水中 |
| 7 | $H_2S$ | 硫酸铜($CuSO_4$) | 1% $CuSO_4$ 溶液 |
| | | 乙酸镉[$Cd(CH_3COO)_2$] | 1% $Cd(CH_3COO)_2$ 溶液 |
| 8 | $NH_3$ | 酸性溶液 | 0.1mol/L HCl 溶液 |
| 9 | $AsH_3$ | $Cd(CH_3COO)_2 \cdot 2H_2O$ | 80g 乙酸镉溶于 100mL 水中,加入几滴冰醋酸 |
| 10 | NO | 高锰酸钾($KMnO_4$) | 0.1mol/L $KMnO_4$ 溶液 |
| 11 | 不饱和烃 | 发烟硫酸($H_2SO_4$) | 含 20%～25% $SO_3$ 的 $H_2SO_4$ |
| | | 溴溶液 | 5%～10% KBr 溶液用 $Br_2$ 饱和 |
| 12 | $O_2$ | 黄磷(P) | 固体 |
| 13 | $N_2$ | 钡、钙、锗、镁等金属 | 使用 80～100 目的细粉 |

# 附录11　常用加热浴种类
## The Kinds of Common Calefaction Bath

| 序号 | 名称 | 加热载体 | 极限温度/℃ |
|---|---|---|---|
| 1 | 水浴 | 水 | 98.0 |
| 2 | 油浴 | 棉籽油 | 210.0 |
| | | 甘油 | 220.0 |
| | | 石蜡油 | 220.0 |
| | | 58～62 号汽缸油 | 250.0 |
| | | 甲基硅油 | 250.0 |
| | | 苯基硅油 | 300.0 |
| 3 | 硫酸浴 | 硫酸 | 250.0 |
| 4 | 空气浴 | 空气 | 300.0 |
| 5 | 石蜡浴 | 熔点为(30～60)℃的石蜡 | 300.0 |
| 6 | 砂浴 | 砂 | 400.0 |
| 7 | 金属浴 | 铜或铅 | 500.0 |
| | | 锡 | 600.0 |
| | | 铝青铜(90% Cu,10% Al 合金) | 700.0 |

## 附录 12　用于干燥气体的干燥剂
## Drying Agents for Gases

| 序号 | 气体名称 | 适用的干燥剂 |
|---|---|---|
| 1 | $H_2$ | $P_2O_5$，$CaCl_2$，$H_2SO_4$（浓），$Na_2SO_4$，$MgSO_4$，$CaSO_4$，CaO，BaO，分子筛 |
| 2 | $O_2$ | $P_2O_5$，$CaCl_2$，$Na_2SO_4$，$MgSO_4$，$CaSO_4$，CaO，BaO，分子筛 |
| 3 | $N_2$ | $P_2O_5$，$CaCl_2$，$H_2SO_4$（浓），$Na_2SO_4$，$MgSO_4$，$CaSO_4$，CaO，BaO，分子筛 |
| 4 | $O_3$ | $P_2O_5$，$CaCl_2$ |
| 5 | $Cl_2$ | $CaCl_2$，$H_2SO_4$（浓） |
| 6 | CO | $P_2O_5$，$CaCl_2$，$H_2SO_4$（浓），$Na_2SO_4$，$MgSO_4$，$CaSO_4$，CaO，BaO，分子筛 |
| 7 | $CO_2$ | $P_2O_5$，$CaCl_2$，$H_2SO_4$（浓），$Na_2SO_4$，$MgSO_4$，$CaSO_4$，分子筛 |
| 8 | $SO_2$ | $P_2O_5$，$CaCl_2$，$Na_2SO_4$，$MgSO_4$，$CaSO_4$，分子筛 |
| 9 | $CH_4$ | $P_2O_5$，$CaCl_2$，$H_2SO_4$（浓），$Na_2SO_4$，$MgSO_4$，$CaSO_4$，CaO，BaO，NaOH，KOH，Na，$CaH_2$，$LiAlH_4$，分子筛 |
| 10 | $NH_3$ | $Mg(ClO_4)_2$，NaOH，KOH，CaO，BaO，$Mg(ClO_4)_2$，$Na_2SO_4$，$MgSO_4$，$CaSO_4$，分子筛 |
| 11 | HCl | $CaCl_2$，$H_2SO_4$（浓） |
| 12 | HBr | $CaBr_2$ |
| 13 | HI | $CaI_2$ |
| 14 | $H_2S$ | $CaCl_2$ |
| 15 | $C_2H_4$ | $P_2O_5$ |
| 16 | $C_2H_2$ | $P_2O_5$，NaOH |

## 附录 13　常用干燥剂
## Common Drying Agents

| 序号 | 名称 | 分子式 | 吸水能力 | 干燥速度 | 酸碱性 | 再生方式 |
|---|---|---|---|---|---|---|
| 1 | 硫酸钙 | $CaSO_4$ | 小 | 快 | 中性 | 163℃下脱水 |
| 2 | 氧化钡 | BaO | — | 慢 | 碱性 | 不能再生 |
| 3 | 五氧化二磷 | $P_2O_5$ | 大 | 快 | 酸性 | 不能再生 |
| 4 | 氯化钙 | $CaCl_2$ | 大 | 快 | 微酸性 | 200℃下烘干 |
| 5 | 高氯酸镁 | $Mg(ClO_4)_2$ | 大 | 快 | 中性 | 烘干再生（251℃分解） |
| 6 | 三水合高氯酸镁 | $Mg(ClO_4)_2 \cdot 3H_2O$ | — | 快 | 中性 | 烘干再生（251℃分解） |
| 7 | 氢氧化钾 | KOH | 大 | 较快 | 碱性 | 不能再生 |
| 8 | 活性氧化铝 | $Al_2O_3$ | 大 | 快 | 中性 | 110～300℃下烘干 |
| 9 | 浓硫酸 | $H_2SO_4$ | 大 | 快 | 酸性 | 蒸发浓缩再生 |
| 10 | 硅胶 | $SiO_2$ | 大 | 快 | 酸性 | 120℃下烘干 |
| 11 | 氢氧化钠 | NaOH | 大 | 较快 | 碱性 | 不能再生 |
| 12 | 氧化钙 | CaO | — | 慢 | 碱性 | 不能再生 |
| 13 | 硫酸铜 | $CuSO_4$ | 大 | — | 微酸性 | 150℃下烘干 |
| 14 | 硫酸镁 | $MgSO_4$ | 大 | 较快 | 中性、有的微酸性 | 200℃下烘干 |
| 15 | 硫酸钠 | $Na_2SO_4$ | 大 | 慢 | 中性 | 烘干再生 |
| 16 | 碳酸钾 | $K_2CO_3$ | 中 | 较慢 | 碱性 | 100℃下烘干 |
| 17 | 金属钠 | Na | — | — | — | 不能再生 |
| 18 | 分子筛 | 结晶的铝硅酸盐 | 大 | 较快 | 酸性 | 烘干 |

# 附录 14　干燥适用条件
## Applicable Condition of Drying Agents

| 序号 | 名　称 | 适用物质 | 不适用物质 | 备　注 |
|---|---|---|---|---|
| 1 | 碱石灰 BaO、CaO | 中性和碱性气体,胺类,醇类,醚类 | 醛类,酮类,酸性物质 | 特别适用于干燥气体,与水作用生成 $Ba(OH)_2$、$Ca(OH)_2$ |
| 2 | $CaSO_4$ | 普遍适用 | — | 常先用 $Na_2SO_4$ 作预干燥剂 |
| 3 | NaOH、KOH | 氨,胺类,醚类,烃类(干燥器),肼类,碱类 | 醛类,酮类,酸性物质 | 容易潮解 |
| 4 | $K_2CO_3$ | 胺类,醇类,丙酮,一般的生物碱类,酯类,腈类,肼类,卤素衍生物 | 酸类,酚类及其他酸性物质 | 容易潮解 |
| 5 | $CaCl_2$ | 烷烃类,链烯烃类,醚类,酯类,卤代烃类,腈类,丙酮,醛类,硝基化合物类,中性气体,氯化氢 HCl,$CO_2$ | 醇类,氨 $NH_3$,胺类,酸类,酸性物质,某些醛,酮类与酯类 | 常用干燥剂,可与含氮、含氧化合物生成溶剂化物、配合物或发生反应;含有 CaO 等碱性杂质 |
| 6 | $P_2O_5$ | 中性和酸性气体,乙炔,二硫化碳,烃类,各种卤代烃,酸溶液,酸与酸酐,腈类 | 碱性物质,醇类,酮类,醚类,易发生聚合的物质,氯化氢,氟化氢,氨气 | 干燥气体时须与载体或填料(石棉绒、玻璃棉、浮石等)混合;先用其他干燥剂预干燥;易潮解,与水作用生成偏磷酸、磷酸等 |
| 7 | 浓 $H_2SO_4$ | 中性与酸性气体,各种饱和烃,卤代烃,芳烃 | 不饱和的有机化合物,醇类,酮类,酚类,碱性物质,硫化氢 $H_2S$,碘化氢 HI,氨气 $NH_3$ | 不适宜升温干燥和真空干燥 |
| 8 | 金属 Na | 醚类,饱和烃类,叔胺类,芳烃类 | 氯代烃类(会发生爆炸危险),醇类,伯、仲胺类及其他易和金属钠起作用的物质 | 先用其他干燥剂预干燥;与水作用生成 NaOH 与 $H_2$ |
| 9 | $Mg(ClO_4)_2$ | 含有氨的气体 | 易氧化的有机物质 | 各种分析工作;处理不当会发生爆炸危险 |
| 10 | $Na_2SO_4$、$MgSO_4$ | 普遍适用,特别适用于酯类、酮类及一些敏感物质溶液 | — | 一种价格便宜的干燥剂;$Na_2SO_4$ 常作预干燥剂 |
| 11 | 硅胶 | 置于干燥器中使用 | 氟化氢 | 加热干燥 |
| 12 | 分子筛 | 温度 100℃ 以下的大多数流动气体;有机溶剂 | 不饱和烃 | 先用其他干燥剂预干燥;特别适用于低分压的干燥 |
| 13 | $CaH_2$ | 烃类,醚类,酯类,$C_4$ 及 $C_4$ 以上的醇类 | 醛类,含有活泼羰基的化合物 | 最好的脱水剂之一 |
| 14 | $LiAlH_4$ | 烃类,芳基卤化物,醚类 | 卤素,羰基及硝基等的化合物 | 使用时要小心。过剩的可以慢慢加乙酸乙酯将其破坏;与水作用生成 LiOH、$Al(OH)_3$ 与 $H_2$ |

## 附录 15　干冰冷却剂和液体冷却剂
## Dry Ice Refrigerants and Liquid Refrigerants

| 序号 | 液体名称 | 冷却温度/℃ |
|---|---|---|
| 1 | 二甘醇二乙醚＋干冰 | −52 |
| 2 | 氯乙烷＋干冰 | −60 |
| 3 | 乙醇(85.5%)＋干冰 | −68 |
| 4 | 乙醇＋干冰 | −72 |
| 5 | 三氯化磷＋干冰 | −76 |
| 6 | 氯仿＋干冰 | −77 |
| 7 | 乙醚＋干冰 | −78 |
| 8 | 三氯乙烯＋干冰 | −78 |
| 9 | 丙酮＋干冰 | −86 |
| 10 | 干冰 | −78.5 |
| 11 | 液态氢 | −252.8 |
| 12 | 液态氦 | −268.9 |
| 13 | 液态氮 | −195.8 |
| 14 | 液态氧 | −183.0 |
| 15 | 液态甲烷 | −161.4 |
| 16 | 液态氧化亚氮 | −89.8 |

## 附录 16　常用溶剂沸点、溶解性和毒性
## Boiling points, Solubilities and Toxicity of Common Solvents

| 名称 | 沸点/℃ | 溶解性 | 毒性 |
|---|---|---|---|
| 液氨 | −33.35 | 能溶解碱金属和碱土金属 | 剧毒性、腐蚀性 |
| 液态二氧化硫 | −10.08 | 溶解胺、醚、醇苯酚、有机酸、芳香烃、溴、二硫化碳，多数饱和烃不溶 | 剧毒 |
| 甲胺 | −6.3 | 多数有机物和无机物的优良溶剂，与水、醚、苯、丙酮、低级醇混溶，其盐易溶于水，不溶于醇、醚、酮、氯仿、乙酸乙酯 | 中等毒性，易燃 |
| 二甲胺 | 7.4 | 有机物和无机物的优良溶剂，溶于水、低级醇、醚、低极性溶剂 | 强烈刺激性 |
| 石油醚 | | 不溶于水，与丙酮、乙醚、乙酸乙酯、苯、氯仿及甲醇以及高级醇混溶 | 与低级烷相似 |
| 乙醚 | 34.6 | 微溶于水，与醇、醚、石油醚、苯、氯仿等多数有机溶剂混溶 | 麻醉性 |
| 戊烷 | 36.1 | 与乙醇、乙醚等多数有机溶剂混溶 | 低毒性 |
| 二氯甲烷 | 39.75 | 与醇、醚、氯仿、苯、二硫化碳等有机溶剂混溶 | 低毒，麻醉性强 |
| 二硫化碳 | 46.23 | 微溶与水，与多种有机溶剂混溶 | 麻醉性，强刺激性 |
| 石油脑 | | 与乙醇、丙酮、戊醇混溶 | |

| 名称 | 沸点/℃ | 溶　解　性 | 毒　性 |
|---|---|---|---|
| 丙酮 | 56.12 | 与水、醇、醚、烃混溶 | 低毒,类似乙醇 |
| 1,1-二氯乙烷 | 57.28 | 与醇、醚等大多数有机溶剂混溶 | 低毒,刺激性 |
| 氯仿 | 61.15 | 与乙醇、乙醚、石油醚、卤代烃、四氯化碳、二硫化碳等混溶 | 中等毒性,强麻醉性 |
| 甲醇 | 64.5 | 与水、乙醚、醇、酯、卤代烃、苯、酮混溶 | 中等毒性,麻醉性 |
| 四氢呋喃 | 66 | 优良溶剂,与水混溶,溶解乙醇、乙醚、脂肪烃、芳香烃、氯化烃 | 吸入微毒,经口低毒 |
| 己烷 | 68.7 | 甲醇部分溶解,与比乙醇高的醇、醚丙酮、氯仿混溶 | 低毒,麻醉性,刺激性 |
| 三氟代乙酸 | 71.78 | 与水、乙醇、乙醚、丙酮、苯、四氯化碳、己烷混溶,可溶解多种脂肪族、芳香族化合物 | |
| 1,1,1-三氯乙烷 | 74.0 | 与丙酮、甲醇、乙醚、苯、四氯化碳等有机溶剂混溶 | 低毒类溶剂 |
| 四氯化碳 | 76.75 | 与醇、醚、石油醚、石油脑、冰醋酸、二硫化碳、氯代烃混溶 | 强毒性 |
| 乙酸乙酯 | 77.112 | 与醇、醚、氯仿、丙酮、苯等大多数有机溶剂混溶,能解某些金属盐 | 低毒,麻醉性 |
| 乙醇 | 78.3 | 与水、乙醚、氯仿、酯、烃类衍生物等有机溶剂混溶 | 微毒类,麻醉性 |
| 丁酮 | 79.64 | 与丙酮相似,与醇、醚、苯等大多数有机溶剂混溶 | 低毒,毒性强于丙酮 |
| 苯 | 80.10 | 难溶于水,与甘油、乙二醇、乙醇、氯仿、乙醚、四氯化碳、二硫化碳、丙酮、甲苯、二甲苯、冰醋酸、脂肪烃等大多数有机物混溶 | 强烈毒性 |
| 环己烷 | 80.72 | 与乙醇、高级醇、醚、丙酮、烃、氯代烃、高级脂肪酸、胺类混溶 | 低毒,中枢抑制作用 |
| 乙腈 | 81.60 | 与水、甲醇、乙酸甲酯、乙酸乙酯、丙酮、醚、氯仿、四氯化碳、氯乙烯及各种不饱和烃混溶,但是不与饱和烃混溶 | 中等毒性,大量吸入蒸气,引起急性中毒 |
| 异丙醇 | 82.40 | 与乙醇、乙醚、氯仿、水混溶 | 微毒,类似乙醇 |
| 1,2-二氯乙烷 | 83.48 | 与乙醇、乙醚、氯仿、四氯化碳等多种有机溶剂混溶 | 高毒性、致癌 |
| 乙二醇二甲醚 | 85.2 | 溶于水,与醇、醚、酮、酯、烃、氯代烃等多种有机溶剂混溶。能溶解各种树脂,还是二氧化硫、氯代甲烷、乙烯等气体的优良溶剂 | 吸入和经口低毒 |
| 三氯乙烯 | 87.19 | 不溶于水,与乙醇、乙醚、丙酮、苯、乙酸乙酯、脂肪族氯代烃、汽油混溶 | 有毒品 |
| 三乙胺 | 89.6 | 易溶于氯仿、丙酮,溶于乙醇、乙醚 | 易爆,对皮肤黏膜刺激性强 |
| 丙腈 | 97.35 | 溶解醇、醚、DMF、乙二胺等有机物,与多种金属盐形成加成有机物 | 高度性,与氢氰酸相似 |
| 庚烷 | 98.4 | 与己烷类似 | 低毒,刺激性、麻醉性 |
| 硝基甲烷 | 101.2 | 与醇、醚、四氯化碳、DMF等混溶 | 麻醉性,刺激性 |
| 1,4-二氧六环 | 101.32 | 能与水及多数有机溶剂混溶 | 微毒 |
| 甲苯 | 110.63 | 不溶于水,与甲醇、乙醇、氯仿、丙酮、乙醚、冰醋酸、苯等有机溶剂混溶 | 低毒类,麻醉作用 |
| 硝基乙烷 | 114.0 | 与醇、醚、氯仿混溶,溶解多种树脂和纤维素衍生物 | 刺激性 |
| 吡啶 | 115.3 | 与水、醇、醚、石油醚、苯、油类混溶 | 低毒,对皮肤黏膜有刺激性 |

| 名称 | 沸点/℃ | 溶 解 性 | 毒 性 |
|---|---|---|---|
| 4-甲基-2-戊酮 | 115.9 | 能与乙醇、乙醚、苯等大多数有机溶剂和动植物油相混溶 | 毒性和局部刺激性较强 |
| 乙二胺 | 117.26 | 溶于水、乙醇、苯和乙醚，微溶于庚烷 | 刺激皮肤、眼睛 |
| 丁醇 | 117.7 | 与醇、醚、苯混溶 | 低毒，大于乙醇3倍 |
| 乙酸 | 118.1 | 与水、乙醇、乙醚、四氯化碳混溶，不溶于二硫化碳及$C_{12}$以上高级脂肪烃 | 低毒，浓溶液毒性强 |
| 乙二醇一甲醚 | 124.6 | 与水、醛、醚、苯、乙二醇、丙酮、四氯化碳、DMF等混溶 | 低毒类 |
| 辛烷 | 125.67 | 几乎不溶于水，微溶于乙醇，与醚、丙酮、石油醚、苯、氯仿、汽油混溶 | 低毒性，麻醉性 |
| 乙酸丁酯 | 126.11 | 优良的有机溶剂 | 低毒性 |
| 吗啉 | 128.94 | 溶解能力强，超过二氧六环、苯和吡啶，与水混溶，溶解丙酮、苯、乙醚、甲醇、乙醇、乙二醇、2-己酮、蓖麻油、松节油、松脂等 | 腐蚀皮肤，刺激眼和结膜，蒸汽引起肝肾病变 |
| 氯苯 | 131.69 | 能与醇、醚、脂肪烃、芳香烃和有机氯化物等多种有机溶剂混溶 | 毒性低于苯，损害中枢系统 |
| 乙二醇一乙醚 | 135.6 | 与乙二醇一甲醚相似，但是极性小，与水、醇、醚、四氯化碳、丙酮混溶 | 低毒类，二级易燃液体 |
| 对二甲苯 | 138.35 | 不溶于水，与醇、醚和其他有机溶剂混溶 | 一级易燃液体 |
| 二甲苯 | 138.5~141.5 | 不溶于水，与乙醇、乙醚、苯、烃等有机溶剂混溶，乙二醇、甲醇、2-氯乙醇等极性溶剂部分溶解 | 一级易燃液体，低毒类 |
| 间二甲苯 | 139.10 | 不溶于水，与醇、醚、氯仿混溶，室温下溶解乙腈、DMF等 | 一级易燃液体 |
| 醋酸酐 | 140.0 | | |
| 邻二甲苯 | 144.41 | 不溶于水，与乙醇、乙醚、氯仿等混溶 | 一级易燃液体 |
| N,N-二甲基甲酰胺 | 153.0 | 与水、醇、醚、酮、不饱和烃、芳香烃等混溶，溶解能力强 | 低毒 |
| 环己酮 | 155.65 | 与甲醇、乙醇、苯、丙酮、己烷、乙醚、硝基苯、石油脑、二甲苯、乙二醇、乙酸异戊酯、二乙胺及其他多种有机溶剂混溶 | 低毒类，有麻醉性，中毒概率比较小 |
| 环己醇 | 161 | 与醇、醚、二硫化碳、丙酮、氯仿、苯、脂肪烃、芳香烃、卤代烃混溶 | 低毒，无血液毒性，有刺激性 |
| N,N-二甲基乙酰胺 | 166.1 | 溶解不饱和脂肪烃，与水、醚、酯、酮、芳香族化合物混溶 | 微毒类 |
| 糠醛 | 161.8 | 与醇、醚、氯仿、丙酮、苯等混溶，部分溶解低沸点脂肪烃，无机物一般不溶 | 有毒品，刺激眼睛，催泪 |
| N-甲基甲酰胺 | 180~185 | 与苯混溶，溶于水和醇，不溶于醚 | 一级易燃液体 |
| 苯酚（石炭酸） | 181.2 | 溶于乙醇、乙醚、乙酸、甘油、氯仿、二硫化碳和苯等，难溶于烃类溶剂 | 高毒性，对皮肤、黏膜有强烈腐蚀性，可经皮吸收中毒 |
| 1,2-丙二醇 | 187.3 | 与水、乙醇、乙醚、氯仿、丙酮等多种有机溶剂混溶 | 低毒，吸湿 |
| 二甲亚砜 | 189.0 | 与水、甲醇、乙醇、乙二醇、甘油、乙醛、丙酮乙酸乙酯吡啶、芳烃混溶 | 微毒，对眼有刺激性 |
| 邻甲酚 | 190.95 | 微溶于水，能与乙醇、乙醚、苯、氯仿、乙二醇、甘油等混溶 | 参照甲酚 |
| N,N-二甲基苯胺 | 193 | 微溶于水，能随水蒸气挥发，与醇、醚、氯仿、苯等混溶，能溶解多种有机物 | 抑制中枢和循环系统，经皮肤吸收中毒 |

续表

| 名称 | 沸点/℃ | 溶　解　性 | 毒　性 |
|---|---|---|---|
| 乙二醇 | 197.85 | 与水、乙醇、丙酮、乙酸、甘油、吡啶混溶,与氯仿、乙醚、苯、二硫化碳等难溶,对烃类、卤代烃不溶,溶解食盐、氯化锌等无机物 | 低毒类,可经皮肤吸收中毒 |
| 对甲酚 | 201.88 | 参照甲酚 | 参照甲酚 |
| N-甲基吡咯烷酮 | 202 | 与水混溶,除低级脂肪烃可以溶解大多无机、有机物,极性气体,高分子化合物 | 毒性低,不可内服 |
| 间甲酚 | 202.7 | 参照甲酚 | 与甲酚相似,参照甲酚 |
| 苄醇 | 205.45 | 与乙醇、乙醚、氯仿混溶,20℃在水中溶解3.8%(质量分数) | 低毒,对黏膜有刺激性 |
| 甲酚 | 210 | 微溶于水,能与乙醇、乙醚、苯、氯仿、乙二醇、甘油等混溶 | 低毒类,有腐蚀性,与苯酚相似 |
| 甲酰胺 | 210.5 | 与水、醇、乙二醇、丙酮、乙酸、二氧六环、甘油、苯酚混溶,几乎不溶于脂肪烃、芳香烃、醚、卤代烃、氯苯、硝基苯等 | 对皮肤、黏膜有刺激性,经皮肤吸收 |
| 硝基苯 | 210.9 | 几乎不溶于水,与醇、醚、苯等有机物混溶,对有机物溶解能力强 | 剧毒,可经皮肤吸收 |
| 乙酰胺 | 221.15 | 溶于水、醇、吡啶、氯仿、甘油、热苯、丁酮、丁醇、苄醇,微溶于乙醚 | 毒性较低 |
| 六甲基磷酸三酰胺 | 233 (HMTA) | 与水混溶,与氯仿络合,溶于醇、醚、酯、苯、酮、烃、卤代烃等 | 毒性较大 |
| 喹啉 | 237.10 | 溶于热水、稀酸、乙醇、乙醚、丙酮、苯、氯仿、二硫化碳等 | 中等毒性,刺激皮肤和眼 |
| 乙二醇碳酸酯 | 238 | 与热水、醇、苯、醚、乙酸乙酯、乙酸混溶,在干燥醚、四氯化碳、石油醚、$CCl_4$中不溶 | 毒性低 |
| 二甘醇 | 244.8 | 与水、乙醇、乙二醇、丙酮、氯仿、糠醛混溶,与乙醚、四氯化碳等不混溶 | 微毒,经皮吸收,刺激性小 |
| 丁二腈 | 267 | 溶于水,易溶于乙醇和乙醚,微溶于二硫化碳、己烷 | 中等毒性 |
| 环丁砜 | 287.3 | 几乎能与所有有机溶剂混溶,除脂肪烃外能溶解大多数有机物 | |
| 甘油 | 290.0 | 与水、乙醇混溶,不溶于乙醚、氯仿、二硫化碳、苯、四氯化碳、石油醚 | 无毒 |

注:沸点:101.3kPa。

## 附录 17　低温冰盐浴配方
## Ice Salt Bath at Low Temperature

| 浴温/℃ | 盐　类 | 用量/(g/100g) | 浴温/℃ | 盐　类 | 用量/(g/100g) |
|---|---|---|---|---|---|
| −4.0 | $CaCl_2 \cdot 6H_2O$ | 20 | −30.0 | $NH_4Cl + NaCl$ | 20+40 |
| −9.0 | $CaCl_2 \cdot 6H_2O$ | 41 | −30.6 | $NH_4NO_3 + NH_4CNS$ | 32+59 |
| −21.5 | $CaCl_2 \cdot 6H_2O$ | 81 | −30.2 | $NH_4Cl + NaNO_3$ | 13+37.5 |
| −40.3 | $CaCl_2 \cdot 6H_2Og$ | 124 | −34.1 | $KNO_3 + KCNS$ | 2+112 |
| −54.9 | $CaCl_2 \cdot 6H_2O$ | 143 | −37.4 | $NH_4CNS + NaNO_3$ | 39.5+54.4 |
| −21.3 | $NaCl$ | 33 | −40 | $NH_4NO_3 + NaCl$ | 42+42 |
| −17.7 | $NaNO_3$ | 50 | | | |

## 附录18 不同温度下水的饱和蒸气压
## Saturated Water Vapor Pressures at Different Temperatures

| 温度 $t/℃$ | 饱和蒸气压 $P$ /($\times 10^3$ Pa) | 温度 $t/℃$ | 饱和蒸气压 $P$ /($\times 10^3$ Pa) | 温度 $t/℃$ | 饱和蒸气压 $P$ /($\times 10^3$ Pa) |
|---|---|---|---|---|---|
| 0 | 0.61129 | 33 | 5.0335 | 66 | 26.163 |
| 1 | 0.65716 | 34 | 5.3229 | 67 | 27.347 |
| 2 | 0.70605 | 35 | 5.6267 | 68 | 28.576 |
| 3 | 0.75813 | 36 | 5.9453 | 69 | 29.852 |
| 4 | 0.81359 | 37 | 6.2795 | 70 | 31.176 |
| 5 | 0.87260 | 38 | 6.6298 | 71 | 32.549 |
| 6 | 0.93537 | 39 | 6.9969 | 72 | 33.972 |
| 7 | 1.0021 | 40 | 7.3814 | 73 | 35.448 |
| 8 | 1.0730 | 41 | 7.7840 | 74 | 36.978 |
| 9 | 1.1482 | 42 | 8.2054 | 75 | 38.563 |
| 10 | 1.2281 | 43 | 8.6463 | 76 | 40.205 |
| 11 | 1.3129 | 44 | 9.1075 | 77 | 41.905 |
| 12 | 1.4027 | 45 | 9.5898 | 78 | 43.665 |
| 13 | 1.4979 | 46 | 10.094 | 79 | 45.487 |
| 14 | 1.5988 | 47 | 10.620 | 80 | 47.373 |
| 15 | 1.7056 | 48 | 11.171 | 81 | 49.324 |
| 16 | 1.8185 | 49 | 11.745 | 82 | 51.342 |
| 17 | 1.9380 | 50 | 12.344 | 83 | 53.428 |
| 18 | 2.0644 | 51 | 12.970 | 84 | 55.585 |
| 19 | 2.1978 | 52 | 13.623 | 85 | 57.815 |
| 20 | 2.3388 | 53 | 14.303 | 86 | 60.119 |
| 21 | 2.4877 | 54 | 15.012 | 87 | 62.499 |
| 22 | 2.6447 | 55 | 15.752 | 88 | 64.958 |
| 23 | 2.8104 | 56 | 16.522 | 89 | 67.496 |
| 24 | 2.9850 | 57 | 17.324 | 90 | 70.117 |
| 25 | 3.1690 | 58 | 18.159 | 91 | 72.823 |
| 26 | 3.3629 | 59 | 19.028 | 92 | 75.614 |
| 27 | 3.5670 | 60 | 19.932 | 93 | 78.494 |
| 28 | 3.7818 | 61 | 20.873 | 94 | 81.465 |
| 29 | 4.0078 | 62 | 21.851 | 95 | 84.529 |
| 30 | 4.2455 | 63 | 22.868 | 96 | 87.688 |
| 31 | 4.4953 | 64 | 23.925 | 97 | 90.945 |
| 32 | 4.7578 | 65 | 25.022 | 98 | 94.301 |

| 温度 $t$/℃ | 饱和蒸气压 $P$ /($\times 10^3$Pa) | 温度 $t$/℃ | 饱和蒸气压 $P$ /($\times 10^3$Pa) | 温度 $t$/℃ | 饱和蒸气压 $P$ /($\times 10^3$Pa) |
|---|---|---|---|---|---|
| 99 | 97.759 | 136 | 322.14 | 173 | 850.53 |
| 100 | 101.32 | 137 | 331.57 | 174 | 870.98 |
| 101 | 104.99 | 138 | 341.22 | 175 | 891.80 |
| 102 | 108.77 | 139 | 351.09 | 176 | 913.03 |
| 103 | 112.66 | 140 | 361.19 | 177 | 934.64 |
| 104 | 116.67 | 141 | 371.53 | 178 | 956.66 |
| 105 | 120.79 | 142 | 382.11 | 179 | 979.09 |
| 106 | 125.03 | 143 | 392.92 | 180 | 1001.9 |
| 107 | 129.39 | 144 | 403.98 | 181 | 1025.2 |
| 108 | 133.88 | 145 | 415.29 | 182 | 1048.9 |
| 109 | 138.50 | 146 | 426.85 | 183 | 1073.0 |
| 110 | 143.24 | 147 | 438.67 | 184 | 1097.5 |
| 111 | 148.12 | 148 | 450.75 | 185 | 1122.5 |
| 112 | 153.13 | 149 | 463.10 | 186 | 1147.9 |
| 113 | 158.29 | 150 | 475.72 | 187 | 1173.8 |
| 114 | 163.58 | 151 | 488.61 | 188 | 1200.1 |
| 115 | 169.02 | 152 | 501.78 | 189 | 1226.1 |
| 116 | 174.61 | 153 | 515.23 | 190 | 1254.2 |
| 117 | 180.34 | 154 | 528.96 | 191 | 1281.9 |
| 118 | 186.23 | 155 | 542.99 | 192 | 1310.1 |
| 119 | 192.28 | 156 | 557.32 | 193 | 1338.8 |
| 120 | 198.48 | 157 | 571.94 | 194 | 1368.0 |
| 121 | 204.85 | 158 | 586.87 | 195 | 1397.6 |
| 122 | 211.38 | 159 | 602.11 | 196 | 1427.8 |
| 123 | 218.09 | 160 | 617.66 | 197 | 1458.5 |
| 124 | 224.96 | 161 | 633.53 | 198 | 1489.7 |
| 125 | 232.01 | 162 | 649.73 | 199 | 1521.4 |
| 126 | 239.24 | 163 | 666.25 | 200 | 1553.6 |
| 127 | 246.66 | 164 | 683.10 | 201 | 1568.4 |
| 128 | 254.25 | 165 | 700.29 | 202 | 1619.7 |
| 129 | 262.04 | 166 | 717.83 | 203 | 1653.6 |
| 130 | 270.02 | 167 | 735.70 | 204 | 1688.0 |
| 131 | 278.20 | 168 | 753.94 | 205 | 1722.9 |
| 132 | 286.57 | 169 | 772.52 | 206 | 1758.4 |
| 133 | 295.15 | 170 | 791.47 | 207 | 1794.5 |
| 134 | 303.93 | 171 | 810.78 | 208 | 1831.1 |
| 135 | 312.93 | 172 | 830.47 | 209 | 1868.4 |

| 温度 $t/℃$ | 饱和蒸气压 $P$ /($×10^3$Pa) | 温度 $t/℃$ | 饱和蒸气压 $P$ /($×10^3$Pa) | 温度 $t/℃$ | 饱和蒸气压 $P$ /($×10^3$Pa) |
|---|---|---|---|---|---|
| 210 | 1906.2 | 247 | 3776.2 | 284 | 6809.2 |
| 211 | 1944.6 | 248 | 3841.2 | 285 | 6911.1 |
| 212 | 1983.6 | 249 | 3907.0 | 286 | 7014.1 |
| 213 | 2023.2 | 250 | 3973.6 | 287 | 7118.3 |
| 214 | 2063.4 | 251 | 4041.2 | 288 | 7223.7 |
| 215 | 2104.2 | 252 | 4109.6 | 289 | 7330.2 |
| 216 | 2145.7 | 253 | 4178.9 | 290 | 7438.0 |
| 217 | 2187.8 | 254 | 4249.1 | 291 | 7547.0 |
| 218 | 2230.5 | 255 | 4320.2 | 292 | 7657.2 |
| 219 | 2273.8 | 256 | 4392.2 | 293 | 7768.6 |
| 220 | 2317.8 | 257 | 4465.1 | 294 | 7881.3 |
| 221 | 2362.5 | 258 | 4539.0 | 295 | 7995.2 |
| 222 | 2407.8 | 259 | 4613.7 | 296 | 8110.3 |
| 223 | 2453.8 | 260 | 4689.4 | 297 | 8226.8 |
| 224 | 2500.5 | 261 | 4766.1 | 298 | 8344.5 |
| 225 | 2547.9 | 262 | 4843.7 | 299 | 8463.5 |
| 226 | 2595.9 | 263 | 4922.3 | 300 | 8583.8 |
| 227 | 2644.6 | 264 | 5001.8 | 301 | 8705.4 |
| 228 | 2694.1 | 265 | 5082.3 | 302 | 8828.3 |
| 229 | 2744.2 | 266 | 5163.8 | 303 | 8952.6 |
| 230 | 2795.1 | 267 | 5246.3 | 304 | 9078.2 |
| 231 | 2846.7 | 268 | 5329.8 | 305 | 9205.1 |
| 232 | 2899.0 | 269 | 5414.3 | 306 | 9333.4 |
| 233 | 2952.1 | 270 | 5499.9 | 307 | 9463.1 |
| 234 | 3005.9 | 271 | 5586.4 | 308 | 9594.2 |
| 235 | 3060.4 | 272 | 5674.0 | 309 | 9726.7 |
| 236 | 3115.7 | 273 | 5762.7 | 310 | 9860.5 |
| 237 | 3171.8 | 274 | 5852.4 | 311 | 9995.8 |
| 238 | 3288.6 | 275 | 5943.1 | 312 | 10133 |
| 239 | 3286.3 | 276 | 6035.0 | 313 | 10271 |
| 240 | 3344.7 | 277 | 6127.9 | 314 | 10410 |
| 241 | 3403.9 | 278 | 6221.9 | 315 | 10551 |
| 242 | 3463.9 | 279 | 6317.2 | 316 | 10694 |
| 243 | 3524.7 | 280 | 6413.2 | 317 | 10838 |
| 244 | 3586.3 | 281 | 6510.5 | 318 | 10984 |
| 245 | 3648.8 | 282 | 6608.9 | 319 | 11131 |
| 246 | 3712.1 | 283 | 6708.5 | 320 | 11279 |

续表

| 温度 $t/℃$ | 饱和蒸气压 $P$ /($\times 10^3$Pa) | 温度 $t/℃$ | 饱和蒸气压 $P$ /($\times 10^3$Pa) | 温度 $t/℃$ | 饱和蒸气压 $P$ /($\times 10^3$Pa) |
|---|---|---|---|---|---|
| 321 | 11429 | 339 | 14412 | 357 | 17992 |
| 322 | 11581 | 340 | 14594 | 358 | 18211 |
| 323 | 11734 | 341 | 14778 | 359 | 18432 |
| 324 | 11889 | 342 | 14964 | 360 | 18655 |
| 325 | 12046 | 343 | 15152 | 361 | 18881 |
| 326 | 12204 | 344 | 15342 | 362 | 19110 |
| 327 | 12364 | 345 | 15533 | 363 | 19340 |
| 328 | 12525 | 346 | 15727 | 364 | 19574 |
| 329 | 12688 | 347 | 15922 | 365 | 19809 |
| 330 | 12852 | 348 | 16120 | 366 | 20048 |
| 331 | 13019 | 349 | 16320 | 367 | 20289 |
| 332 | 13187 | 350 | 16521 | 368 | 20533 |
| 333 | 13357 | 351 | 16825 | 369 | 20780 |
| 334 | 13528 | 352 | 16932 | 370 | 21030 |
| 335 | 13701 | 353 | 17138 | 371 | 21286 |
| 336 | 13876 | 354 | 17348 | 372 | 21539 |
| 337 | 14053 | 355 | 17561 | 373 | 21803 |
| 338 | 14232 | 356 | 17775 | | |

## 附录19　不同压力下水的沸点
## Boiling Points of Water at Different Pressures

| 压力 $P$/($\times 10^3$Pa) | 沸点 $T/℃$ | 压力 $P$/($\times 10^3$Pa) | 沸点 $T/℃$ |
|---|---|---|---|
| 101.325 | 100.0 | 1519.875 | 197.4 |
| 202.650 | 119.6 | 1621.100 | 200.4 |
| 303.975 | 132.9 | 1722.525 | 203.4 |
| 405.300 | 142.9 | 1823.850 | 206.1 |
| 506.625 | 151.1 | 1925.175 | 208.8 |
| 607.950 | 158.1 | 2026.500 | 211.4 |
| 709.275 | 164.2 | 2127.825 | 213.9 |
| 810.600 | 169.6 | 2229.150 | 216.2 |
| 911.925 | 174.5 | 2330.475 | 218.5 |
| 1013.250 | 179.0 | 2431.800 | 220.8 |
| 1114.575 | 183.2 | 2533.125 | 222.9 |
| 1215.900 | 187.1 | 2634.450 | 225.0 |
| 1317.225 | 190.7 | 2735.775 | 227.0 |
| 1418.550 | 194.1 | — | — |

## 附录 20　不同温度下水的密度、黏度、介电常数和离子积常数

## Densities, Viscosities, Dielectric Constants and Ionic Product Constants of Water at Different Temperatures

| 温度 $t$/℃ | 密度 $\rho$/(g/mL) | 黏度 $\eta$/($\times 10^{-3}$ Pa·s) | 介电常数 $\varepsilon$/(F/m) | 离子积常数 $K_w$/$10^{14}$ |
|---|---|---|---|---|
| 0 | 0.99984 | — | 87.90 | 0.11 |
| 2 | 0.99994 | — | — | — |
| 4 | 0.99997 | — | — | — |
| 5 | 0.999965 | 1.5188 | 85.90 | 0.17 |
| 6 | 0.99994 | — | — | — |
| 8 | 0.99985 | — | — | — |
| 10 | 0.999700 | 1.3097 | 83.95 | 0.30 |
| 12 | 0.99950 | — | — | — |
| 14 | 0.99924 | — | — | — |
| 15 | 0.999099 | 1.1447 | 82.04 | 0.46×10 |
| 16 | 0.99894 | — | — | 0.50×10 |
| 17 | — | — | — | 0.55×10 |
| 18 | 0.99860 | — | — | 0.60 |
| 19 | — | — | — | 0.65 |
| 20 | 0.998203 | 1.0087 | 80.18 | 0.69×10$^{-14}$ |
| 21 | — | — | — | 0.76 |
| 22 | 0.99777 | — | — | 0.81 |
| 23 | — | — | — | 0.87 |
| 24 | 0.99730 | — | — | 0.93 |
| 25 | 0.997044 | 0.8949 | 78.36 | 1.00 |
| 26 | 0.99678 | — | — | 1.10 |
| 27 | — | — | — | 1.17 |
| 28 | 0.99623 | — | — | 1.29 |
| 29 | — | — | — | 1.38 |
| 30 | 0.995646 | 0.8004 | 76.58 | 1.48 |
| 31 | — | — | — | 1.58 |
| 32 | 0.99503 | — | — | 1.70 |
| 33 | — | — | — | 1.82 |
| 34 | 0.99437 | — | — | 1.95 |
| 35 | 0.99403 | 0.7208 | 74.85 | 2.09 |
| 36 | 0.99369 | — | — | 2.24 |
| 37 | — | — | — | 2.40 |
| 38 | 0.99297 | — | — | 2.57 |
| 39 | — | — | — | 2.75 |

| 温度 $t/℃$ | 密度 $\rho/(g/mL)$ | 黏度 $\eta/(×10^{-3}Pa·s)$ | 介电常数 $\varepsilon/(F/m)$ | 离子积常数 $K_w/10^{14}$ |
|---|---|---|---|---|
| 40 | 0.99222 | — | 73.15 | 2.95 |
| 42 | 0.99144 | — | — | — |
| 44 | 0.99063 | — | — | — |
| 45 | — | — | 71.50 | — |
| 46 | 0.98979 | — | — | — |
| 48 | 0.98893 | — | — | — |
| 50 | 0.98804 | — | 69.88 | 5.5 |
| 52 | 0.98712 | — | — | — |
| 54 | 0.98618 | — | — | — |
| 55 | — | — | 68.30 | — |
| 56 | 0.98521 | — | — | — |
| 58 | 0.98422 | — | — | — |
| 60 | 0.98320 | — | 66.76 | 9.55 |
| 62 | 0.98216 | — | — | — |
| 64 | 0.98109 | — | — | — |
| 65 | — | — | 65.25 | — |
| 66 | 0.98001 | — | — | — |
| 68 | 0.97890 | — | — | — |
| 70 | 0.97777 | — | 63.78 | 15.8 |
| 72 | 0.97661 | — | — | — |
| 74 | 0.97544 | — | — | — |
| 75 | — | — | 62.34 | — |
| 76 | 0.97424 | — | — | — |
| 78 | 0.97303 | — | — | — |
| 80 | 0.97179 | — | 60.93 | 25.1 |
| 82 | 0.97053 | — | — | — |
| 84 | 0.96926 | — | — | — |
| 85 | — | — | 59.55 | — |
| 86 | 0.96796 | — | — | — |
| 88 | 0.96665 | — | — | — |
| 90 | 0.96531 | — | 58.20 | 38.0 |
| 92 | 0.96396 | — | — | — |
| 94 | 0.96259 | — | — | — |
| 95 | — | — | 56.88 | — |
| 96 | 0.96120 | — | — | — |
| 98 | 0.95979 | — | — | — |
| 100 | 0.95836 | — | 55.58 | 55.0 |

# 参 考 文 献

[1] 郝吉明，段雷．大气污染控制工程实验．北京：高等教育出版社，2004.

[2] 林肇信，郝吉明，马广大．大气污染控制工程实验．北京：高等教育出版社，2000.

[3] 孙成，于红霞．环境监测实验．北京：科学出版社，2003.

[4] 韩照祥．环境工程实验技术．南京：南京大学出版社，2006.

[5] 黄学敏，张承中．大气污染控制工程实践教程．北京：化学工程出版社，2003.

[6] 郝吉明，马广大，王书肖．大气污染控制工程．第 3 版．北京：高等教育出版社，2010.

[7] 大学化学实验教学组．大学化学实验．北京：高等教育出版社，2004.

[8] 周秀银．误差理论与实验数据处理．北京：北京航空学院出版社，1986.

[9] 马广大等．大气污染控制工程．北京：中国环境科学出版社，1988.

[10] 无机与分析化学实验编写组．无机与分析化学实验．第 4 版．北京：高等教育出版社，2006.

[11] 康春莉等．环境化学实验．长春：吉林大学出版社，2000.

[12] ［日］三输茂雄，日高重助著，粉体工程实验手册．杨伦，谢淑娴译．北京：中国建筑工业出版社，1987.

[13] 谭天祐，梁风珍．工业通风除尘技术．北京：中国建筑工业出版社，1984.

[14] 化工设备设计全书编委会．除尘设备设计．上海：上海科学出版社，1985.

[15] 陆建刚等．膜基复合溶液吸收 $CO_2$ 过程模拟．化工学报，2005，56（8）：1439-1444.

[16] 陆建刚等．MDEA-TBEE 复合溶剂吸收酸性气体性能的研究．高校化学工程学报，2005，19（4）：450-455.

[17] 胡鉴仲，陸鹏程等．袋式防尘器手册．北京：中国建筑工业出版社，1984.

[18] 中国科学院卫生研究所卫生防护研究室．烟气测试技术．北京：人民卫生出版社，1981.

[19] Jiangang Lu, et al. Absorption of $CO_2$ into Aqueous Solutions of Activated MDEA and MDEA from Gas-mixture in A Hollow Fiber Contactor. Ind Eng Chem Res, 2005, 44: 9230-9238.

[20] Jiang-Gang Lu, et al. Selective Absorption of $H_2S$ from Gas Mixtures into Aqueous Solutions of Blended Amines of MDEA-TBEE in A Packed Column. Sep Purif Techn, 2006, 52: 209-217.

[21] Jian-Gang Lu, et al. Effects of activators on mass transfer enhancement in a hollow fiber contactor using activated alkanolamine solutions. J Membr Sci, 2007, 289: 138-149.

[22] Jian-Gang Lu, Zhen-Yu Lu, Yue Chen, Jia-Ting Wang, Liu Gao, Xiang Gao, Yin-Qin Tang, Da-Gang Liu, $CO_2$ absorption into aqueous blends of ionic liquid and amine in a membrane contactor. Sep Purif Techn, 2015, 150: 278-285.

[23] Jian-Gang Lu, Chun-Ting Lu, Yue Chen, Liu Gao, Xin Zhao, Hui Zhang, Zheng-Wen Xu, $CO_2$ capture by membrane absorption coupling process: Application of ionic liquids, Applied Energy, 2014, 115: 573-581.